配电网专业管理

国网冀北电力有限公司电力科学研究院　组编

刘亮　龙飞　主编

内容提要

本书根据配电网专业管理岗位能力培训标准，梳理相关岗位需求和提升途径，系统全面地阐述了配电网专业管理内容、要求、流程等。

全书共分6章，主要介绍供电可靠性管理、配电网工程管理、运维检修管理、配网不停电作业管理、配电自动化管理、配电网数字化管理等内容，以实际应用为主，注重实践经验总结，融入了当今配电网专业管理的新技术、新成果，兼具实用性和前瞻性。

本书可供从事配电网作业相关技能人员、管理人员学习使用，也可供高校相关专业师生参考学习。

图书在版编目（CIP）数据

配电网专业管理 / 国网冀北电力有限公司电力科学研究院组编；刘亮，龙飞主编．— 北京：中国电力出版社，2024.5

ISBN 978-7-5198-8698-1

Ⅰ．①配… Ⅱ．①国…②刘…③龙… Ⅲ．①配电系统－系统管理 Ⅳ．①TM727

中国国家版本馆 CIP 数据核字（2024）第 039135 号

出版发行：中国电力出版社
地　　址：北京市东城区北京站西街 19 号（邮政编码 100005）
网　　址：http://www.cepp.sgcc.com.cn
责任编辑：罗　艳
责任校对：黄　蓓　于　维
装帧设计：张俊霞
责任印制：石　雷

印　　刷：三河市航远印刷有限公司
版　　次：2024 年 5 月第一版
印　　次：2024 年 5 月北京第一次印刷
开　　本：710 毫米 ×1000 毫米　16 开本
印　　张：16.5　　插页：1
字　　数：261 千字
印　　数：0001—2000 册
定　　价：92.00 元

本书编写组

主　　编　刘　亮　龙　飞

副 主 编　罗　鹏　张　剑　秦沛琪

编写人员　蒋　鑫　王泽众　王　康　余志森　徐广达　马鑫晟　张　超　梁伟宸　李　烜　赵维军　张　玮　顾伟杰　林土方　张　波　何连杰　杨亚洲　杨文伟　徐　达　张　麟　宋辰龙　桂　均　杨　帆　陈奕蒙　王　浩　许安玖　袁　龙

前言 Preface

随着配电网专业的快速发展和数字化及物联网技术的逐步推进，对于当前配电网专业从业人员的发展策略和管理要求也随之提高，配电网专业人才培训体系面临着新的挑战。

为保障配电网专业技术技能人员与时俱进，不断更新人才管理理念，不断优化和完善人才培训，国网冀北电力有限公司电力科学研究院组织配电网专业领域的专家学者，根据配电网专业管理人员的能力现状和培训需求，编写了《配电网专业管理》，旨在促进配电网管理工作规范、有序开展，不断提高配电网的精益化管理水平。

编写组基于理论分析，归纳典型经验，以精益运维为着眼点，以基础管理为立脚点，按照电力行业技术发展要求，阐述供电可靠性管理、配电网工程管理、运维检修管理、配电网不停电作业管理等方面的知识，提升供电可靠性管理水平；以智能管控关键点，介绍配电自动化管理内容，探索配电网数字化转型实践，提高配电自动化技术应用、配电物联网技术应用及其他新技术应用水平。本书还提供了大量值得借鉴的经验，内容翔实，针对性与可操作性较强。

本书共6章，第1章概述供电可靠性管理的内涵、评价指标与统计方法；第2章从项目策划管理、项目准备管理、工程实施阶段管理、竣工管理、应急工程管理五个方面讲述配电网工程全流程管理要点；第3章介绍配电网运维、检修、抢修管理的基本内容，管理要求和流程；第4章系统全面地讲述配电网不停电作业管理的相关知识，并加入丰富的现场案例和新的技术发展；第5章从配电自动化建设管理、运维检修管理、实用化管理三个方面研究阐释配电自动化管理知识和技能；第6章结合电网数字化转型的背景，介绍了配电网数字化转型的内涵和探索。此外，本书还包括两个附录，即高中压用户电力可靠性管理代码以及注意、异常、严重状态配电网设备检修原则。全书理论与实践相结合，兼具实用性和前瞻性，图文并茂，能够帮助配电网从业人员对配电网专业管理建立体系化的认知，健全配电网专业管理培训体系建设，丰富配电网专业管理方面的教学资源，助力配电网专业管理人员职业成长。

本书的编写工作启动以后，编写组多方调研，广泛收集相关资料，且集合了青岛索尔汽车有限公司及相关企业的实际投产情况，并在此基础上进行提炼和总结，以期所写内容能够使读者掌握配电网专业管理的技能，为加强配电网运行管理，建立标准的管理程序与工作机制提供技术支撑和案例参考。但配电网专业管理涉及内容繁杂，且技术更新疾如旋踵，读本中所论述的内容可能有所欠缺，恳请读者理解，并衷心希望广大读者能够提出宝贵意见和建议。

编　者

2023年11月

目录
CONTENTS

第1章 供电可靠性管理

国家电网有限公司（简称国家电网公司）长期以来坚持以客户为中心、以提升供电可靠性为主线，通过强化基础、狠抓管理，以“严控预安排停电，压降故障停电”为重点，健全供电可靠性管理体系，抓实停电过程管控持续降低用户停电时间，不断提升用户供电可靠性。期间供电可靠性管理职责经历了由运检部到安质部再回到设备部管理的过程。

2014年国家电网公司将供电可靠性管理职能由运维检修部划转到安全监察部。2018年公司提出了“1135”配电管理思路，旗帜鲜明地把“提升供电可靠性”作为配电管理工作的主线，将供电可靠性管理贯穿于配电网规划、建设、运行、检修、服务全过程，着力优化电网结构、提高设备质量、强化管理保障、加快技术创新，推动供电服务由“用上电”向“用好电”转变。2019年，各单位陆续将供电可靠性管理职能由安监部划转到配电专业，实现了指标管理与业务管理的统一，改变了过去两条线、两张皮的局面。国家电网公司启动实施城市配网供电可靠性提升工程，印发《关于强化配网停电管理进一步提高用户供电可靠性的意见》，改变供电可靠性对标考核方式，引导各单位从加强配电基础业务管理入手，提升配网供电可靠性水平。以提升供电可靠性为主线的理念在配电专业管理中逐步形成共识。同时结合供电服务指挥中心建设，落实可靠性过程管控职责，深化技术应用与信息化系统支撑，国家电网公司各网上开发基于供电服务指挥系统的供电可靠性过程管控模块，改变过去电能质量在线监测系统中人工维护基础数据和运行数据的现状，实现停电事件自动统计、分析研判，推动停电事件管理模式从人工确认、事后补录转为事前预控、在线监测、自动统计，全面实现供电可靠性指标统计唯真唯实。

目前，国家电网公司设备管理部是供电可靠性牵头管理部门，省、市、县三级设备管理部门配备电力可靠性管理专职，构建起以供电可靠性管理部门牵头、各专业协同的全员供电可靠性管理体系。按照配电专业“人人都是可靠性专责，管专业必须管可靠性”的思路，将供电可靠性提升工作贯穿于配电网规划计划、工程设计、设备选型、物资采购、工程建设、运维管控、客户服务全过程，推动供电可靠性管理与专业管理深度融合，形成全员、全业务、各环节参与供电可靠性管理的大氛围。

随着人们对电力的依赖程度越来越高，电动汽车、电取暖等新技术、新业态正在逐步融入我们的生活。电力作为关系国计民生的基础产业，肩负着为决胜全面小康社会、实现中国梦提供稳定可靠电力供应的历史重任。

1.1 供电可靠性管理内涵

电力可靠性（简称“可靠性”）是指电力系统及设备在规定时间内按照规定的质量标准不间断生产、输送、供应电力或实现功能要求的能力。

电力可靠性管理是指为提高电力可靠性水平而开展的管理活动，包括电力系统、发电、输变电、供电、用户可靠性管理等。电力系统可靠性管理指为保障电力系统充裕性和安全性而开展的活动，包括电力系统风险的事前预测预警、事中过程管控、事后总结评估及采取的防范措施。发电可靠性管理是指为实现发电机组及配套设备的可靠性目标而开展的活动，包括并网水力、风力、太阳能等发电机组及配套设备的可靠性管理。输变电可靠性管理是指为实现输变电系统和设备的可靠性目标而开展的活动，包括交流和直流的输变电系统和设备的可靠性管理。供电可靠性管理是指为实现向用户可靠供电的目标而开展的活动，包括配电系统和设备的可靠性管理。用户可靠性管理是指为保证用电的可靠性目标，减少对电网安全和其他用户造成影响，对其产权内的配用电系统和设备开展的活动。

供电可靠性是指一个供电企业对其用户持续供电的能力，是衡量供电企业服务品质的国际通用指标。供电企业逐步理顺供电可靠性管理体系，推进供电可靠性指标管理与配网业务管理深度融合，以提升供电可靠性为主线的理念在配电专业管理中逐步形成共识，取得了一定成效，但供电可靠性水平相对国际领先水平仍有较大差距，城乡配网发展不平衡与管理水平不均衡是影响供电可靠性指标的重要因素。可靠性管理工作应覆盖规划、设计、物资、建设、安监、调控、设备（运检）、营销（农电）、信息、网络安全、制造、发电等全过程管理环节。

各供电企业应建立停电时户数预算式管控工作机制，开展供电可靠性指标预测、过程监控、统计分析；加强城乡配电网建设，合理设置变电站、配电变压器布点，合理选择配电网接线方式，保障供电能力；强化设备的监测和分析，加强巡视和维护，及时消除设备缺陷和隐患；开展综合停电和配电网故障快速抢修复电管理，推广不停电作业和配电自动化等技术，减少停电时间、次数和影响范围。

1.1.1 可靠性指标预算式管控

1.影响供电可靠性因素

供电可靠性管理是需要长期坚持、不断改进的系统性工作，影响可靠性提升的四个要素分别是供电网架、设备因素、可靠性管理水平和配电自动化应用水平。从长远看，电网网架结构、设备质量和自动化水平是提升供电可靠性的物质基础，需要加大投资，增强硬实力，建设坚强合理的标准化网架结构，应用坚固耐用的高质量设备，提升配电自动化实用化水平，提高配网转供电能力，降低配网故障率。从近期看，在公司现有配网网架基础和设备水平条件下，提升管理水平、增强软实力是见效最快、成本最低的有效途径。因此要坚持远近结合，在持续加大配网建设改造的同时，将配网停电管控作为当前可靠性提升的主要抓手，结合自身实际制定供电可靠性管理提升计划，立足补短板、强弱项。

2.提升供电可靠性的主要措施

各供电企业全面开展停电时户数预算式管控，建立停电时户数预算式管控机制，结合年度施工检修项目计划安排、电网转供电能力、不停电作业能力、自动化及运维管控水平提升情况，确定年度停电时户数较上年压降比例，明确年度停电时户数预控目标，将预控目标层层分解、逐级落实到每一个专业、每一个班所、每一条线路、每一个台区。强化预算源头管控，在施工检修计划编制阶段，根据预控目标和停电时户数消耗情况，按照“先算后报、先算后停”的原则，统筹确定季度、月度停电计划安排，明确停电时户数指标消耗限值。严格预控指标执行过程刚性管控，建立动态跟踪、定期分析、超标预警、分级审批等工作机制，按日统计通报停电时户数消耗与余额情况，强化停电计划执行情况预警、督办，确保预控目标实现。

各供电企业开展供电可靠性过程管控，结合供电服务指挥中心深化运营专项活动，充分发挥供电服务指挥中心业务流程实时管控、营配调数据融合贯通的优势，全面开展供电可靠性过程管理。基于结构化停电信息资源池，实现停电数据自动采集研判，提升统计数据准确性和完整性。落实停电指标预算式管控要求，根据配电网拓扑关系自动校核生产计划停电范围、模拟计算停电时户数，结合预算执行情况开展停电计划安排自动审批、预警和管控。强化“站—线—变—户”拓扑关系一致性校核、配电线路频繁跳闸和台区重复停电统计分析、单次停电时户数超限预警督办、低压用户停电时户数统计分析等实时管控与辅助决策功能应用。依据供电服务指挥中心供电可靠性过程管控工作方案和供电服务指挥系统供电可靠性过程管控基本功能规范，按照试点先行、统筹推进原则，做好供电服务指挥中心业务开展与系统建设相关工作。

各供电企业持续开展供电可靠性监测分析和数据质量管控，深化供电可靠性管理信息系统应用，持续完善供电可靠性统计、监测、分析、管控功能。常态开展供电可靠性指标异动监测，按月开展指标预测、诊断分析与跟踪管控。定期开展跨专业数据质量现场稽查，确保基础台账和停电数据完整准确，确保供电可靠性统计数据唯真唯实。加强供电可靠性指标分析结果应用，开展不同停电性质专项统计，分析各类停电责任原因占比及变化趋势，为相关专业供电可靠性管理持续改进提升提供决策支持。

（1）强化可靠性理念落地。一是强化理念培育。将可靠性预算式管控理念深入到与配网相关的所有人员，贯穿于配网规划、设计、运维、施工等全过程，落实到运行、检修、消缺、抢修的全时段。二是严控计划停电。强化计划停电管理，综合考虑不同停电需求，压缩停电范围、时间和频次，严格执行“先算后报，先算后停”，履行超大时户数停电审批制度，优化施工停电方案，压降停电时户数。三是狠抓故障压降。加强配电线路跳闸管控，做到每起故障有分析、有考核。持续提升配网故障修复能力，实现故障精准定位隔离、快速抢修恢复。

（2）强化配网建设改造。一是做好项目需求管理。坚持以问题为导向，从供电能力、设备状态、智能化、节能水平、抗灾能力等方面强化需求精准储备，深化可行性研究初步设计管理，确保配网投资精准高效。二是做好工程施工管控。合理制订里程碑计划，紧扣关键节点，分解细化过程“时间轴”，落实现场安全管控要求，严格执行配电网施工标准工艺，加强关键环节、关键工艺验收，有序高效推进工程建设。三是做好过程规范性管控。严格执行项目批文，规范开展项目变更审批，加强项目物资领用管控，防范物资流失廉政风险，加强成本项目财务审计核查，开展政处费规范性审核，确保资金安全。

（3）强化配网运维检修。一是加强设备状态管理。差异化制定巡检策略，定期评价设备健康水平，进一步强化通道危险源防护管理机制，及时发现并消除潜在隐患。二是加强网格驻点管理。因地制宜构建运检抢一体化运检网格，合理设置中、低压驻点，持续推进驻点标准化建设。三是加强智能设备应用。持续提升终端覆盖率，扩大全自动馈线自动化（FA）覆盖面，进一步发挥智能融合终端规模化效应，充分应用智能化辅助设备提升运检效率。

（4）推广配电不停电作业。一是做好资源配备。人员、装备、车辆配置应与地区配电网规模、作业需求相匹配。进一步细化不停电作业“多劳多得”薪酬激励机制。定期开展不停电作业取复证和常识培训，提升复杂类作业和旁路作业次数占比。二是做好能力提升。市县一体化有序推进4类33项中压作业和4类19项低压作业项目能力建设，重点提升应急电源车作业、20kV作业、综合不停电作业、机器人作业等能力。三是做到关口前移。勘察、设计阶段，优先考虑不停电作业方式，提升配网建设改造和检修消缺不停电作业化率。持续完善不停电作业典型设计，结合工程同步开展不停电作业适应性改造。

（5）夯实管理基础体系。

1）完善管理网络。供电可靠性管理必须实行统一领导、分级管理。各单位应建立健全由主管领导牵头，可靠性归口管理部门统一负责、各部门相互协同的可靠性管理网络，建立可靠性、运行、工程、调度等跨专业融合团队。

2）健全制度标准。各单位要依据国家和行业标准、规定以及管理办法，严格落实相关技术要求，结合自身实际情况，建立和完善供电可靠性管理工作规范。

3）建立评价体系。分层分级建立地市—网格—线路停电时户数预算式管理机制，重点围绕用户平均停电时间和用户平均停电频率两个主要指标，抓住故障停电和计划停电两个核心要素，构建完善的可靠性评价考核体系。

【典型案例1】为进一步强化停电时户数和供电可靠率的动态化、数字化管控，公司基于供服可靠性模块，实现用采、95598及供服可靠性系统间数据集成和比对，打造供电可靠率看板，实现历年可靠率对比、各类工程消耗时户数情况、故障停电时户数压降情况、各单位时户数预算执行情况、时户数超额使用预警等功能，通过信息化手段，打造以可靠性为中心的配网全流程管理体系。

（6）强化预算目标管理。

1）配网现状评估。充分调研本区域电网投资、网架水平及设备现状，结合地区城市发展情况、历年可靠性指标、线路故障、用户报修投诉等情况，明确本地区供电可靠性现状水平，支撑可靠性管控目标测算。

2）管控目标测算。可靠性发展要在配电网的总体发展目标指导下，结合电网和设备运行实际情况，统筹考虑未来政府重点工程、配网建设改造、业扩接电需求等，动态规划可靠性中长期指标，合理确定次年管控目标。

3）指标细化分解。综合考虑区域和网格的现状差异、检修计划季节特点、重要项目停电需求节点等因素，对可靠性总体目标进行层级分解和时序分解，层级分解是指将上级单位的总体目标分解到基层单位、班组、网格、线路，时序分解是指按照年度、季度、月度对目标值分解。

（7）强化预算刚性执行。

1）网格预算管控。以供电网格为单元，按照“80%预警、120%考核”原则，开展停电时户数预算式执行管控。重点加强高目标网格指标动态跟踪，强化对超限停电较多、预算执行较差、重复故障偏多等落后网格的分析管控。

【典型案例2】公司相关专业部门牵头组织13家地市，编制网格供电可靠性提升年度报告。以地理规划网格为单位，每年底编制网格分析报告，整理总结本年度该网格的区域现状、线路规模、网架、自动化、设备现状，分析本年度可靠性管控总体情况，归纳梳理故障停电和预安排停电存在的问题，明确存在的薄弱环节，并针对性地提出次年的提升计划，不停电作业投入及运维重点工作。

2）超限计划管控。优化施工方案，加强停电需求平衡，配足人力资源降低单次工程停电时间，严控超限停电计划。对工作时长超6h或者单次停电超150时户数的工作，工程主管单位要组织施工单位和运行单位再次查勘，对施工和停电方案进行优化和拆解，做到停电方案最优。

【典型案例3】某市的街道市政建设，因道路扩建需迁移线路。按照常规的停电改造方案，将造成中心镇区低压1710户用户停电7.5h，中压停电达247.5时户数。通过不停电作业介入，采用6次带电作业加1次发电车作业，分两阶段实施的综合不停电作业法，实现此次迁改工作的零停电，将施工日期顺利提前一个月，助力当地市政工程的高效建设，获得政府和客户的高度肯定。

3）分级审批要求。严格执行超限停电计划管控、分级审批的管理要求。定期组织时户数预算、计划停电、故障压降、不停电作业等管控措施落实情况专项检查及交叉互查，利用专报、对标等多种方式考核评价。

【典型案例4】2021年，公司严抓分级审批制度落实，单次停电时长超过4h或单次停电超80时户的计划停电，市公司运维检修部审批；停电时长超过6h或单次停电超过150时户数的计划停电，市公司分管领导审批；停电时长超过8h或单次停电超过200时户数的计划停电，市公司主要领导审批。2021年，超200时户数停电事件2217次，同比下降46.43%。

（8）强化异常分析治理。

1）异常数据分析。供电可靠性数据可真实反映各单位、各层级配电网建设运维质效，对超大时户数、超长时间停电、重复故障、频繁停电等事件要开展专项分析，深入挖掘主要因素，形成问题清单，明确管理提升要点。

2）问题闭环治理。各单位运检部应协同相关专业通过工单驱动，对分析发现的问题进行责任分解，从网架优化、施工工艺、运维质量、不停电作业等环节出发，督促基层单位逐一制定措施并限时完成闭环治理。

3）数据深化应用。发展规划、营销、建设、物资、调度等部门可充分利用可靠性数据和分析结论，助力电网中长期规划、优质服务及用户设备管理、施工工艺质量、设备选型与质量管控、停电计划优化等工作质效提升。

【典型案例5】某公司常态化开展可靠性溯源分析，2021年全年发布可靠性日报307期，精准聚焦可靠率“后三分之一”网格治理，差异化制定可靠性提升方案。针对某网格内重复故障高达6次的线路，利用无人机巡检、红外测温等带电检测手段发现严重缺陷234处、一般缺陷1727处，通过配网工程、大修等资金渠道进行精准储备。按照统一调配、分组实施、高效实用的原则，统筹组织运维驻点、工程、自动化、不停电作业共计103人，6小时内完成整条线路全量缺陷消除，利用无人机逐杆随工验收，确保消缺质量可控、能控、在控。通过可靠性数据“全透明”管控，配网各专业“全业务”协作，薄弱点治理“全流程”闭环，该公司累计完成高故障线路治理86条，用户故障平均停电时间同比压降27.93%。

1.1.2 不停电管理

各供电企业持续加大县域配网不停电作业队伍、车辆、工器具和试验检测装备投入。推进全面普及一、二类不停电作业项目，具备条件的单位逐步提升三、四类复杂作业项目能力。加快推进低压配网不停电作业，研发推广一二次融合开关、台区智能终端等新设备不停电作业项目。扩大配网工程不停电施工作业范围，用好用足带电作业取费定额，逐年提升配网工程和检修作业中不停电作业比重，全面推进配网施工检修由大规模停电作业向不停电或少停电作业模式转变。

1.加强不停电作业能力建设

统筹考虑不停电作业需求和远景发展，大力培育配电网不停电作业专业队伍，制定不停电作业工作绩效奖惩措施，积极推行配网不停电作业集体企业外包服务。增加不停电作业装备配置投入，加强绝缘斗臂车、旁路作业车、应急发电车等装备配置。加强不停电作业技术交流培训，提高10kV配电变压器、电缆旁路作业及综合不停电作业项目应用能力。

2.拓展不停电作业范围

按照“目标导向、示范引领、全面覆盖、能带不停”原则，逐步扩大不停电作业应用范围。在各类工程建设可行性研究设计阶段，优先论证不停电作业可行性，具备条件的项目将不停电作业费用纳入工程概算。以实现用户停电“零感知”为目标，全面推广10kV不停电作业，加快0.4kV低压不停电作业进程，常态化采用发电车（机）、移动电源开展施工检修范围内用户临时供电，努力保障作业期间终端用户不停电，全面推进配电网工程建设、检修由大规模停电作业向不停电或少停电作业模式转变。

1.1.3 计划停电管理

从彻底转变配网停电管理理念入手，真正落实停电时户数预算式管控机制，将可靠性目标细化分解到每一个专业、每一个班所、每一条线路、每一个台区，按照“先算后报、先算后停”的原则，开展计划统筹、动态跟踪、实时预警、定期分析，全面加强计划停电过程管控。强化综合停电管理，统筹各类停电需求，严格落实停电分级审批制度。制定配网施工检修项目停电时户数定额标准，严格审批停电方案，确保停电范围最小、停电时间最短、停电次数最少。强化施工检修作业组织，确保停电计划刚性执行。

1.加强预安排停电统筹管理

强化综合停电管理，推行各类主配网建设改造、生产检修、用户接入、市政迁改、用户申请等多业务综合作业。建立预安排停电统筹平衡机制，按照“年度统筹、季度预排、月度平衡”原则，合理确定停电作业安排，做到“一停多用”，禁止“一事一停”，杜绝用户短期内重复停电。加强计划停电审核把关，按照停电影响范围、停电时长及重复停电次数建立分级审批机制，确保停电安排必要合理，从严把控临时停电审批。

计划停电涵盖内容。停电计划应实现中压配网（10/20kV）到低压配网（0.4kV，含配电变压器）全覆盖。配网基建配套、公共配网、维护消缺、技改大修、业扩迁改、居配接入等必须停电的项目，均应通过停电计划管理实施。输变电等主网设备停电，涉及需要配网陪停的部分，也均应纳入配网停电计划。

计划停电铺排要求。配网停电计划应坚持一停多用，多方结合，综合考虑和平衡各类需求，实现主配网协同，配网各类项目同步，减少重复停电。涉及用户停电的应合理安排停电时间，避开用电高峰和重要敏感用户，提前做好停电公告，具备条件时应采取应急电源保障措施。

【典型案例6】传统的预安排停电编制存在主配网、不同类型计划结合不强、超限频繁停电辨识依赖人工、计划刚性执行水平不高等问题。为解决预安排停电编制过程中的痛点，公司创新停电计划自助管理模式，实现配网停电计划管理“四个转变”：计划申报由电子表格向多元申报转变，风险辨识由经验判别向实时校核转变，计划平衡由人工平衡向自助平衡转变，过程管控由指标考核向双重评价转变。

2. 严格停电作业方案审查

加强计划停电作业方案编制管理，积极采用移动变/配电站提高辐射线路联络转供能力，采取负荷转移和不停电作业措施减少用户停电，做到“能转必转、先转后停、能带不停”。建立施工检修停电方案联合审查机制，加强停电合理性审核把关，在停电计划拟定时同步开展停电影响范围模拟计算，按照“先算后报、先算后停”的原则，严格落实供电可靠性管控要求，确保计划停电方案最优、影响范围最小、停电时间最短。

配网年度停电计划。配网年度停电计划重点考虑次年要实施的各类工程项目。在计划安排前组织查勘、政处、物资等工作，根据工程的紧急程度、物资安排计划、项目关闭时间、用户接入时限等因素拟定预估的计划工作月份。

配网月度停电计划。配网月度停电计划主要包括次月安排的所有停电、带停结合以及停电范围、停电时户数分解、停电频次等相关内容，执行严肃性较强，一般不可随意更改。月度平衡会的开展应按照信息收集、方案审核、承载力分析、编制执行、归档梳理的顺序执行，确保合理有序满足各类停电需求。

配网周停电计划。配网周停电计划是基层班组、配调调度台、施工单位等生产单位根据公司的配网月度停电计划，编制的本班组用于指导按时完成生产任务的工作清单。周计划的管理应根据班组承载力合理安排，确保计划刚性执行，生产任务有效落实。

3. 强化施工检修计划管理

强化施工检修作业组织，做到前期准备充分、现场措施到位，确保施工检修工作按计划顺利实施，减少无效停电等待时间，避免因准备不充分导致的多次重复作业。严肃停电计划刚性管理，强化过程管控，确保作业进度和质量，严格执行停送电时间计划，杜绝擅自扩大停电范围、超计划时间送电等问题。加强农网施工检修作业规范管理，确保农网干线、分支及台区停电作业全部纳入计划统筹管控，杜绝农网随意停电，切实提升农网供电可靠性。

计划停电是指配网设备列入年度、月度、周计划进行的停电检修、施工等工作，是导致用户停电的重要因素。

（1）计划停电变更。已经正式公告的停电计划原则上不可以变更，如因恶劣天气、重要保电、疫情影响、物资供应等因素确需改期或取消的，应履行停电计划变更审批手续并重新进行停电公告。

（2）现场停电管理。严格执行标准工艺时长管控要求，计划上报前精准预估作业时长，同步深化停送电时序管控，建立电气设备倒闸操作时长、工序标准，确保停复役操作各环节衔接有序，严格管控停送电偏差。

【典型案例7】公司相关专业部门组织对配电网典型停电施工项目作业量、停电时间、人员配置等深入分析，制定了基于工厂化预制技术的配电网设备典型施工项目（柱上变压器类、柱上开关类、架空线路类、电缆线路类、站所类项目等）停电施工时间、人员配置标准，印发《基于工厂化预制技术的配网典型施工项目停电时长标准》，有效指导制订各类作业标准时长。

1.1.4 故障停电管理

强化县公司和基层班所配电专业管理，转变配网“固定周期、均等强度”的运维管理模式和工作方式，制定差异化运维策略，运用大数据分析成果，集中力量强化重点时段、重点区域运维。按照“突出短板、全面排查、综合治理”原则开展频繁跳闸线路和停电台区专项整治。加强配网应急抢修组织管理，优化抢修半径，加强抢修过程管控，缩短抢修到场和抢修复电时间。加强用户内部故障出门管控，减少用户内部故障导致线路停电影响。

1. 强化配电网巡视与运行维护管理

深入开展配电网网格化运维，落实设备管理责任制，常态化开展配网设备、电缆及通道、树（竹）障及异物短路等缺陷隐患排查治理，建立外破风险点特巡特护机制，加强外破风险防控。扩大带电检测新技术应用，提升设备缺陷隐患发现处理能力。加强配电网运行状态管理，定期组织配电网薄弱环节分析，差异化制定设备巡视、设备检测、隐患排查计划。坚持“应修必修，修必修好”的原则，开展配电网缺陷隐患治理工作，落实治理成效闭环管理措施。

综合利用配电自动化系统开展故障研判，应用DTU（开闭所终端设备）、FTU（馈线终端设备）、TTU（配电变压器终端设备）及融合终端的主动告警和主站系统的智能分析结果，快速、准确定位故障区段，第一时间发现线路失电、区段失电、配电变压器失电及低压失电等情况，做到主动感知、主动服务、主动检修。

【典型案例8】2021年6月30日18分24秒10kV某线路发生短路故障，基于配电自动化得出故障点在主线125号杆后段。运维人员第一时间开展针对性巡视，最终发现131杆所接用户专用变压器烧坏造成线路故障，整个故障查找用时约15min，提高了故障查找效率。

故障查找。线路发生故障后，迅速组织配电运检、用电检查人员对线路及用户检查，查找故障点。故障查找应实现故障研判区段全覆盖，若无密集性故障发生，在故障抢修的同时，还应对线路薄弱环节、缺陷及隐患深入排查，全面掌握线路运行情况。故障点查找的总原则是先主干线、后分支线，若巡视未发现明显故障点，可断开用户开关或分支线断路器后试送电，逐级查找线路故障区段。

故障隔离。故障点及故障原因查明后，抢修人员应根据调度指令隔离故障，恢复非故障区段的供电。故障隔离后，设置好现场安全警示标志，保护故障现场及故障设备，组织人员对现场进行查勘，确定抢修方案。

【典型案例9】2022年1月12日16时2分0秒，10kV某线路接地故障。巡线人员对线路、综合变压器、专用变压器全量排查，未能发现明显异常。18时35分，运维人员逐级拉开10kV某线路分段分支开关，接地消失后经试送后将故障范围缩小至某村。19时3分，试送1号公用变压器时，C相接地信号告警，确定故障点为1号公用变压器，立即隔离故障点，19时15分恢复非故障段送电，只对故障设备进行停电抢修，非故障段99个公用变压器、12个专用变压器用户提前2.4h复电，减少停电266时户，有效提升了供电可靠性。

抢修快速响应。配网故障抢修管理应遵循“安全第一、快速响应、综合协同、优质服务”的原则。根据故障情况合理派遣抢修人员，快速抵达现场并开展故障处置工作。积极采用临时转供、带电作业、应急发电等技术措施，争取故障处理所影响范围最少，客户尽可能少停电。若遇密集性故障的情况，应按照“优先恢复民计民生设施、高危用户和重要用户供电”和“优先处置大范围停电故障”的原则开展抢修。

抢修安全质量。抢修过程应重视人员安全管理，尤其是在恶劣天气、夜间开展抢修时，要注意防范雷击、触电、溺水和高处坠落等情况的发生，经现场综合评估不具备作业条件的，可暂不开展抢修工作。抢修施工要严格执行施工规范和工艺要求，做好设备试验和验收，确保施工质量满足要求，防止施工质量引起重复故障。

强化故障分析防范故障原因分析。故障修复后，综合线路及设备故障前运行方式及环境、故障现象及特征、监测及试验数据等信息，及时开展故障原因分析，挖掘引发故障的深层次原因。重视设备本体故障，采取各类技术手段对故障设备进行分析。短时内无法确定故障原因的，应安排故障后特巡。

抢修质量分析。故障抢修完成后，配电运检单位应定期开展抢修后评估工作，基于移动作业终端上送的抢修过程信息，对抵达现场时限、操作及时性、方案合理性、动作规范性、停电时户数等开展评估，定期总结提升抢修质量。

防控措施制定。故障修复后，应结合故障原因，举一反三，开展线路及设备同类型隐患排查，及时消除设备薄弱环节，避免同类故障重复发生。对故障中暴露出的通道隐患、设备家族性缺陷、网架薄弱等问题，要制定针对性管理和技术补强措施。

2. 加强配电设备运行分析和专项治理

全面加强配电网运行监测，建立“一个故障，多维度分析，先措施、后工程、闭环监督”的专题分析机制。加强重过载和频繁停电线路、配电变压器专项整治，系统梳理近三年配电变压器（线路）重过载、频繁停电、三相不平衡等问题，按照一线一策、一台区一方案原则进行整治，提高配电网健康运行水平，持续压降配电网故障停电。加强用户内部故障管理，推进用户分界开关加装，规范保护定值整定，降低用户故障对公网影响。

3. 加强配电网故障抢修管理

加强配电网应急抢修组织管理，推进配网运维检修和抢修服务一体化，强化备品备件管理，合理布置网格化抢修驻点，优化抢修半径，缩短抢修到场时间。建立故障抢修主配网联动机制，提升故障快速研判和准确定位能力，加强抢修过程管控，缩短故障处理时间。对受到故障停电影响的居民小区和重要用户，应按照“先复电、后抢修”的原则，及时采用转供电、应急发电等措施，先行恢复用户供电再组织故障抢修。

1.1.5 数字化管理

充分利用供电服务指挥系统、电网资源业务中台、配电自动化系统、台区智能终端、用电信息采集等自动化、信息化手段，应用大数据、云计算、人工智能技术，开展停电责任原因专题分析，提出辅助决策建议，加强分析结果应用，有效指导专业管理持续改进提升。持续深化供电服务指挥中心运营，大力推广配电移动作业应用，充分整合各类信息资源，完善配网基础台账，理顺专业衔接流程，挖掘数字管理工具，推动配网工作方式全面向“在线化、移动化、透明化、智能化”工作方式转变，配电管理模式向“工单驱动业务”管理模式转变。

按照新建改造配电网一、二次同步建设原则，统筹推进配电自动化系统建设。推进配电自动化系统实用化应用，提高线路有效联络和合理分段比例，在城市范围推广就地型智能分布式馈线自动化模式，在农村范围推广配电线路故障指示器或就地重合式馈线自动化等设备，推动自动化系统向低压侧和客户侧延伸，实现停电事件主动上报、快速隔离故障和恢复供电，减少故障停电区域和故障查找时间。

故障停电是电网设备发生故障而要求元件立即退出运行的停电，或因误操作及其他原因的紧急停电。故障处置的目标是在确保人身安全的前提下，充分利用自动化系统快速准确查明故障点和故障原因，优质高效完成故障修复。

1.2 评价指标与统计方法

根据供电系统可靠性评价的内容可以将其分为评价过去的性能和预测未来的行为两个方面。一方面，通过对供电系统可靠性的历史数据进行分析和评价，可以对现行系统设备运行、维护及检修具有指导作用；另一方面，通过对供电系统可靠性预测评估，可以对供电系统的规划、设计、建设及改造起指导作用。其中，可靠性统计、分析和评价是可靠性预测评估的基础，只有对现行系统及设备的数据特性有充足的了解，才能对供电系统可靠性进行预测。

1.2.1 供电可靠性基础理论

为了对供电系统供电可靠性进行评价，首先必须建立统计评价的指标体系，以量化指标作为整个分析评价的基础和依据。可靠性统计评价指标体系的建立应该满足如下的原则：能够满足用户对供电系统持续供电能力的要求；能够反映供电系统及其设备的结构、特性、运行状况以及对用户的影响，并可以从供电系统及其设备运行的历史数据中计算出来。

根据供电可靠性评价规程，供电系统供电可靠性统计评价指标具有如下特点：一是以用户为基础，以可以量度的停电次数、停电时间和停电范围等为基本统计要素，根据供电服务质量的需要、设备特征及停电的原因和性质进行指标分类；二是采取以平均值管理的方式，避免因采用最大值指标而可能出现供电线路越长、供电范围越大、用户越多、供电可靠性可能越低的不合理情况。

在供电可靠性评价规程中，可靠性的统计指标体系有反映供电连续性的指标、反映故障停电的指标、反映设施停电的指标、反映预安排停电的指标，以及反映外部影响停电指标五大类，分为主要指标和参考指标两大类。

1.术语和定义

（1）供电系统用户供电可靠性。供电系统对用户持续供电的能力。

（2）供电系统及其设施。由电力系统高压配电变电站出线母线侧隔离开关至用户端管界点的供电网络及其连接的中间设施。

1）低压用户供电系统及其设施。由公用配电变压器低压侧出线套管外引线开始至低压用户的计量收费点为止范围内所构成的供电网络及其连接的中间设施。

2）中压用户供电系统及其设施。由各变电站（发电厂）10（6、20）kV

出线母线侧隔离开关开始至公用配电变压器低压侧出线套管为止，以及10（6、20）kV用户的电气设备与供电企业的管界点为止范围内所构成的供电网络及其连接的中间设施。

3）高压用户供电系统及其设施。由各变电站（发电厂）35kV及以上电压出线母线侧隔离开关开始至35kV及以上电压用户变电站与供电企业的管界点为止范围内所构成的供电网络及其连接的中间设施。

注：这里所指供电系统的定义及其高、中、低压的划分，只适用于用户供电可靠性统计评价。

2.用户

供电企业在一个固定地点建立的计量收费账户。

低压用户：以380V/220V电压受电的用户。

中压用户：以10（6、20）kV电压受电的用户。

高压用户：以35kV及以上电压受电的用户。

3.用户统计单位

在供电可靠性评价中对用户统计的最小计量单位。

低压用户统计单位：一个接受供电企业计量收费的低压用电单位，作为一个低压用户统计单位。

中压用户统计单位：一个接受供电企业计量收费的中压用电单位，作为一个中压用户统计单位。

注：在低压用户供电可靠性统计工作普及之前，以10（6、20）kV供电系统中的公用配电变压器作为用户统计单位，即一台公用配电变压器作为一个中压用户统计单位。

高压用户统计单位：一个用电单位的每一个受电降压变电站，作为一个高压用户统计单位。

4.用户容量

一个高、中压用户统计单位的装见容量，一个低压用户统计单位的报装容量。

5.用户设施

固定资产属于用户，并由用户自行运行、维护、管理的受电设施。

6.供电系统的状态

供电系统能否从供电系统获得所需电能的状态。

供电状态：用户随时可从供电系统获得所需电能的状态。

停电状态：用户不能从供电系统获得所需电能的状态，包括与供电系统失去电的联系和未失去电的联系。

注：对用户的不拉闸限电，视为等效停电状态。自动重合闸重合成功或备用电源自动投入成功，不应视为对用户停电。

持续停电状态：停电持续时间大于3min的停电。

短时停电状态：停电持续时间小于等于3min的停电。

7.停电性质

对停电状态的划分。

故障停电：供电系统无论何种原因未能按规定程序向调度提出申请，并在6h（或按供电合同要求的时间）前得到批准且通知主要用户的停电。

内部故障停电：凡属本企业管辖范围以内的电网或设施等故障引起的停电。

外部故障停电：凡属本企业管辖范围以外的电网或设施等故障引起的停电。

预安排停电：凡预先已做出安排，或在6h（或按供电合同要求的时间）前得到调度或相关运行部门批准并通知用户的停电。

计划停电：有正式计划安排的停电。

检修停电：系统检查、维护、试验等检修工作引起的有计划安排的停电。

施工停电：系统扩建、改造及迁移等施工引起的有计划安排的停电。

注：检修停电及施工停电，按管辖范围的界限，分为内部和外部两种情况。

用户申请停电：由用户提出申请并得到批准，且影响其他用户的停电。

调电停电：由于调整电网运行方式而造成用户的停电。

临时停电：事先无正式计划安排，但在6h（或按供电合同要求的时间）以前按规定程序经过批准并通知用户的停电。

临时检修停电：系统在运行中发现危及安全运行、必须处理的缺陷而临时安排的停电。

临时施工停电：事先未安排计划而又必须尽早安排的施工停电。

注：临时检修停电及临时施工停电，按管辖范围的界限，分为内部和外部两种情况。

用户临时申请停电：事先未安排计划，由用户提出申请并得到批准，且影响其他用户的停电。

临时调电停电：事先未安排计划，由于调整电网运行方式而造成用户的停电。

限电：在电力系统计划的运行方式下，根据电力的供求关系，对于求大于供的部分进行限量的供应。

系统电源不足限电：由于电力系统电源容量不足，由调度命令对用户以拉闸或不拉闸的方式限电。

供电网限电：由于供电系统本身设备容量不足，不能完成预定的计划供电而对用户的拉闸限电，或不拉闸限电。

供电系统的不拉闸限电，应列入可靠性的统计范围，每限电一次应计停电一次，停电用户数应为限电的实际户数。停电容量为减少的供电容量；停电时间按等效停电时间计算，单位为h。

停电持续时间：供电系统由停止对用户供电到恢复供电的时间段，单位为h。

停电容量：供电系统停电时，被停止供电的各用户的容量之和，单位为kVA。

停电缺供电量：供电系统停电期间，对用户少供的电量，单位为kWh。

8.供电系统设施的状态及停运时间

供电系统设施所处的状态及停运状态下的持续时间如下。

运行：供电设施与电网相连接，并处于带电的状态。

停运：供电设施由于故障、缺陷或检修、维修、试验等原因，与电网断开而不带电的状态。

强迫停运：由于设施丧失了预定的功能而要求立即或必须在6h（或按供电合同要求的时间）以内退出运行的停运，以及由于人为的误操作和其他原因未能按规定程序提前向调度提出申请并在6h（或按供电合同要求的时间）前得到批准的停运。

预安排停运：事先有计划安排，使设施退出运行的计划停运（如计划检修、施工、试验等），或按规定程序提前向调度或相关运行部门提出申请并在6h（或按供电合同要求的时间）前得到批准的临时性检修、施工、试验等的临时停运。

停运持续时间：供电设施从停运开始到重新投入电网运行的时间段。停运持续时间分强迫停运时间和预安排停运时间。对计划检修的设备，超过预安排停电时间的部分，记作强迫停运时间。

9.重大事件日

系统平均故障停电时间指标（SAIDI-F）大于界限值TxEp的日期。

10.停电性质分类

停电性质分类见图1-1。

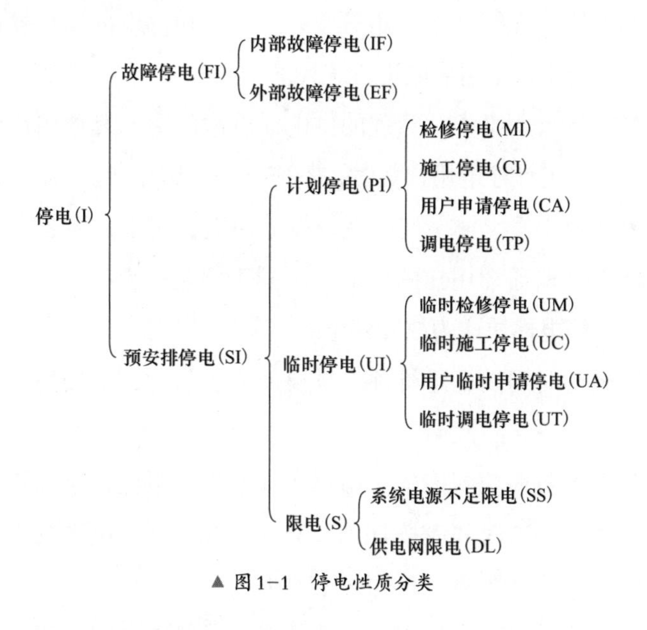

▲ 图1-1 停电性质分类

1.2.2 供电可靠性指标体系

1.用户地区特征的分类

市中心区：市区内人口密集以及行政、经济、商业、交通集中的地区。

市区：城市的建成区及规划区，一般指地级市以“区”建制命名的地区。其中，直辖市和地级市的远郊区（即由县改区的）仅统计区政府所在地、经济开发区、工业园区范围。

城镇：县（包括县级市）的城区及工业、人口在本区域内相对集中的乡、镇地区或直辖市（由县改区）的工业、人口相对集中的乡、镇地区。

农村：城市行政区内的其他地区，包括村庄、大片农田、山区、水域等。对于城市建成区和规划区内的村庄、大片农田、山区、水域等农业负荷，仍按“农村”范围统计。

管辖范围内的供电系统是指供电企业产权范围的全部以及产权属于用户而委托供电企业运行、维护、管理的电网及设施。

在停电性质中，内部停电与外部停电应以本企业管辖范围为分界点。“本企业”指直辖市、地市级供电企业或独立的县级供电企业。

因用户申请（包括计划和临时申请）停电检修等原因而造成其他用户停电，不属外部原因，在统计停电用户数时，除申请停电的用户外，对受其影响的其他用户应按用户申请停电进行统计。

由用户自行运行、维护、管理的供电设施故障引起其他用户停电时，属内部故障停电，在统计停电用户数时，不应计该故障用户。

由于电力系统中发、输、变电系统故障而造成的未能在6h（或按供电合同要求的时间）以前通知用户的停电，不同于因装机容量不足造成的系统电源不足限电，其停电性质应为故障停电。

凡在拉闸限电时间内，进行预安排检修或施工时，应按预安排检修或施工分类统计。

采用各类电力负荷控制措施对用户实施不拉闸限电，停电用户数应为受其影响的用户数，停电时间应按DL/T 836.1—2016《供电系统供电可靠性评价规程 第1部分：通用要求》等效停电时间计算。

停电事件的起始时间应采用设备操作或故障跳闸时间，若无法明确停电的具体时间，可采用用户最早报障时间。停电事件的终止时间应采用供电企业与用户设备产权分界点带电时间。

双电源用户是指用户能从供电系统获得两个（或两个以上）电源同时供

电，或一回供电，其余作备用（指有备用电源自动投入装置，且任一电源的供电能力均能满足该用户的全部负荷）。

中压出线断路器是指变电站出线间隔所对应的能够实现控制和保护双重作用的断路器。

其他中压开关是指除出线断路器外的其他断路器和负荷开关。

2. 统计报表

（1）供电系统基本情况统计表，见表1–1 ~ 表1–3，其中高压用户见表1–1，中压用户见表1–2，供电系统高中压用户信息基本情况统计见表1–3。

表1–1 ~ 表1–3须每月修正统计一次，作为可靠性计算的基础。每次统计的基本情况数据应与当时的电气接线图一致。

（2）供电系统可靠性运行情况统计表，见表1–4。表1–4是供电系统停电事件的实际记录，对用户每停电一次，均记录为一次事件（包括故障停电和预安排停电）。

（3）供电系统按停电原因（含停电设备、责任原因、技术原因）分类的统计表，见表1–5。

（4）供电可靠性指标统计表，见表1–6、表1–7。

（5）供电系统基本情况汇总表，见表1–8、表1–9。

（6）供电可靠性指标汇总表，见表1–10 ~ 表1–14（表1–10、表1–12见文后插页）。

（7）重大事件日分析表，见表1–15。

表1–1　高压用户供电系统基本情况统计表

系统名称：　统计期限：　填报单位：　电压等级：　年　月　日至　年　月　日

线段编码	线段名称	断路器编号	断路器类型	线路长度（km）		用户数、变压器台数及容量			其中双电源		断路器台数	备注
				架空	电缆	用户数	台数	总容量（kVA）	用户数	容量（kVA）		

主管：　审核：　制表：　填报日期：　年　月　日

▼表1-2 **中压用户供电系统基本情况统计表**

系统名称： 统计期限： 填报单位： 电压等级： 年 月 日至 年 月 日

<table>
<tr><th rowspan="3">线段编码</th><th rowspan="3">线段名称</th><th rowspan="3">出线断路器编号</th><th rowspan="3">出线断路器类型</th><th colspan="3">线路长度（km）</th><th colspan="6">用户数、变压器台数及容量</th><th colspan="2">其中双电源</th><th rowspan="3">出线断路器台数</th><th rowspan="3">其他开关类设备总台数</th><th rowspan="3">电容器台数</th><th rowspan="3">开关站（室）数</th><th rowspan="3">地区特征</th><th rowspan="3">线路性质</th><th rowspan="3">投运日期</th><th rowspan="3">退出日期</th><th rowspan="3">备注</th></tr>
<tr><th colspan="2">架空</th><th rowspan="2">电缆</th><th colspan="3">公用</th><th colspan="3">专用</th><th rowspan="2">用户数</th><th rowspan="2">容量（kVA）</th></tr>
<tr><th>绝缘</th><th>裸导线</th><th>用户数</th><th>台数</th><th>容量（kVA）</th><th>用户数</th><th>台数</th><th>容量（kVA）</th></tr>
<tr><td></td><td></td><td></td><td></td><td></td><td></td><td></td><td></td><td></td><td></td><td></td><td></td><td></td><td></td><td></td><td></td><td></td><td></td><td></td><td></td><td></td><td></td><td></td><td></td></tr>
</table>

注 线路性质分为公用和专用。

主管： 审核： 制表 ： 填报日期： 年 月 日

▼ 表1-3 供电系统高中压用户信息基本情况统计表

系统名称： 填报单位： 统计期限： 电压等级： 年 月 日至 年 月 日

用户编码	用户名称	线段编码	线段名称	用户描述（公/专）	变压器		专用设备		投运日期	退出日期	用户设备总台数	用户总容量kVA	是否双电源	载容比	低压用户总数	地区特征
					台数	总容量kVA	台数	容量kVA								

主管： 审核： 制表 ： 填报日期： 年 月 日

▼ 表1-4 供电系统可靠性运行情况统计表

系统名称： 填报单位： 统计期限： 电压等级： 年 月 日至 年 月 日

事件序号	停电事件部门	停电性质	同时停电部门个数	停电时间			停电情况					停电事件编码	停电原因、设备状况详细说明
				起始	终止	持续时间	线段编码	用户数	总容量（kVA）	时户数	缺供电量（kWh）		
				月 日 时 分	月 日 时 分								

主管： 审核： 制表 ： 填报日期： 年 月 日

▼表1-5　　**供电系统按停电原因（含停电设备、责任原因、技术原因）分类统计表**

系统名称:　　填报单位:　　统计期限:　　电压等级:　　年　月　日至　年　月　日

编码	停电设备或原因	故障停电类								预安排停电类							
		次数	户数	停电时间（h）	时户数	缺供电量（kWh）	停电容量（kVA）	系统平均停电时间SAIDI-1	对ASAI-1的影响	次数	户数	停电时间（h）	时户数	缺供电量（kWh）	停电容量（kVA）	系统平均停电时间SAIDI-1	对ASAI-1的影响

主管:　　审核:　　制表 :　　填报日期:　年　月　日

▼表1-6　　**高压用户供电可靠性指标统计表**

系统名称:　　填报单位:　　统计期限:　　电压等级:　　年　月　日至　年　月　日

可靠性指标								系统基本数据名称			
序号	指标名称	统计数	单位	序号	指标名称	统计数	单位	序号	数据名称	统计数	单位
1	平均供电可靠率ASAI-1		%	3	平均供电可靠率（不计系统电源不足限电）ASAI-3		%	1	线路累计长度		km
2	平均供电可靠率（不计外部影响）ASAI-2		%	4	平均供电可靠率（不计短时停电）ASAI-4		%	2	架空线路长度		km

续表

可靠性指标								系统基本数据名称			
序号	指标名称	统计数	单位	序号	指标名称	统计数	单位	序号	数据名称	统计数	单位
5	系统平均停电时间SAIDI-1		h/户	13	系统平均短时停电频率MAIFI		次/户	3	电缆线路长度		km
6	系统平均停电时间（不计外部影响）SAIDI-2		h/户	14	平均系统等效停电频率ASIFI		次	4	实际总用户数		户
7	系统平均停电时间（不计系统电源不足限电）SAIDI-3		h/户	15	平均系统等效停电时间ASIDI		h	5	系统总容量		kVA
8	系统平均停电时间（不计短时停电）SAIDI-4		h/户	16	系统平均预安排停电时间SAIDI-S		h/户	6	变压器台数		台
9	系统平均停电频率SAIFI-1		次/户	17	系统平均故障停电时间SAIDI-F		h/户	7	断路器台数		台
10	系统平均停电频率（不计外部影响）SAIFI-2		次/户	18	系统平均预安排停电频率SAIFI-S		次/户				
11	系统平均停电频率（不计系统电源不足限电）SAIFI-3		次/户	19	系统平均故障停电频率SAIFI-F		次/户				
12	系统平均停电频率（不计短时停电）SAIFI-4		次/户	20	系统平均短时预安排停电频率MAIFI-S		次/户				

续表

可靠性指标								系统基本数据名称			
序号	指标名称	统计数	单位	序号	指标名称	统计数	单位	序号	数据名称	统计数	单位
21	系统平均短时故障停电频率MAIFI-F		次/户	30	停电用户平均停电频率CAIFI-1		次/户				
22	预安排停电平均持续时间MID-S		h/次	31	停电用户平均停电频率（不计短时停电）CAIFI-4		次/户				
23	故障停电平均持续时间MID-F		h/次	32	停电用户平均停电时间CAIDI-1		h/户				
24	平均停电用户数MIC		户/次	33	停电用户平均停电时间（不计短时停电）CAIDI-4		h/户				
25	预安排停电平均用户数MIC-S		户/次	34	停电用户平均每次停电时间CTAIDI-1		h/户				
26	故障停电平均用户数MIC-F		户/次	35	停电用户平均每次停电时间（不计短时停电）CTAIDI-4		h/户				
27	用户平均停电缺供电量AENS		kWh/户	36	外部影响停电率IRE-1		%				
28	预安排停电平均缺供电量AENT-S		kWh/次	37	外部影响停电率（不计系统电源不足限电）IRE-3		%				
29	故障停电平均缺供电量AENT-F		kWh/次								

▼ **表1-7**　　**中压用户供电可靠性指标统计表**

系统名称：　　填报单位：　　统计期限：　　电压等级：　　年　月　日至　年　月　日

可靠性指标								系统基本数据名称			
序号	指标名称	统计数	单位	序号	指标名称	统计数	单位	序号	数据名称	统计数	单位
1	平均供电可靠率 ASAI-1		%	8	系统平均停电时间（不计短时停电）SAIDI-4		h/户	1	线路累计长度		km
2	平均供电可靠率（不计外部影响）ASAI-2		%	9	系统平均停电频率 SAIFI-1		次/户	2	架空线路长度		km
3	平均供电可靠率（不计系统电源不足）ASAI-3		%	10	系统平均停电频率（不计外部影响）SAIFI-2		次/户	3	电缆线路长度		km
4	平均供电可靠率（不计短时停电）ASAI-4		%	11	系统平均停电频率（不计系统电源不足）SAIFI-3		次/户	4	实际总用户数		户
5	系统平均停电时间 SAIDI-1		h/户	12	系统平均停电频率（不计短时停电）SAIFI-4		次/户	5	系统总容量		kVA
6	系统平均停电时间（不计外部影响）SAIDI-2		h/户	13	系统平均短时停电频率 MAIFI		次/户	6	配电变压器台数		台
7	系统平均停电时间（不计系统电源不足）SAIDI-3		h/户	14	平均系统停电频率 ASIFI		次	7	出线断路器台数		台

续表

可靠性指标								系统基本数据名称			
序号	指标名称	统计数	单位	序号	指标名称	统计数	单位	序号	数据名称	统计数	单位
15	平均系统停电时间ASIDI		h	24	平均停电用户数MIC		户/次	8	其他开关台数		台
16	系统平均预安排停电时间SAIDI-S		h/户	25	预安排停电平均用户数MIC-S		户/次				
17	系统平均故障停电时间SAIDI-F		h/户	26	故障停电平均用户数MIC-F		户/次				
18	系统平均预安排停电频率SAIFI-S		次/户	27	用户平均停电缺供电量AENS		kWh/户				
19	系统平均故障停电频率SAIFI-F		次/户	28	预安排停电平均缺供电量AENT-S		kWh/次				
20	系统平均短时预安排停电频率MAIFI-S		次/户	29	故障停电平均缺供电量AENT-F		kWh/次				
21	系统平均短时故障停电频率MAIFI-F		次/户	30	停电用户平均停电频率CAIFI-1		次/户				
22	预安排停电平均持续时间MID-S		h/次	31	停电用户平均停电频率（不计短时停电）CAIFI-4		次/户				
23	故障停电平均持续时间MID-F		h/次	32	停电用户平均停电时间CAIDI-1		h/户				

续表

可靠性指标								系统基本数据名称			
序号	指标名称	统计数	单位	序号	指标名称	统计数	单位	序号	数据名称	统计数	单位
33	停电用户平均停电时间（不计短时停电）CAIDI-4		h/户	41	线路故障停电率 FLFI		次/（百公里·年）				
34	停目用户平均每次停电时间CTAIDI-1		h/户	42	外部影响停电率 IRE-1		%				
35	停电用户平均每次停电时间（不计短时停电）CTAIDI-4		h/户	43	外部影响停电率（不计系统电源不足）IRE-3		%				
36	架空线路故障停电率 FOLFI		次/（百公里·年）	44	长时间停电用户的比率CELID-t		%				
37	电缆线路故障停电率 FCFI		次/（百公里·年）	45	单次长时间停电用户的比率CELID-s		%				
38	配电变压器故障停电率FTFI		次/（百台·年）	46	多次停电用户的比率CEMSMIa		%				
39	出线断路器故障停电率FBFI		次/（百台·年）	47	多次持续停电用户的比率CEMI		%				
40	其他开关故障停电率 FOSFI		次/（百台·年）								

主管：　　　　审核：　　　　制表　：　　　　填报日期：　　年　　月　　日

▼ **表1-8**

高压用户供电系统基本情况汇总表

系统名称：　　　填报单位：　　　统计期限：　　　电压等级：　　　年　　月　　日至　　年　　月　　日

<table>
<tr><th rowspan="2">单位编码</th><th rowspan="2">单位名称</th><th colspan="3">线路长度（km）</th><th colspan="3">用户数、变压器台数及容量</th><th colspan="2">其中双电源</th><th rowspan="2">断路器台数</th><th rowspan="2">备注</th></tr>
<tr><th>架空</th><th>电缆</th><th>合计</th><th>用户数</th><th>台数</th><th>总容量（kVA）</th><th>用户数</th><th>容量（kVA）</th></tr>
<tr><td></td><td></td><td></td><td></td><td></td><td></td><td></td><td></td><td></td><td></td><td></td><td></td></tr>
<tr><td></td><td></td><td></td><td></td><td></td><td></td><td></td><td></td><td></td><td></td><td></td><td></td></tr>
</table>

主管：　　　审核：　　　制表：　　　填报日期：　　年　　月　　日

▼ **表1-9**

中压用户供电系统基本情况汇总表

系统名称：　　　填报单位：　　　统计期限：　　　电压等级：　　　年　　月　　日至　　年　　月　　日

<table>
<tr><th rowspan="3">单位编码</th><th rowspan="3">单位名称</th><th colspan="3">线路长度（km）</th><th colspan="8">用户数、变压器台数及容量</th><th colspan="2">其中双电源</th><th rowspan="3">出线断路器台数</th><th rowspan="3">其他开关总台数</th><th rowspan="3">开关站（室）数</th><th rowspan="3">线路条数</th><th rowspan="3">备注</th></tr>
<tr><th rowspan="2">架空线路</th><th rowspan="2">电缆</th><th rowspan="2">合计</th><th colspan="3">公用</th><th colspan="3">专用</th><th rowspan="2">总用户数</th><th rowspan="2">总容量（kVA）</th><th rowspan="2">用户数</th><th rowspan="2">容量（kVA）</th></tr>
<tr><th>用户数</th><th>台数</th><th>容量（kVA）</th><th>用户数</th><th>台数</th><th>容量（kVA）</th></tr>
<tr><td></td><td></td><td></td><td></td><td></td><td></td><td></td><td></td><td></td><td></td><td></td><td></td><td></td><td></td><td></td><td></td><td></td><td></td><td></td><td></td></tr>
<tr><td></td><td></td><td></td><td></td><td></td><td></td><td></td><td></td><td></td><td></td><td></td><td></td><td></td><td></td><td></td><td></td><td></td><td></td><td></td><td></td></tr>
</table>

主管：　　　审核：　　　制表：　　　填报日期：　　年　　月　　日

▼表1-11

高压用户供电可靠性参考指标汇总表

系统名称： 填报单位： 统计期限： 电压等级： 年 月 日至 年 月 日

<table>
<tr><th>序号</th><th>单位名称</th><th>系统平均预安排停电时间（SAIDI-S）（h/户）</th><th>系统平均故障停电时间（SAIDI-F）（h/户）</th><th>系统平均预安排停电频率（SAIFI-S）（次/户）</th><th>系统平均故障停电频率（SAIFI-F）（次/户）</th><th>系统平均短时预安排停电频率（MAIFI-S）（次/户）</th><th>系统平均短时故障停电频率（MAIFI-F）（次/户）</th><th>预安排停电平均持续时间（MID-S）（h/次）</th><th>故障停电平均持续时间（MID-F）（h/次）</th></tr>
<tr><td></td><td></td><td></td><td></td><td></td><td></td><td></td><td></td><td></td><td></td></tr>
<tr><th rowspan="2">序号</th><th rowspan="2">单位名称</th><th rowspan="2">平均停电用户数（MIC）（户/次）</th><th rowspan="2">预安排停电平均用户数（MIC-S）（户/次）</th><th rowspan="2">故障停电平均用户数（MIC-F）（户/次）</th><th rowspan="2">用户平均停电缺供电量（AENS）（kWh/户）</th><th rowspan="2">预安排停电平均缺供电量（AENT-S）（kWh/次）</th><th rowspan="2">故障停电平均缺供电量（AENT-F）（kWh/次）</th><th colspan="2">停电用户平均停电频率（次/户）</th></tr>
<tr><th>计入短时停电（CAIFI-1）</th><th>不计短时停电（CAIFI-4）</th></tr>
<tr><td></td><td></td><td></td><td></td><td></td><td></td><td></td><td></td><td></td><td></td></tr>
<tr><th rowspan="2">序号</th><th rowspan="2">单位名称</th><th colspan="2">停电用户平均停电时间（h/户）</th><th colspan="2">停电用户平均每次停电时间（h/户）</th><th colspan="2">外部影响停电率（%）</th><td rowspan="2"></td><td rowspan="2"></td></tr>
<tr><th>计入短时停电（CAIDI-1）</th><th>不计短时停电（CAIDI-4）</th><th>计入短时停电（CTAIDI-1）</th><th>不计短时停电（CTAIDI-4）</th><th>计入系统电源不足限电（IRE-1）</th><th>不计系统电源不足限电（IRE-3）</th></tr>
<tr><td></td><td></td><td></td><td></td><td></td><td></td><td></td><td></td><td></td><td></td></tr>
</table>

主管： 审核： 制表： 填报日期： 年 月 日

▼ **表 1–13** **中压用户供电可靠性参考指标汇总表**

系统名称：　　填报单位：　　统计期限：　　电压等级：　　年　月　日至　年　月　日

序号	单位名称	系统平均预安排停电时间（SAIDI–S）（h/户）	系统平均故障停电时间（SAIDI–F）（h/户）	系统平均预安排停电频率（SAIFI–S）（次/户）	系统平均故障停电频率（SAIFI–F）（次/户）	系统平均短时预安排停电频率（MAIFI–S）（次/户）	系统平均短时故障停电频率（MAIFI–F）（次/户）	预安排停电平均持续时间（MID–S）（h/次）	故障停电平均持续时间（MID–F）（h/次）	平均停电用户数（MIC）（户/次）
序号	单位名称	预安排停电平均用户数（MIC–S）（户/次）	故障停电平均用户数（MIC–F）（户/次）	用户平均停电缺供电量（AENS）（kWh/户）	故障停电平均缺供电量（AENT–F）（kWh/次）	预安排停电平均缺供电量（AENT–S）（kWh/次）	停电用户平均停电频率（次/户）		停电用户平均停电时间（h/户）	
							计入短时停电（CAIFI–1）	不计短时停电（CAIFI–4）	计入短时停电（CAIDI–1）	不计短时停电（CAIDI–4）
序号	单位名称	停电用户平均每次停电时间（h/户）		外部影响停电率（%）		长时间停电用户的比率（CELID–t）（%）	单次长时间停电用户的比率（CELID–s）（%）	多次停电用户的比率（CEMSMIn）（%）	多次持续停电用户的比率（CEMI）（%）	
		计入短时停电（CTAIDI–1）	不计短时停电（CTAIDI–4）	计入系统电源不足限电（IRE–1）	不计系统电源不足限电（IRE–3）					

主管：　　审核：　　制表：　　填报日期：　年　月　日

▼ **表1-14** **中压用户供电可靠性设备指标汇总表**

系统名称： 填报单位： 统计期限： 电压等级： 年 月 日至 年 月 日

序号	单位名称	中压架空线路			中压电缆线路			配电变压器		
		故障次数	架空线路故障停电率（FOLFI）次/（百公里·年）	停电次数	故障次数	电缆故障停电率（FCFI）次/（百公里·年）	停电次数	故障次数	配电变压器故障停电率（FTFI）次/（百台·年）	停电次数
序号	单位名称	中压出线断路器			其他中压开关			中压线路		
		故障次数	出线断路器故障停电率（FCBFI）次/（百台·年）	停电次数	故障次数	其他开关故障停电率（FOSFI）次/（百台·年）	停电次数	线路故障停电率（FLFI）次/（百公里·年）		

主管： 审核： 制表： 填报日期： 年 月 日

▼ 表1-15 重大事件日分析表

系统名称： 填报单位： 统计期限： 电压等级： 年 月 日至 年 月 日

重大事件日名称					
日期					
停电范围					
减供负荷值			减供负荷比例		
停电用户数		停电用户比例		停电时户数	
停电原因					
事件过程					
改进措施					

主管： 审核： 制表： 填报日期： 年 月 日

1.2.3 供电可靠性评价指标

供电系统用户供电可靠性统计评价指标，按不同电压等级分别计算，并分为主要指标和参考指标两大类。

统计期间时间是指处于统计时段内的日历小时数。

（1）可靠性主要指标及计算公式。

1）系统平均停电时间：供电系统用户在统计期间内的平均停电小时数，记作SAIDI-1（h/户）。

$$\text{SAIDI-1}=\frac{\sum \text{每次停电时间}\times\text{每次停电用户数}}{\text{总用户数}}$$

若不计外部影响时，则记作SAIDI-2（h/户）。

$$\text{SAIFI-2}=\frac{\sum \text{每次停电户数}-\sum \text{每次受外部影响停电户数}}{\text{总用户数}}$$

若不计系统电源不足限电时，则记作SAIDI-3（h/户）。

$$\text{SAIFI-3}=\frac{\sum \text{每次停电户数}-\sum \text{每次系统电源不足限电停电次数}}{\text{总用户数}}$$

若不计短时停电时，则记作SAIDI-4（h/户）。

$$\text{MAIFI}=\frac{\sum \text{每次短时停电户数}}{\text{总用户数}}$$

2）平均供电可靠率：在统计期间内，对用户有效供电时间小时数与统计期间小时数的比值，记作 ASAI–1（%）。

$$\text{ASAI-1}=(1-\frac{\text{系统平均停电时间}}{\text{统计期间时间}})\times 100\%$$

若不计外部影响时，则记作 ASAI–2（%）。

$$\text{ASAI-2}=(1-\frac{\text{系统平均停电时间}-\text{系统平均受外部影响停电时间}}{\text{统计期间时间}})\times 100\%$$

若不计系统电源不足限电时，则记作 ASAI–3（%）。

$$\text{ASAI-3}=(1-\frac{\text{系统平均停电时间}-\text{系统平均电源不足限电停电时间}}{\text{统计期间时间}})\times 100\%$$

若不计短时停电时，则记作 ASAI–4（%）。

$$\text{ASAI-4}=(1-\frac{\text{系统平均停电时间}-\text{系统平均短时停电时间}}{\text{统计期间时间}})\times 100\%$$

3）系统平均停电频率：供电系统用户在统计期间内的平均停电次数，记作SAIFI–1（次/户）。

$$\text{SAIFA-1}=\frac{\sum \text{每次停电户数}}{\text{总用户数}}$$

若不计外部影响时，则记作SAIFI–2（次/户）。

$$\text{SAIFI-2}=\frac{\sum \text{每次停电户数}-\sum \text{每次受外部影响停电户数}}{\text{总用户数}}$$

若不计系统电源不足限电时，则记作SAIFI–3（次/户）。

$$\text{SAIFI-3}=\frac{\sum \text{每次停电户数}-\sum \text{每次系统电源不足限电户数}}{\text{总用户数}}$$

若不计短时停电时，则记作SAIFI–4（次/户）。

$$\text{SAIFI-4}=\frac{\sum \text{每次停电户数}-\sum \text{每次短时停电户数}}{\text{总用户数}}$$

4）系统平均短时停电频率：供电系统用户在统计期间内的平均短时停电次数，记作MAIFI（次/户）。

$$\text{MAIFI}=\frac{\sum \text{每次短时停电户数}}{\text{总用户数}}$$

5）平均系统等效停电时间：在统计期间内，因系统对用户停电的影响折（等效）成全系统（全部用户）停电的等效小时数，记作ASIDI（h）。

$$\text{ASIDI}=\frac{\sum \text{每次停电容量}\times\text{每次停电时间}}{\text{系统供电总容量}}$$

6）平均系统等效停电频率：在统计期间内，因系统对用户停电的影响折（等效）成全系统（全部用户）停电的等效次数，记作ASIFI（次）。

$$\text{ANIFI}=\frac{\sum \text{每次停电容量}}{\text{系统供电总容量}}$$

（2）可靠性参考指标及计算公式。

1）系统平均预安排停电时间：供电系统用户在统计期间内的平均预安排停电小时数，记作SAIDI–S（h/户）。

$$\text{SAIDI-S}=\frac{\sum \text{每次预安排停电时间}\times\text{每次预安排停电用户数}}{\text{总用户数}}$$

2）系统平均故障停电时间：供电系统用户在统计期间内的平均故障停电小时数，记作SAIDI–F（h/户）。

$$\text{SAIDI-F}=\frac{\sum \text{每次故障停电时间}\times\text{每次故障停电用户数}}{\text{总用户数}}$$

3）系统平均预安排停电频率：供电系统用户在统计期间内的平均预安排停电次数，记作SAIFI–S（次/户）。

$$\text{SAIFI-S}=\frac{\sum \text{每次预安排停电用户数}}{\text{总用户数}}$$

4）系统平均故障停电频率：供电系统用户在统计期间内的平均故障停电次数，记作SAIFI–F（次/户）。

$$\text{SAIFI-F}=\frac{\sum \text{每次故障停电用户数}}{\text{总用户数}}$$

5）系统平均短时预安排停电频率：用户在统计期间内的平均短时预安排停电次数，记作MAIFI–S（次/户）。

$$\text{MAIFI-S}=\frac{\sum \text{每次短时预安排停电用户数}}{\text{总用户数}}$$

6）系统平均短时故障停电频率：用户在统计期间内的平均短时故障停电次数，记作MAIFI–F（次/户）。

$$\text{MAIFI-F} = \frac{\sum \text{每次短时故障停电用户数}}{\text{总用户数}}$$

7）预安排停电平均持续时间：在统计期间内，预安排停电的每次平均停电小时数，记作MID–S（h/次）。

$$\text{MID-S} = \frac{\sum \text{预安排停电时间}}{\text{预安排停电次数}}$$

8）故障停电平均持续时间：在统计期间内，故障停电的每次平均停电小时数，记作MID–F（h/次）。

$$\text{MID-F} = \frac{\sum \text{故障停电时间}}{\text{故障停电次数}}$$

9）平均停电用户数：在统计期间内，平均每次停电的用户数，记作MIC（户/次）。

$$\text{MIC} = \frac{\sum \text{每次停电用户数}}{\text{停电次数}}$$

10）预安排停电平均用户数：在统计期间内，平均每次预安排停电的用户数，记作MIC–S（户/次）。

$$\text{MIC-S} = \frac{\sum \text{每次预安排停电用户数}}{\text{预安排停电次数}}$$

11）故障停电平均用户数：在统计期间内，平均每次故障停电的用户数，记作MIC–F（户/次）。

$$\text{MIC-F} = \frac{\sum \text{每次故障停电用户数}}{\text{故障停电次数}}$$

12）用户平均停电缺供电量：在统计期间内，平均每一用户因停电缺供的电量，记作AENS（kWh/户）。

$$\text{AENS} = \frac{\sum \text{每次停电缺供电量}}{\text{总用户数}}$$

13）预安排停电平均缺供电量：在统计期间内，平均每次预安排停电缺供的电量，记作AENT–S（kWh/次）。

$$\text{AENT-S} = \frac{\sum \text{每次预安排停电缺供电量}}{\text{预安排停电次数}}$$

14）故障停电平均缺供电量：在统计期间内，平均每次故障停电缺供的电量，记作AENT–F（kWh/次）。

$$\text{AENT-F}=\frac{\sum \text{每次故障停电缺供电量}}{\text{故障停电次数}}$$

15）停电用户平均停电频率：在统计期间内，发生停电用户的平均停电次数，记作CAIFI–1（次/户）。

$$\text{CAIFI-1}=\frac{\sum \text{每次停电用户数}}{\text{停电总用户数}}$$

若不计短时停电时，则记作CAIFI–4（次/户）。

$$\text{CAIFI-4}=\frac{\sum \text{每次持续停电用户数}}{\text{持续停电总用户数}}$$

16）停电用户平均停电时间：在统计期间内，发生停电用户的平均停电时间，记作CAIDI–1（h/户）。

$$\text{CAIDI-1}=\frac{\sum \text{每次停电时间}\times\text{每次停电用户数}}{\text{停电总用户数}}$$

若不计短时停电时，则记作CAIDI–4（h/户）。

$$\text{CAIDI-4}=\frac{\sum \text{每次持续停电时间}\times\text{每次持续停电用户数}}{\text{持续停电总用户数}}$$

17）停电用户平均每次停电时间：在统计期间内，发生停电用户的平均每次停电时间，记作CTAIDI–1（h/户）。

$$\text{CTAIDI-1}=\frac{\sum \text{每次停电时间}\times\text{每次停电用户数}}{\sum \text{停电总用户数}}$$

若不计短时停电时，则记作CTAIDI–4（h/户）。

$$\text{CTAIDI-4}=\frac{\sum \text{每次持续停电时间}\times\text{每次持续停电用户数}}{\sum \text{停电持续总用户数}}$$

18）设施停运停电率：在统计期间内，某类设施平均每100台（或100km）因停运而引起的停电次数，记作FEOI[次/（百台·年）或次/（百公里·年）]。

$$\text{FEOI}=\frac{\text{设备停运引起用户停电总次数}}{\text{设施（百台·年或百公里·年）}}$$

注：设施停运包括强迫停运（故障停运）和预安排停运。

19）设施停电平均持续时间：在统计期间内，某类设施平均每次因停运而引起对用户停电的持续时间，记作MDEOI（h/次）。

$$\mathrm{MDEOI}=\frac{\sum \text{某类设施每次因停运引起的停电时间}}{\text{某类设施停运引起的停电次数}}$$

20）线路故障停电率：在统计期间内，供电系统每100km线路（包括架空线路及电缆线路）故障停电次数，记作FLFI［次/（百公里·年）］。

21）架空线路故障停电率：在统计期间内，每100km架空线路故障停电次数，记作FOLFI［次/（百公里·年）］。

$$\mathrm{FOLFI}=\frac{\text{架空线路故障停电次数}}{\text{架空线路（百公里·年）}}$$

22）电缆线路故障停电率：在统计期间内，每100km电缆线线路故障停电次数，记作FCFI［次/（百公里·年）］。

$$\mathrm{FCFI}=\frac{\text{电缆线路故障停电次数}}{\text{电缆线路（百公里·年）}}$$

23）配电变压器故障停电率：在统计期间内，每100台变压器故障停电次数，记作FTFI［次/（百台·年）］。

$$\mathrm{FTFI}=\frac{\text{变压器故障停电次数}}{\text{变压器（百台·年）}}$$

24）出线断路器故障停电率：在统计期间内，每100台出线断路器故障停电次数，记作FCBFI［次/（百台·年）］。

$$\mathrm{FCBFI}=\frac{\text{出线断路器故障停电次数}}{\text{出线断路器（百台·年）}}$$

25）其他开关故障停电率：在统计期间内，每100台其他开关故障停电次数，记作FOSFI［次/（百台·年）］。

$$\mathrm{FOSFI}=\frac{\text{其他开关故障停电次数}}{\text{其他开关（百台·年）}}$$

其中：

统计百台（百公里·年）= 统计期间设施的百台（100km）数 × $\frac{\text{统计期间小时数}}{8760}$（注：闰年为8784h）。

26）外部影响停电率：在统计期间内，每一用户因供电企业管辖范围以外的原因造成的平均停电时间与用户平均停电时间之比，记作IRE-1（%）。

$$\text{IRE-1}=\frac{\text{系统平均外部原因停电时间}}{\text{系统平均停电时间}}\times 100\%$$

若不计系统电源不足限电时，则记作IRE–3（%）。

$$\text{IRE-3}=\text{IRE-1}-\frac{\text{系统平均电源不足限电停电时间}}{\text{系统平均停电时间}}\times 100\%$$

27）长时间停电用户的比率：在统计期间内，累计持续停电时间大于n小时的用户所占的比例，记作CELID–t（%）。

$$\text{CELID-t}=\frac{\text{累计停电时间大于}n\text{小时的用户数}}{\text{总用户数}}\times 100\%$$

28）单次长时间停电用户的比率：在统计期间内，单次持续停电时间大于n小时的用户所占的比例，记作CELID–s（%）。

$$\text{CELID-s}=\frac{\text{单次停电时间大于}n\text{小时的用户数}}{\text{总用户数}}\times 100\%$$

29）多次停电用户的比率：在统计期间内，所有供电用户经历停电大于n次的用户所占的比例，记作CEMSMI（%）。

$$\text{CEMSMI}_n=\frac{\text{停电次数大于}n\text{的用户数}}{\text{总用户数}}\times 100\%$$

30）多次持续停电用户的比率：在统计期间内，所有供电用户经历持续停电大于n次的用户所占的比例，记作CEM（%）。

$$\text{CEMI}_n=\frac{\text{持续停电次数大于}n\text{的用户数}}{\text{总用户数}}\times 100\%$$

（3）其他计算公式。

1）等效停电时间：

$$\text{等效停电时间}=\text{限电时间}\times(1-\frac{\text{减限电后允许的供电容量}}{\text{限电前实际的供电容量}})$$

式中：

限电时间——自开始对用户限电之时起至恢复正常供电时为止的时间段。

2）停电缺供电量：

$$W=KST$$

式中：

W——停电缺供电量。

S——停电容量，即被停止供电的各用户的容量之和，kVA；

T——停电持续时间或等效停电时间，h;

K——载容比系数，该值应根据上一年度的具体情况于每年1月修正一次。

$$K=\frac{P}{S}$$

其中

$$P=\frac{\text{上年度售电量（kWh）}}{8760\,\text{h}}$$

式中：

P——一供电系统（或某条线路、某用户）上年度的年平均负荷，kW;

S——供电系统（或某条线路、某用户）上年度的用户容量总和，kVA。

注1：闰年为8784h。

注2：P及S是指同一电压等级的供电系统年平均负荷及其用户容量总和。

3）重大事件日界限值TMED。判定重大事件日的界限值TMED应以地市级供电企业（或直辖市）为单位进行计算，每年更新一次。界限值TMEp的确定方法如下：

a.选取最近三年每天的SAIDI-F值（跨日的停电计入停电当天）。

b.剔除SAIDI-F值为零的日期，组成数据集合。

c.计算数据集合中每个SAIDI-F值的自然对数In（SAIDI-F）。

d.计算α：SAIDI-F自然对数的算术平均值。

e.计算β：SAIDI-F自然对数的标准差。

f. MED阈值计算方法为

$$\text{TMEp}=\exp(\alpha+2.5\beta)$$

第2章 配电网工程管理

2.1 项目策划管理

2.1.1 需求管理

1. 工作概述

需求管理主要包括项目需求管理和项目需求评审。

2. 名词解释

项目需求管理：从提升供电可靠性、解决现场实际问题、提高设备利用率等角度出发，组织项目需求编制、上报、审查等工作。

项目需求评审：项目需求评审包含资料审查和现场评审，资料审查应全覆盖，现场评审采用抽审方式，评审结束后出具评审意见。

3. 职责分工

各单位发展（建设）部门根据中低压配网规划和项目建设时序，提出变电站配套送出、目标网架结构等方面的需求。

各单位运检、调控部门根据中低压配网设备状况和运行情况，提出提高供电能力、改善供电质量、提升装备水平、优化网架结构和消除安全隐患等方面的需求。

各单位营销部门根据客户新增用电需求，提出中低压配网建设改造需求。

4. 管理流程

需求管理流程如图2–1所示。

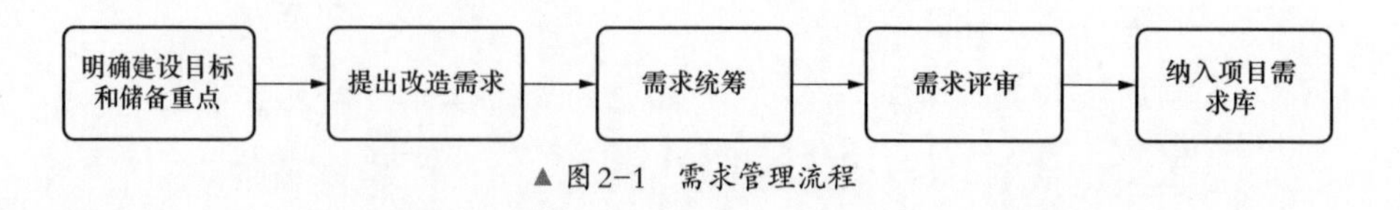

▲ 图2–1　需求管理流程

5.风险控制

停电时户数大、投资效益低等项目需求未优化调整，同一区域内关联性项目需求未统筹考虑，造成项目需求必要性、可行性不足，难以落地。

项目需求单位对于重要、紧急类项目了解不足，在评审环节未能体现其必要性，造成合理项目需求搁浅。

6.技术要点

各单位应常态化开展中低压配网需求分析和提报，经内部审核后，需要通过基建项目解决的，纳入中低压配网需求库。

各单位应定期开展电网需求紧迫程度和关联性论证，以“供电网络”“村镇”为单元，对电网需求进行排序整合，为中低压配网精准规划提供依据。

项目需求应坚持以提升供电可靠性为主线，根据网格供电可靠性评估结果差异化制定网格投资策略，对已实现供电可靠性目标的网格要控制投资，对与供电可靠性规划目标差距较大的网格要加大投资。对于供电可靠性要求较高地区，新建改造及维修工程应考虑预留外部电源快速接口。

对于停电时户数大、投资金额高、预期成效小的项目，严禁纳入项目需求库。

评审需依据配电网规划，重点审查项目的必要性、可行性和规范性。调整的项目需求应重新进行评审。

2.1.2 规划管理

1.工作概述

中低压配网规划重点提出目标网架结构和指标水平、近远期规划方案、项目建设时序、规划投资规模等内容。配电网规划期限应与国民经济和社会发展规划的年限相一致，通常为5年。公司发展部门根据发展需要、经营状况、投资效率效益等综合平衡确定规划投资规模。各单位根据规划发展目标和建设条件，结合本单位规划投资规模，确定本单位规划项目库。

2.名词解释

网架类项目：指新配出10kV线路工程，改变原有 10kV网络结构工程，以及因架空入地、线路迁改、线路老旧而实施的主干线整线改造工程等电网基建项目。

3.职责分工

县级公司是本地区10kV及以下配电网规划管理的责任主体。县级公司发展部门是本单位配电网规划的归口管理部门，履行以下职责：组织开展县域配电网规划工作，统筹制定10kV及以下电网建设改造方案；配合地市经研所开展配电网规划编制工作，配合地市公司发展部开展配电网规划评审工作；指导和监督供电所、配电运检室（工区）、供电服务中心等业务机构参与配电网规划工作；负责与县（区）政府进行沟通和协调，将县（区）配电网规划内容落实到县（区）总体规划和控制性详细规划；落实规划人员到岗到位，保证人员能力素质，提升配电网规划工作水平。

设备管理部门履行以下职责：提出包括智能感知终端及信息接入在内的配电网设备技术功能需求和建议；提出配电网扩展性改造项目需求和建议；提供配电网规划所需的生产技术数据和资料；参与配电网规划的编制与评审。

4.管理流程

（1）公司发展部门按照公司统一部署，组织经研院等单位研究确定公司配电网规划总体目标及边界条件，下发省级公司，启动配电网规划编制工作。

（2）省级公司发展部门组织省级经研院研究分解地市规划边界条件，制定本单位配电网规划工作方案，明确规划报告体系、内容深度要求、规划边界条件和时间节点安排等。

（3）地市公司、县级公司发展部门会同相关部门，组织供电所、配电运检室（工区）、供电服务中心等一线班组，整理配电网规划基础资料，提出配电网规划项目需求和建设方案。

（4）地市公司发展部门组织地市经研所编制市辖区配电网规划，组织县级公司编制县域配电网规划。

（5）地市公司发展部门会同相关部门评审市辖区和县域配电网规划，在此基础上地市经研所编制市级公司配电网规划报告。地市公司履行决策程序后，提交省级公司评审。

（6）省级经研院负责评审地市公司配电网规划报告，出具评审意见，在此基础上编制省级公司配电网规划报告。省级公司发展部门充分征求相关部门意见，履行省级公司决策程序后，提交公司发展部门评审。

（7）公司经研院等负责评审省级公司配电网规划报告，出具评审意见，在此基础上编制公司配电网规划报告。公司发展部门充分征求相关部门意见后，将配电网规划报告纳入公司电网规划总报告，并履行公司咨询、审议和决策程序。

（8）公司发展部门将公司审定的配电网规划分解下发至各省级公司。

（9）省级公司发展部门根据公司发展部门下发的配电网规划审定结果，调整完善本单位配电网规划并履行决策程序后，报公司发展部备案，下发地市公司执行，同步报送省级政府相关部门、落实与地方规划的衔接。

（10）地市公司发展部门根据省级公司下发的配电网规划审定结果，组织县级公司调整完善本地市配电网规划并履行决策程序后，报省级公司发展部门备案，同步报送地方政府相关部门、落实与地方规划的衔接。

规划管理流程如图2–2所示。

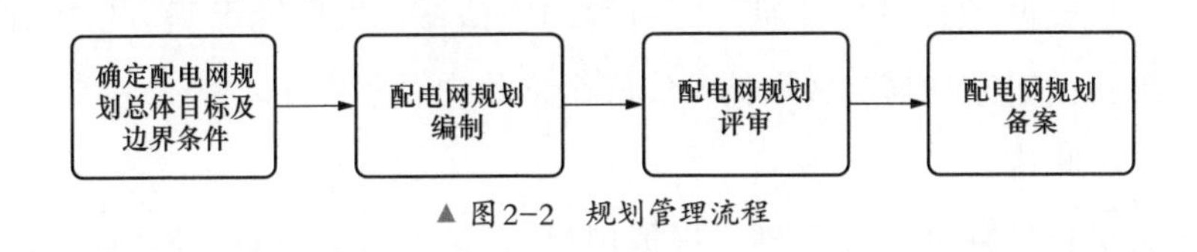

▲ 图2–2 规划管理流程

5.风险控制

配电网规划内部协同不足，未充分征求相关部门意见，造成配电网规划出现偏差。

配电网规划与各级政府部门的联系不足，未能及时掌握和更新规划区重要信息，造成配电网规划内容的全面性和时效性不足或配电网规划与政府规划存在冲突。

6.技术要点

中低压配网需求库对应的基建项目方可列入规划项目库。因负荷突增、政府规划调整等原因确需调整目标网架的，应先履行中低压配网需求库调整程序。

落实“功能区、网格化、单元制”城市配电网规划和“一图一表”村镇配电网规划理念，其中B类及以上供电区域全面深化网格化规划，C ~ D 类供电区域可参照网格化规划思路开展。

规划项目库中网架类项目应明确具体的接入系统方案和预期成效等内容。

规划项目库调整实行分级审批和备案制，应按照以下方式进行调整：①滚动调整。滚动调整是由地市公司根据审定的电网规划在固定的滚动调整期内对规划项目库进行的年度滚动调整。②定期调整。定期调整是由地市公司根据需要在固定的定期调整期内对规划项目库进行的调整。③应急调整。应急调整是由地市公司根据突增用电需求、增量电力市场、政府规划重大变更等情况，提出申请并获得批准后对规划项目库进行的调整。

定期调整和应急调整采用项目置换方式，应保持调整前后规划项目库内投资规模基本不变。

2.1.3 可行性研究储备管理

1. 工作概述

中低压配网项目可行性研究储备管理包括可行性研究编制、可行性研究评审、可行性研究批复、转入储备库四个部分内容。

2. 名词解释

项目可行性研究设计管理：根据项目需求库清单，组织开展项目可行性研究设计。

项目储备库管理：储备项目经评审通过后，纳入项目储备库，储备库中的项目应包含可行性研究报告、可行性研究评审意见、概算、设计说明书、设计图纸、材料清册、拆旧清册等。

中低压配网特殊项目：含有电缆通道土建投资的项目；A+、A 类供电区域单条电缆长度超过 3km 的项目，B 类供电区域单条电缆长度超过 2km 的项目，C、D 类供电区域使用电缆的项目；其他单独明确的特殊项目。变电站出线侧至主干道路电缆及管沟，短距离穿越等必须使用电缆的项目除外。

3. 职责分工

公司发展部门根据公司审定的规划项目库项目，组织开展可行性研究编制工作。

经研所会同发展部门按月下达可行性研究编制计划，组织设计咨询单位编制可行性研究报告，并对可行性研究质量进行把关，组织开展可行性研究评审。

公司发展部门根据经研院（所）出具的评审意见，经设备运维管理部门、财务资产部门会签后，批复中低压配网项目可行性研究，并报公司备案。

4. 管理流程

可行性研究储备理流程如图2–3所示。

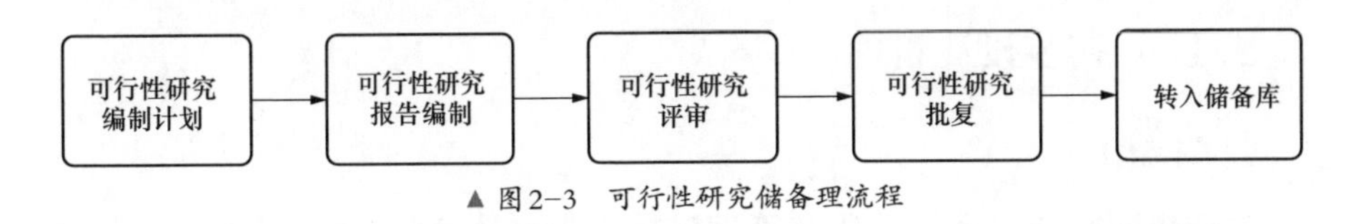

▲ 图2–3 可行性研究储备理流程

5. 风险控制

现场踏勘深度不足，出现站址方案变化、工程量重大变化、气象参数重大变化、线路路径长度增加 10% 以上、敏感点疏漏造成路径方案发生重大变化等情况，造成可行性研究方案存在重大技术缺陷或初步设计与可行性研究方案及投资发生重大变化。

纳入规划库的项目（包）名称及总投资存在变动，导致项目精准储备不足。

6. 技术要点

纳入中低压配网规划项目库的项目方可开展前期工作。因负荷突增、政府规划调整等原因确提前开展前期工作的，应先履行规划项目库调整程序。

可行性研究方案应符合中低压配网规划发展目标，网架类项目可行性研究方案因建设条件变化、政府规划调整等原因，与规划方案偏差较大的，需先调整中低压配网规划和规划项目库，再开展前期工作。

可行性研究评审分为特殊项目评审和常规项目评审，重点审查项目方案是否符合电网规划，项目建设的必要性、建设方案和设备选型的合理性、投资估算的准确性等内容。网架类项目与规划方案偏差较大的不予通过。

取得可行性研究批复满两年仍未列入投资计划的项目，需重新履行可行性研究审批程序。

中低压配网项目取得可行性研究评审意见后，方可纳入储备项目库，项目列入投资计划自动退出储备项目库，取得可行性研究批复时间超过 2 年或不具备实施条件的项目，应及时退库。

各单位应合理控制项目储备规模，年度项目储备投资规模原则上不超过下年度规划项目库投资规模的120%。

因负荷突增或政府规划调整，超出储备限额仍需入库的项目，应采用项目置换方式入库，入库前后储备项目库总体投资规模应保持不变。

2.1.4 初步设计管理

1. 工作概述

中低压配网项目可行性研究管理包括初步设计编制、初步设计评审、初步设计研究批复三个部分内容。

2. 职责分工

公司运检部门组织中标设计单位、发展部门、营销部门、经研所及项目管理中心等相关单位，共同开展现场勘查和接入系统方案制定，编制项目初步设计报告，并报经研所审查。

公司运检部门牵头，经研院（所）组织相关单位，共同审查初步设计报告。其中，发展部门重点对接入系统方案审查把关，审查项目方案可行性、是否符合电网发展规划，接入系统方案审查不通过的项目不再继续审查；设备运检部门重点审查项目技术方案合理性，并对设备选型、配电自动化相关要求等提出专业意见；调控中心针对电网的需求重点审查一次、二次接入系统的合理性、可行性。

中标设计单位根据各专业提出的评审意见，修改完善初步设计报告。

经研所根据初步设计报告审查结果和修改情况，出具初步设计评审意见。

初步设计报告评审完成后，运检部门批复中低压配网项目初步设计，并将批复情况备案。

3. 管理流程

初步设计管理流程如图2–4所示。

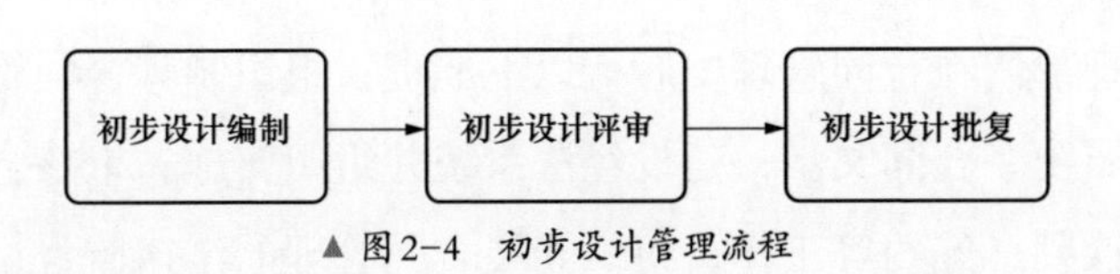

▲ 图 2-4　初步设计管理流程

4. 风险控制

除因招标原因导致的物资、服务价格变化外，项目初步设计投资超过可行性研究批复投资 ± 10%。

项目建设方案、规模、选址发生重大变化，如线路长度变化超过 ± 10%，架空线路改为电缆敷设，台区建设地点由 A 村调整至 B 村，变压器台数发生变化等。

因招标原因导致的物资、服务价格变化，项目初步设计投资超过可行性研究批复投资 10%。

因建设条件变化等不可控因素影响，已开工建设但无法继续实施的项目。

5. 技术要点

因外部建设条件变化，需要调整项目可行性研究的，应根据需要履行规划、可行性研究、储备、计划等相关调整程序，并同步做好预算、初步设计调整和物资退库、移库等工作，调整后方案应符合中低压配网规划发展目标。

需要调整可行性研究的，由项目管理单位落实可行性研究调整原因并提出调整方案，运检部门审核并组织修改完善初步设计报告，经公司发展部门、财务部门等相关部门会签通过后，由公司发展部门出具可行性研究调整意见。

2.2　项目准备管理

2.2.1 合同管理

1. 工作概述

合同管理工作包含确定合同对方当事人、合同起草与谈判、合同审核与签署、合同履行、合同文件归档等内容。

2. 职责分工

公司各级单位负责经济法律工作的部门是本单位的合同归口管理部门。

合同归口管理部门在合同管理中履行以下职责：组织制订合同管理制度；组织制订并发布统一合同文本；建设经法系统并组织实施；审核合同；参与合同的起草、谈判、签约等工作；组织开展合同管理的法律监督；负责本单位合同专用章及用印管理；检查、考核、评价合同管理工作；指导、协调、处理合同纠纷案件，参与处理合同争议；负责合同管理有关数据的统计分析和上报；协助档案管理部门对本单位合同归档工作进行指导、督促和检查；负责合同管理培训；开展合同管理研究；履行其他合同管理职责。

合同承办部门是合同的发起和经办部门，在合同管理中履行以下职责：确认合同事项经相关程序批准并提供依据；指定合同承办人；确定合同对方当事人并审查其主体资格和资信情况；组织合同的起草、谈判、签约、履行工作；发起合同审核会签流转，负责完成合同签订流程；处理合同争议及协助办理合同纠纷案件；负责本部门所承办合同的统计、分析、保管、归档；根据国家或地方政府部门有关规定办理合同备案手续；履行其他合同承办管理职责。

财务管理部门在合同管理中履行以下职责：审核合同资金是否纳入预算、财务收支是否符合有关规定；办理合同款项收支、票据开具与税费缴纳等事项；对合同履行实施财务监督；配合做好合同纠纷处理工作；履行与其业务相关的其他合同管理职责。

物资管理部门在合同管理中履行以下职责：确定采购合同事项是否符合国家招投标法律法规及公司采购管理规定；审核经招标方式或非招标方式订立的合同是否与采购结果一致；配合做好合同纠纷处理工作；履行与其业务相关的其他合同管理职责。

合同事项涉及的业务主管部门在合同管理中履行以下职责：负责业务主管范围内合同事项的专业管理；审核合同是否符合相关业务管理规定；履行与其业务相关的其他合同管理职责。

监察部门在合同管理中履行以下职责：根据实际需要对合同事项实施监察，提出监察建议或监察决定；组织或参与查处合同签订、履行过程中的违规违纪行为；履行与其业务相关的其他合同管理职责。

审计部门在合同管理中履行以下职责：根据实际需要对合同事项实施审

计监督，提出审计意见或建议；履行与其业务相关的其他合同管理职责。

3.管理流程

合同管理流程如图2-5所示。

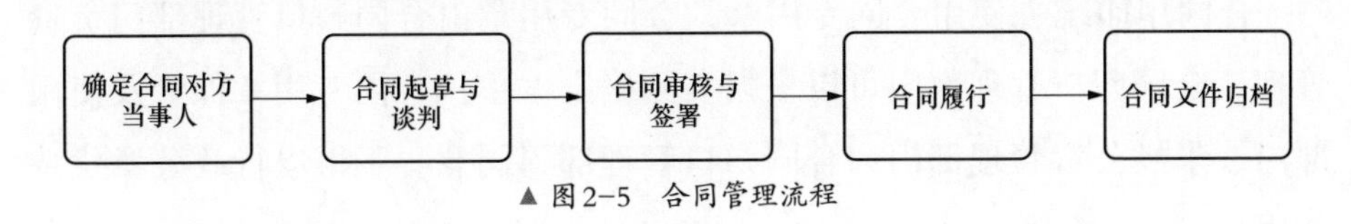

▲ 图2-5 合同管理流程

4.风险控制

确定合同对方当事人的流程不合规。

合同未在规定的时间节点内完成签订，出现逾期。

合同尚未签订生效，提前开展合同履行相关工作。

5.技术要点

确定合同对方当事人应当采用以下方式：招投标；竞争性谈判；询价；单一来源采购；拍卖；履行公司规定的决策程序；法律法规或公司规章制度允许的其他方式。

在确定合同对方当事人时，合同承办部门应负责对合同对方当事人的主体资格和资信状况进行审查，确保其具备履约能力并符合资格要求。

合同文本由承办部门负责起草。合同承办部门起草合同时，应会同合同归口管理部门按以下先后顺序选用合同文本：国家或地方有关政府部门制定并强制适用的文本；公司发布的统一合同文本；合同参考文本；行业参考性示范文本；其他合同文本。

合同应约定违约责任条款。违约责任承担方式应根据相关法律规定，并考虑合同权利义务、合同事项性质、对方当事人偿债能力等因素确定。

合同审核应当遵循应审必审、有效管控的要求，防范经营风险。

合同审核应由承办部门在系统发起，根据合同涉及事项送相关业务管理部门、物资管理部门、财务管理部门审核，合同归口管理部门审核会签。合同归口管理部门为合同的必经审核会签部门。

合同承办部门负责办理合同装订、送签和用印，并应确保签订文本和审定文本一致。

合同由单位法定代表人（或负责人）签署。法定代表人（或负责人）不亲自签署的，应按照公司法定代表人授权委托管理相关规定由被授权人签署。

合同用印统一使用合同专用章，合同专用章由合同归口管理部门负责管理。合同归口管理部门可以根据实际确定本单位合同专用章保管及使用部门。未经公章管理部门和合同归口管理部门同意，不得以行政公章代替使用。

合同生效前，不得实际履行合同，涉及财务支出的不得付款。

已生效的合同发生变更、转让、解除事宜时，原合同承办部门应与合同对方协商并达成一致。

变更、转让、解除事项须经合同承办部门、相关业务主管部门、物资管理部门、财务管理部门、合同归口管理部门审核，并按有关规定报本单位相关领导审批。需要上级单位审批的，应报上级单位审批。

发生合同争议的，应先行采用协商方式解决。协商能够达成一致且对合同进行修改的，应按本办法规定的程序订立书面协议。协商不成的，可按合同约定采取调解、仲裁或诉讼方式解决争议；合同未约定争议解决方式的，按有关法律法规执行。

合同承办部门负责合同文本等相关资料的收集、整理，并按公司档案管理相关规定交由本单位档案管理部门归档保管。合同文本等相关资料归档后由本单位档案管理部门保管。

合同归口管理部门对承办部门的合同归档工作进行督促，并向档案管理部门提供咨询。

2.2.2 物资管理

1. 工作概述

物资管理主要包括物资与服务采购、物资供应与质量、物资领用与退库、乙供物资管理。

2. 名词解释

物资与服务采购：配电网工程物资、施工、监理、设计采购需求由物资部门按照采购范围和权限组织招标采购。

物资供应与质量：物资执行计划上报及物资供应计划落实，对物资质量严格管控。

物资领用与退库：项目实施中对物资领取使用，竣工后按照结算开展物资退库。

乙供物资管理：不在国省招批次、协议库存及电商平台范围内物资可作为乙供物资，需强化管理。

3.职责分工

（1）物资采购。项目建设单位应对次年度拟实施项目，预测次年度项目物资采购需求，逐级审核后做好物资采购计划上报。

（2）物资供应与质量。

1）物资执行计划：项目建设单位应根据项目建设进度计划在物资预测范围内上报物资执行计划。

2）物资供应计划：市公司物资部组织项目建设单位根据工程进度合理制定物资供应计划，并做好物资供应履约管控。

3）物资质量管理：省公司物资部、设备部及各单位应严格落实物资质量管控要求，按要求开展物资入网打样检测和供货抽样检测，物资部负责协调处理物资检测及质保期内发现的物资质量问题。

（3）物资领用与退库。

1）物资领用：项目建设单位依据设备材料清册，按照项目实际进度开具物资领料单，物资部门依据领料单在3个工作日内办理出库手续。

2）物资退库：项目建设单位应于工程验收合格后5个工作日内，组织施工单位按相关规定做好工程结余、拆旧物资的收集、整理和实物退库。

（4）乙供物资管理。项目建设单位应规范开展配电网工程乙供物资采购、结算工作。市公司运检部应对乙供物资技术参数进行审核把关。

4.管理流程

（1）物资与服务采购管理流程如图2–6所示。

（2）物资供应与质量管理流程如图2–7所示。

（3）物资领用与退库管理流程如图2–8所示。

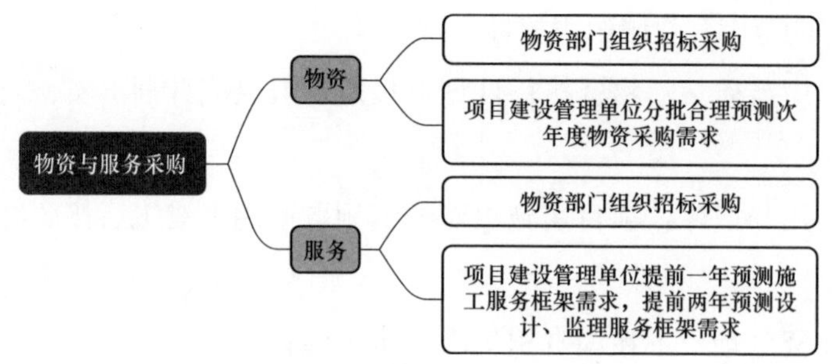

▲ 图2-6　物资与服务采购管理流程

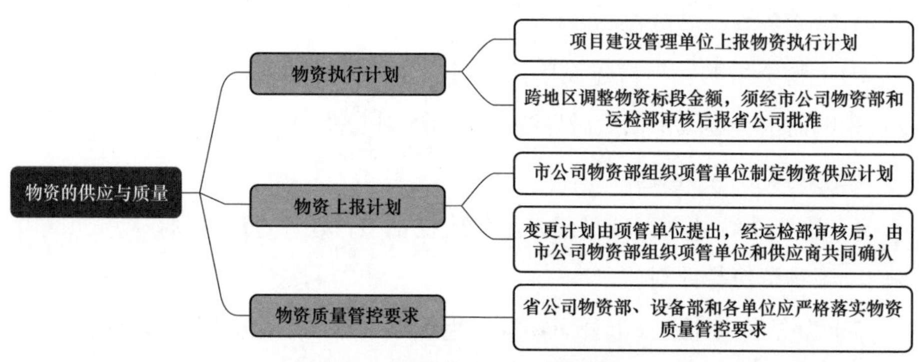

▲ 图2-7　物资供应与质量管理流程

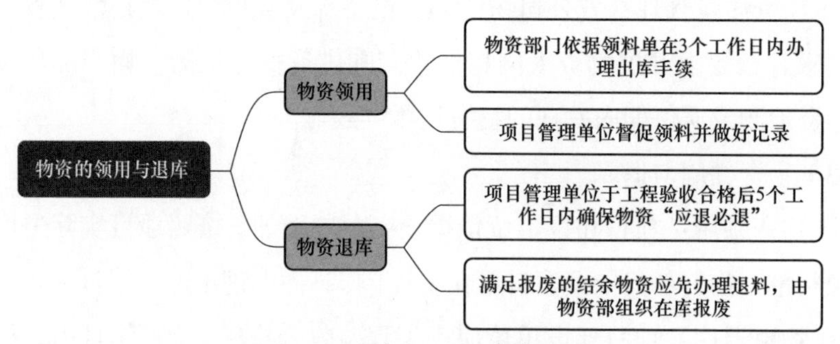

▲ 图2-8　物资领用与退库管理流程

（4）乙供物资管理流程如图2–9所示。

5.风险控制

项目物资采购不及时，影响年度项目正常开展。

物资执行计划及供应计划处理不到位，影响项目实施进度；物资质量把关不严，导致项目整体质量存在问题。

项目物资领用及退库未按要求执行导致的项目不规范问题。

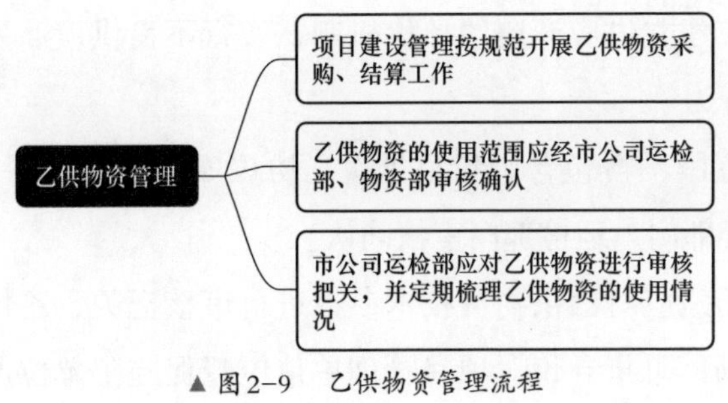

▲ 图 2–9　乙供物资管理流程

乙供材管理不到位导致的项目管理不规范问题。

6. 技术要点

配电网工程设备材料的采购，应严格执行物力集约化管理规定，按照采购范围和权限开展相关工作。项目建设单位应对次年度拟实施项目进行设计材料清册汇总，根据项目实施计划，分批合理预测次年度项目物资采购需求。

如需跨地区调整物资执行标段金额，应经公司物资部门、运检部门审核后批准。

供应计划的变更应由项目建设单位提出申请，经运检部门审核后，由公司物资部门组织项目建设单位和供应商共同确认。

设备材料选型应符合技术标准，满足配电网工程典型设计和标准物料要求。

建设单位应不断完善检测体系，加强到货物资的验收，按批次、种类、型号、供应商进行全面抽检，严格按照合同规定处理产品质量问题。

项目建设单位应要求领料单位按照建设需求及时领料，督促领料单位做好已领待用物资的保管，并对物资出入库、使用情况做好记录。

项目建设单位应于工程验收合格后 5 个工作日内，组织施工单位按相关规定做好工程结余、拆旧物资的收集、整理和实物退库，确保“应退必退”，同步做好结余和拆旧物资鉴定，并出具鉴定意见，并配合物资部门开展处置工作。

电气设备在投运前，建设单位应进行交接试验，试验合格后方可投入电网运行。交接试验的项目、内容、要求及标准应按国家、行业和公司的有关规程执行。

建设单位应建立供应商履约评价机制，实行不良供应商黑名单制度，避免供应商违约行为。

乙供物资范围不得包含国省招批次、协议库存及电商平台范围内物资，并应经公司物资部门、运检部门审核确认。

公司运检部门应对乙供物资技术参数进行审核把关，乙供物资采购价格应参考当地市场信息指导价。项目管理单位应督促施工单位严格按照设计资料及技术标准采购乙供物资，并组织监理单位做好乙供物资质量检查。

公司运检部门应定期梳理乙供物资使用情况，将用量较大的乙供物资上报备案，根据实际情况确定新增物料需求，经物资部门审核后履行新增物料手续。

2.3 工程实施阶段管理

2.3.1 项目管理概述

1. 工作概述

在工程的实施阶段，建设单位项目部和项目管理人员，按照工程建设的有关法律、法规、技术规范的要求，根据已签订的工程承包合同、工程监理合同、其他合同及合同性文件，调动各方面的综合资源，对项目工程从开工至竣工的工程质量、进度、投资及其他方面的目标进行全面控制的管理过程。

工程实施阶段管理主要包含工程安全管理、进度管理、质量管理三个部分，本章详细阐述了工程施工作业现场安全管控、进度管控、施工质量管控的管理工作内容、方法和管理流程。

2. 名词解释

（1）标准工艺。标准工艺是对配电网工程质量管理、工艺设计、施工工艺和施工技术等方面成熟经验、有效措施的总结与提炼而形成的系列成果，经行业统一发布、推广应用。

（2）工厂化预制。工厂化预制是在标准化设计的基础上，将传统施工中现场制作的工作内容在加工车间提前完成。10kV柱上变压器台工厂化预制主要包括高低压引接线、接地引上线扁钢、拉线、低压出线、标准化基础等模块预制。

（3）成套化配送。成套化配送是在工厂化预制的基础上，将已经预装完成的各标准模块按照包装工艺流程进行成套化包装，实现专业配送。

（4）机械化作业。机械化作业是通过合理选用施工机械，采用正确的施工工艺，依靠机械设备来完成工程作业的全过程。

2.3.2 安全管理

（1）“管生产，首先要管安全”，配电网工程安全管理坚持“安全第一、预防为主、综合治理”的原则，项目建设单位应正确处理安全与进度、安全与效益的关系，不得以任何理由降低安全标准。

（2）配电网工程实施应严格遵守《中华人民共和国安全生产法》《国家电网公司电力安全工作规程》等相关法律和规定，重点落实配网工程安全管理“十八项禁令”和防人身事故“三十条措施”。

（3）配电网工程甲乙双方应签订安全、文明施工协议，并作为承包合同的附件，明确双方的安全职责、安全保障措施及文明施工要求，约定违约处理方式。未签订相关协议的工程不得开工。

（4）项目建设单位应组织设备运维管理单位、监理单位、施工单位开展现场勘察、安全交底和风险评估，切实履行配电网工程实施主体责任。施工单位应做好施工方案编制、施工组织及施工现场安全防护措施，开展进场施工人员（含分包人员）安全文明施工培训和交底，落实配电网工程安全管理主体责任。监理单位应履行现场安全管理监督责任。

（5）实施劳务分包的施工单位应负责提供劳务分包队伍的安全工器具、个人防护用品以及施工机械机具，同时施工单位管理人员必须与分包人员“同进同出”。劳务分包人员不得担任工作票签发人和工作负责人。

（6）项目建设单位应督促施工单位做好施工现场环境保护，制定防尘降噪措施。施工完成后，应做好施工垃圾清理、施工路面及环境恢复，做到“工完料尽场地清”。

（7）应常态开展作业现场督查，采取飞行检查、交叉检查等方式，重点核查现场人员信息、作业行为、工器具使用、安全防护、监理履职等情况，并定期通报考核现场安全违章行为。

2.3.3 进度管理

（1）项目建设单位应组织施工、监理单位分解年度进度计划，并充分考虑政策处理、停电计划安排、工程实施组织、竣工验收等各阶段所需的合理周期，形成年度里程碑计划，并录入工程管控系统。

（2）配电网工程开工前，业主项目经理应组织设备运维管理单位、设计单位、监理单位、施工单位做好图纸移交、现场勘查、技术交底、施工方案确认等工作，确保工程顺利开展。

（3）项目建设单位应动态跟踪物资到货情况，针对物资供应问题，加强与物资部门协同，实现物资需求计划与项目实施计划契合。

（4）项目建设单位负责跟踪、分析、控制配电网工程实施进度，确保年度建设任务按期完成。

计划管理如图2-10所示。

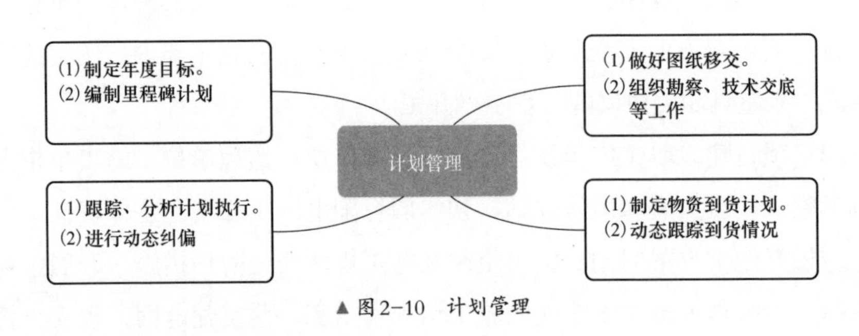

▲图2-10 计划管理

2.3.4 施工质量管理

（1）施工单位应在工程完工后，开展班组自检、施工项目部复检，并在完成自检消缺后申请监理初检。

（2）监理单位负责审查施工单位自检结果，并开展监理初检。监理初检主要核查工程资料是否齐全、真实、规范，检查施工质量、工艺是否满足有关标准及规程规范要求。

（3）需要开展中间验收的工程，在监理初检完成后，由项目建设单位组织或委托业主项目部开展工程中间验收，出具工程中间验收报告，并监督问题整改闭环。

（4）项目建设单位在施工单位自检、监理初检、中间验收合格的基础上，组织设备运维管理单位、监理单位、施工单位开展竣工验收。验收人员应按照验收细则进行验收，逐项记录验收情况并签字，形成验收意见报项目建设单位。

（5）项目建设单位应及时将验收意见以问题整改通知书的形式反馈施工单位，并落实责任单位和整改期限。

（6）配电网工程验收应实行问题闭环管理。设备运维管理单位对验收发现的问题建立缺陷档案并编号。项目建设单位督促施工单位按期整改，并组织设备运维管理单位复验，确保设备“零缺陷”投运。

（7）工程竣工验收完成后，项目建设单位应编制设备验收清册，并会同设备运维管理单位、财务部验收盘点并签字确认。

（8）工程质保期内，设备运维管理单位及时向项目建设单位反馈施工质量问题，项目建设单位应组织施工单位及时整改。

2.3.5 工程变更及签证管理

1. 工作概述

工程变更主要分为项目变更、设计变更、工程量变更。

2. 名词解释

（1）项目变更是指单体项目无法实施需要整体取消或调整。

（2）设计变更是指工程实施过程中因设计或非设计原因引起的对施工图设计文件的改变。如设备布置、接线方式、主要设备选型及数量、基础处理以及线路路径走向、线路回路数、线缆截面、电缆通道孔数等改变。

（3）工程量变更指在配电网工程实施过程中，除设计变更外，其他涉及工程量增减，需办理现场签证的情况。

监理单位审核工程变更必要性和可行性，审核工程变更造价合理性，审核工程变更对工期的影响，并签署审核意见；设计单位审核工程变更图纸审核相关图纸是否满足设计规范，是否符合原设计要求，并签署审核意见。

项目变更由项目建设单位提出申报，非网架类项目由地市级公司运检部审批，网架类项目由地市级公司发展部审批、运检部组织项目变更发文、涉及网架类项目由发展部会签。建设单位项目主管按上级领导批复意见向监理单位出具工程变更审批意见，明确变更是否执行。

3.管理流程

（1）项目变更结构如图2–11所示。

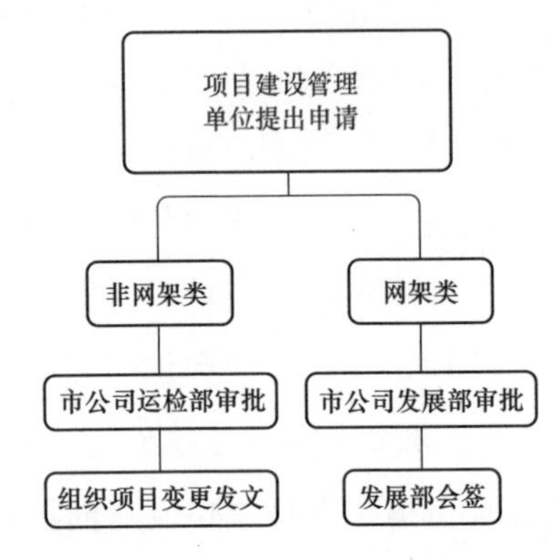

▲图2–11　项目变更结构图

（2）设计变更逻辑如图2–12所示。

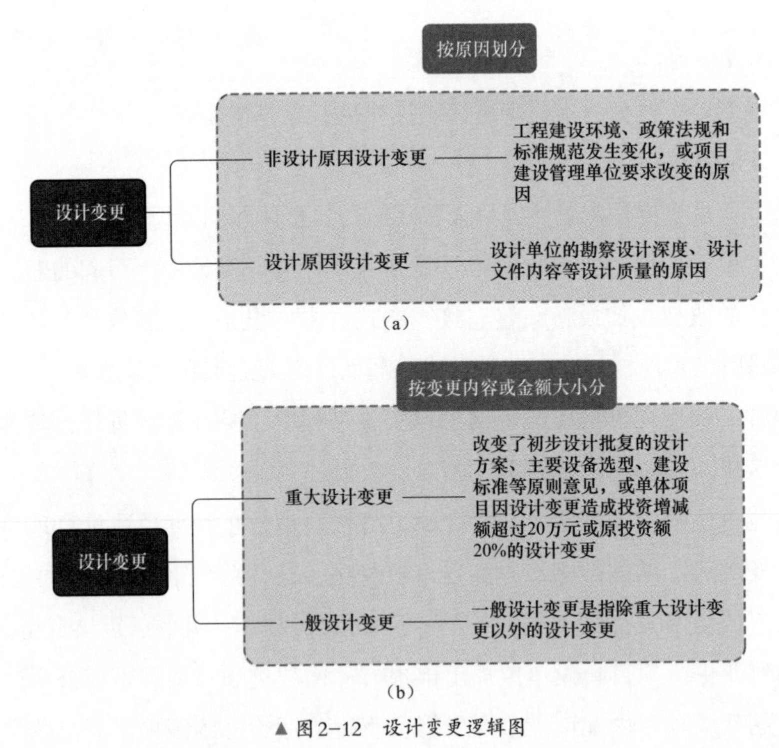

▲图2–12　设计变更逻辑图

（a）设计变更按原因划分；（b）设计变更按变更内容或金额大小划分

（3）工程量变更结构如图2-13所示。

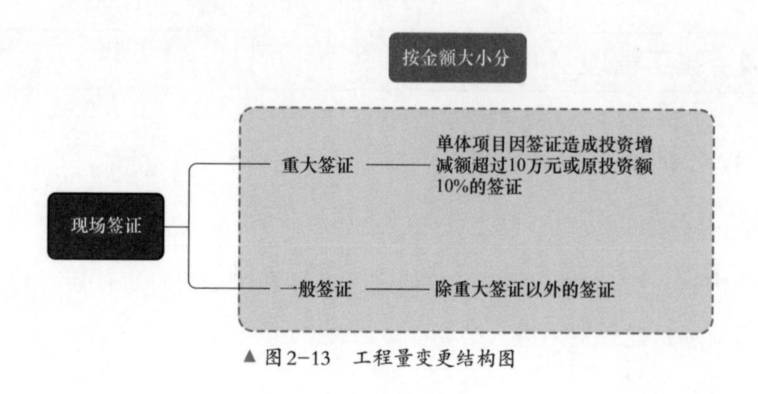

▲ 图2-13 工程量变更结构图

4.风险控制

项目变更、设计变更、工程量变更不规范易引发规范性问题。

5.技术要点

（1）项目变更。设计变更应严格履行审批手续，变更后的设计文件应不低于原设计文件的深度和标准。设计变更文件应准确说明工程名称、变更的卷册号及图号、变更原因、变更提出方、变更内容、变更工程量及费用变化金额，并附变更图纸和变更费用计算书等。

（2）设计变更。非设计原因引起的设计变更由变更需求提出单位出具设计变更联系单，交由设计单位出具设计变更审批单后进入审批流程。

设计原因引起的设计变更由设计单位发起设计变更审批单。

重大设计变更应由提出单位出具重大设计变更审批单，监理单位会同项目建设单位完成审核并报运检部，由运检部签署审批意见后，报市公司分管领导批准，涉及网架类重大设计变更应与发展部会签。

一般设计变更应由提出单位向监理单位发起申请，监理单位会同项目建设单位完成审核，并向运检部报备。

（3）工程量变更。重大签证应由施工单位出具重大现场签证审批单，监理单位会同项目建设单位完成审核并报运检部，由运检部签署审批意见后，报市公司分管领导批准。

一般签证应由施工单位出具现场签证审批单，监理单位会同项目建设单位完成审核，并报运检部审批。

2.4 竣工管理

2.4.1 结算与审计管理

1. 工作概述

工作内容：配电网工程竣工并经施工结算和竣工决算审计后，项目建设单位负责对项目建设费用进行结算。

2. 名词解释

（1）工程竣工结算。单位工程竣工结算由承包人或受其委托具有相应资质的工程造价咨询人编制，由发包人或受其委托具有相应资质的工程造价咨询人核对。政府投资项目由同级财政部门审查。

（2）施工结算审计。施工结算审计是对各施工总承包单位提交的工程结算资料开展的审查监督活动，主要包括对施工总承包单位竣工结算编制依据的审核、对项目建设内容及工程量的审核、对施工总承包单位签订的工程合同内容合理性的审核。

（3）竣工决算。建设项目竣工决算是指项目建设单位根据国家有关规定在项目审核验收阶段为确定建设项目从筹建到竣工验收实际发生的全部建设费用（包括建筑工程费、安装工程费、设备及工器具购置费、预备费等费用）而编制的财务文件。竣工决算由财务决算说明书、竣工财务决算报表、工程竣工图和工程竣工造价对比分析四部分组成。

（4）竣工决算审计。竣工决算审计是对工程项目竣工决算的真实性、合规性、效益性进行审计监督与评价，对项目的建设程序、价款支付、会计核算、竣工决算报告编制与批复、转增固定资产及权证办理等情况进行审核。

（5）工程费用结算。项目建设单位对工程建设过程中的设计、施工、咨询、技术服务、设备材料供应、工程管理等建设费用进行结算，包含建筑工程费、安装工程费、设备购置费以及其他费用在内的全口径结算，项目关闭。

3. 职责分工

项目建设单位负责工程结算资料审核及送审，并整理报送费用结算资料。

财务资产部负责根据工程结算资料开展费用支付，并负责竣工决算报告编制和送审。

审计部负责委托具有规定资质的中介机构对工程项目进行审计，并对审计活动进行监督和评价。

施工总承包单位负责结算书编制和竣工资料整理。

4. 阶段划分

工程结算与审计管理分类如图2-14所示。

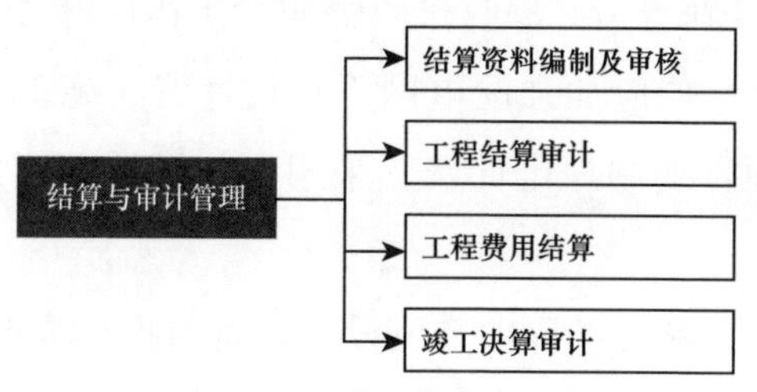

▲ 图2-14 结算与审计管理分类

结算与审计管理流程流程如图2-15所示。

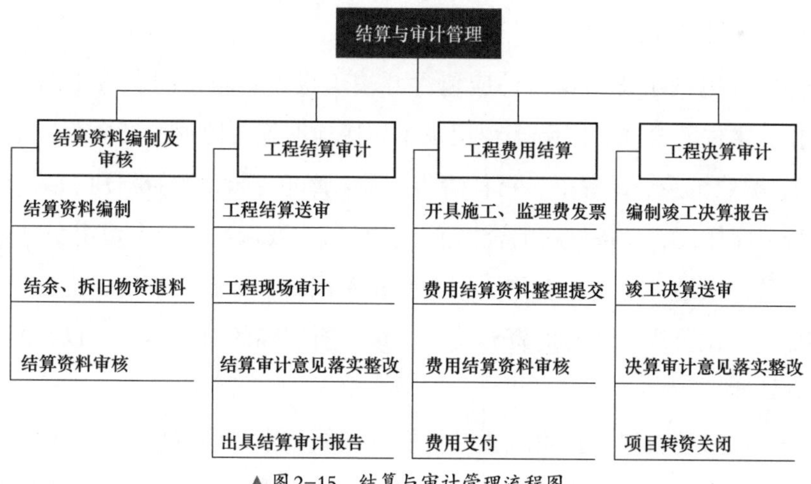

▲ 图2-15 结算与审计管理流程图

5. 风险点

（1）配电网工程拆旧物资回收处置不及时，拆旧物资滞留施工单位。

（2）配电网工程结余物资未按审计已经足额退料，仍滞留施工单位。

（3）工程政策处理等费用缺乏赔偿支付依据，或未经审批流程。

（4）审计意见执行不到位，施工费等相关费用未按审定意见进行核减。

（5）采用典型设计的项目设计费未按要求折让。

（6）应急工程未据实发生设计、监理费。

（7）未执行规范的审批手续即支付预付款或进度款。

6.技术要点

（1）工程竣工投运后，应及时开展工程结算和竣工决算，配电网新建改造工程应建立固定资产卡片并完成增资。工程结算应在工程验收投产后40个工作日内完成，竣工决算应在验收投产后60个工作日内完成。

（2）项目建设单位应加强配电网工程设计费、施工费、监理费的结算审核，严格按照预算编制规定计费，采用典型设计的项目设计费应按要求折让。

（3）施工单位在施工过程中造成设备、材料损坏或遗失的应原样赔偿，无法原样赔偿并需要项目建设单位更换、维修及补充的，有关费用在施工单位结算工程款时予以扣除。

（4）配电网工程原则上不支付预付款和进度款，待竣工验收合格后按照合同约定支付工程款。

（5）配电网工程结算文件应包含开竣工报告、施工图、竣工图、招文件、投标文件、合同、隐蔽工程记录（如接地网施工照片、杆塔基础施工照片等）、验收记录、结算书、材料清册以及入库单、拆旧物资清册、结余和拆旧物资退库凭证、设备材料的合格证、试验报告及调试记录、费用变更依据、其他申请列入结算总额的费用明细表及相关依据，编制、审核、批准人需签章并加盖单位公章。所有的资料编号连续、有明确的时间标注，以判断其资料的有效性。

（6）项目建设单位负责工程结算资料审核，审核内容包含但不限于：甲供设备材料和拆旧设备数量、现场实际工程量、结余和拆旧物资退库凭证、试验报告及调试记录、结算相关依据和凭证。

2.4.2 资料与归档管理

1.工作概述

工作内容：配电网工程资料归档采取“工程结算资料+单体项目文件”方式，由各参建单位负责整理完毕，并经项目建设单位检查验收合格后，统一汇集成套移交办公室。

2.名词解释

（1）工程资料指在配电网项目建设过程中形成的，应当归档保存的全部文件材料。包括项目的规划、计划批复、审批、招投标、合同协议、勘测、设计、监理、施工、调试、竣工验收、物资出入库记录、决算、审计等工作中形成的文字材料、图纸图表、声像及电子文件等各种形式与载体的文件材料。

（2）综合性文件材料指以市（县）为单位，同一年度内各单体项目可以通用的文件材料。

（3）单体项目文件材料指某一计划批次中各单体项目所要求归档的文件材料。

3.职责分工

办公室负责本单位10（20）kV及以下配电网工程项目档案的归口管理，对配电网工程项目归档工作在线上和线下进行监督、检查、指导和考核。

项目建设单位负责按照规范性管理标准，提供配电网工程项目管理性文件材料；负责协调、检查、监督和考核各参建单位项目文件材料的收集、整理和归档工作；配合办公室开展配电网项目档案的鉴定工作。

设计、监理、施工等相关单位负责各自职责范围内文件材料的收集、整理、归档和移交工作。

4.阶段划分

工程资料归档分类如图2-16所示。

工程档案管理流程如图2-17所示。

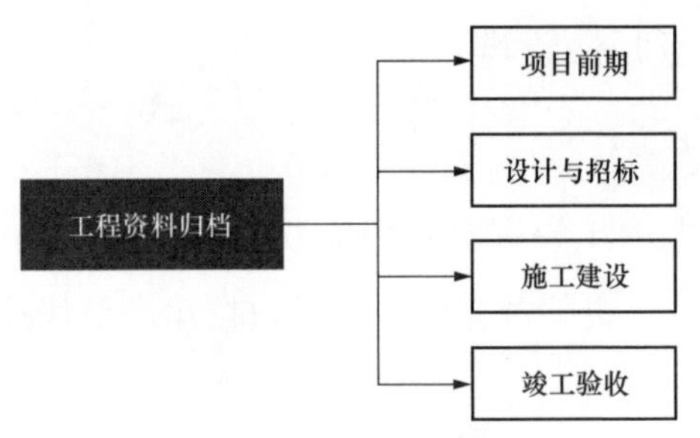

▲ 图 2-16　工程资料归档分类

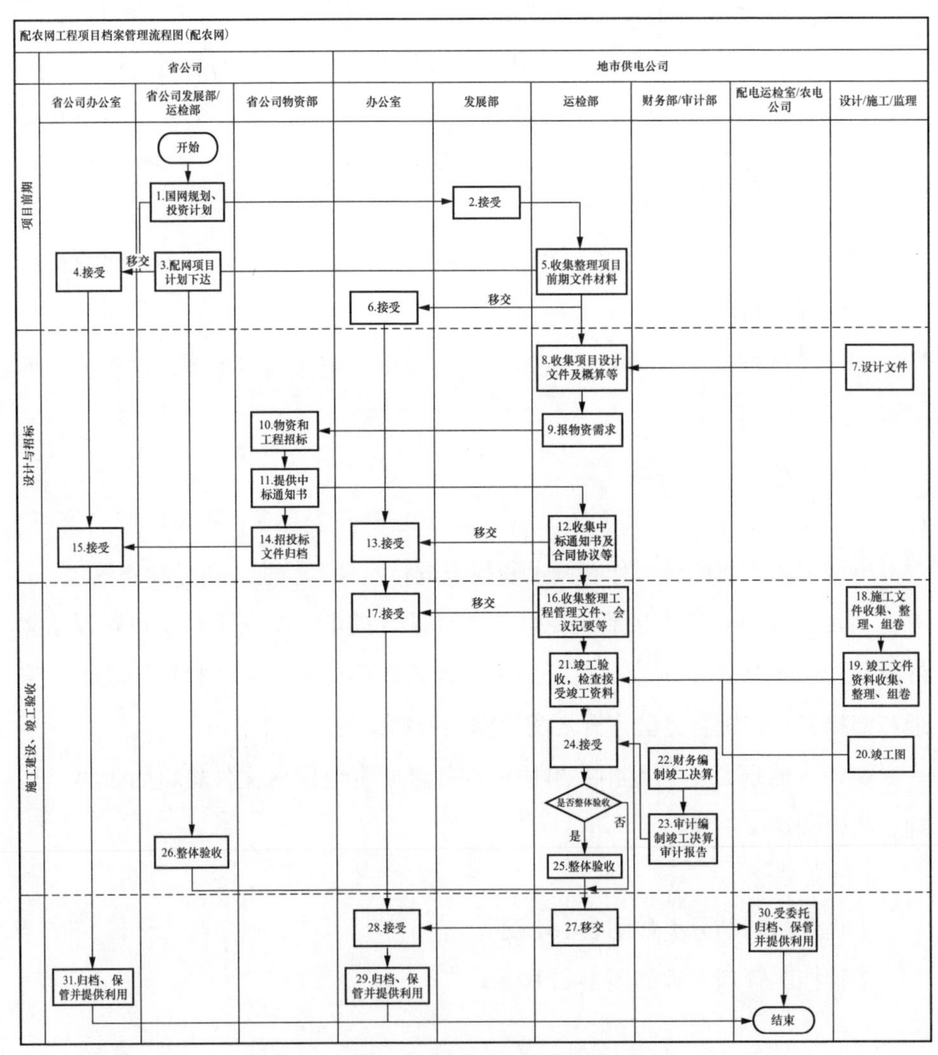

▲ 图 2-17　工程档案管理流程图

5. 风险点

（1）原材料合格证、试验报告、设备出厂资料等外来文件材料不符合归档要求或未使用原件归档。

（2）施工技术记录、工程签证单、材料试验单、设计修改通知单、验收交接证书、工程结算等签字盖章手续不完备，数据填写不详细、不准确或存在漏缺项。

（3）设计变更通知单、隐蔽工程等验收记录、竣工图等未经监理人员审核签字。

（4）合同、协议未用正本归档，履行合同的各方代表未手写签名和签署日期，未加盖公章或合同专用章。

（5）竣工图编不规范，未能真实反映竣工验收时现场实际情况，字迹不清晰、图表不整洁，签字盖章手续不完备。

（6）使用白图归档时，不满足档案管理要求。

6. 技术要点

（1）单体项目文件材料须随工程建设管理进度同步收集整理，于投产验收后3个月内完成整理归档；综合性文件材料应在年度整体竣工验收后3个月内完成整理归档。

（2）项目文件纸质材料归档时应同步移交与实体一致的电子文件，电子文件需上传档案管理系统。

（3）配电网项目档案组卷必须遵循文件材料的形成规律，保持案卷内文件材料之间的有机联系，便于保管和利用。

（4）综合性文件统一归入8240分类；单体项目文件按项目组卷，线路部分归入8242分类，台区部分归入8243分类。同一单体项目同时含线路和台区的项目档案统一归入台区，并在备考表中作必要说明。个别文件既可归入综合性文件也可归入单体项目文件的可按照实际情况酌情处理。

（5）配电网项目文件材料应原件、正本归档，特殊原因无原件的文件材料应注明原件存放位置和档号。

2.5 应急工程管理

1. 工作概述

工作内容：配电网应急工程是指因遭遇自然灾害、设备本体故障或异常造成资产级设备受损，影响配电网安全可靠运行，需紧急更换资产级设备的项目。对于运行中发现一般缺陷的处理不得纳入应急工程。

2. 名词解释

资产级设备：在财务系统中建有资产卡片的设备通常指环网柜、配电变压器等。

3. 职责分工

运检部在年度第一批资本性项目中预留应急工程项目包，用于应急工程立项，未使用完毕资金可用于常规项目立项。运检部每季度末将应急工程发文并编制应急工程备案表报省公司设备部备案，设备部将定期开展应急工程管理规范性检查。

设备运维管理单位应急工程应按照项目实施紧急程度执行审批手续。对于设备已发生故障或损坏的，可由先行组织实施后报市公司运检部备案。对于设备暂未损坏但仍需紧急处理的，应由设备运维管理单位报市公司运检部审批后方可实施。

4. 管理流程

应急工程审批流程结构如图2–18所示。

工程量确认流程逻辑如图2–19所示。

5. 风险控制

运检部在年度第一批资本性项目中预留应急工程项目包，用于应急工程立项。应急项目包属于资本非网架项目包，通常在当年10月左右，结合下年度资本第一批、第二批资本非网架项目录入网上电网库。未及时入库将导致下年度紧急项目无法及时立项。

6. 技术要点

（1）费用列支。应急工程应据实列支设计费、监理费。设计、施工、监

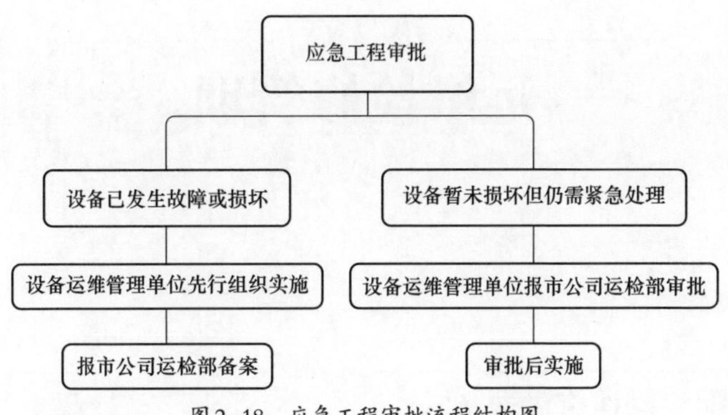

图 2-18　应急工程审批流程结构图

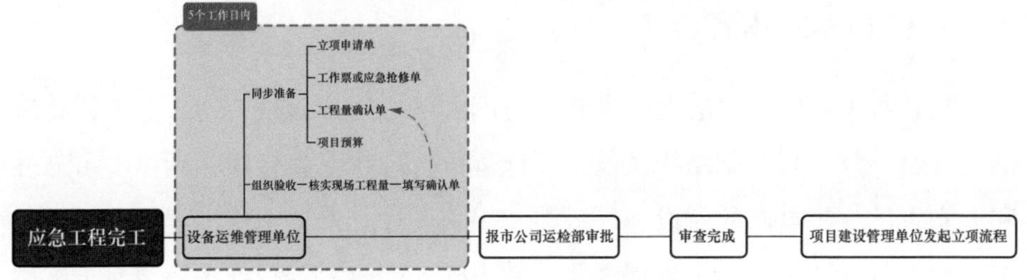

图 2-19　工程量确认流程逻辑图

理服务供应商沿用年度配电网工程框架中标结果。

（2）物资领用。应急工程物资从地市公司实物储备库中领用，各地市公司在预测实物储备物资需求计划时应考虑应急工程实施所需物资。应急工程可由设备运维管理单位事先通过线下借用手续领用物资，并在物资借用后 15 个工作日内由项目建设单位补齐系统领料手续。

第3章 运维检修管理

3.1 配电网运维管理

3.1.1 基本内容

配电网作为最基础的电力设施，与广大电力用户直接相连，是电能传输链的重要环节，其基础结构及设备设施运行管理状况直接影响到供电可靠性和电能质量。配电网的建设和运行涉及规划设计、设备选用、建设改造、施工验收、运行维护等多个管理环节，其中施工验收、运行维护环节对于配电网的安全可靠运行，具有至关重要的作用。

配电网运维管理是对配网所采取的巡视、检测、维护等技术管理措施和手段的总称，主要包括生产准备、验收管理、巡视管理、通道管理、倒闸操作、状态评价、缺陷管理、隐患管理、专项管理、设备标准化运维管理、运行分析管理、用户设备接入与移交、保供电管理、设备退役、档案资料管理和人员培训等工作。

配电网运维管理应贯彻“安全第一、预防为主、综合治理”的方针，坚持“以客户为中心，以提升供电可靠性为主线”的思路，推行设备状态检修的理念，在综合考虑人员配备、设备体量和区域、季节、环境特点的基础上，充分利用配电自动化系统、配电数字化系统等在线监测手段，结合带电检测、无人机飞巡等方式，及时掌握设备运行状态，开展配电网设备运行分析，提出运维检修策略，并在管理过程中积极采用新技术、新工艺、新办法，促进运维工作水平与效率不断提升，满足客户的供电可靠性需求。同时，为适应社会经济发展，配电网运维管理还应加强汽车充电桩和分布式电源的管理，配合营销专业建立相关档案，制定和落实可能影响配电网安全运行和电能质量的措施。

1. 生产准备

运维单位应根据工程施工进度，按实际需要完成生产装备、工器具等运维物资的配置收集新投设备详细信息、基础数据与相关资料，建立设备基础台账，完成标识标示及辅助设施制作安装的验收，按实际需要完成生产装备、工器具等运维物资的配置和接收。

2. 验收

配网新（扩）建、大修技改、检修、用户接入工程均需进行验收，分为：

（1）到货验收。到货验收的主要内容包括：设备外观、设备参数应符合技术标准和现场运行条件；设备合格证、试验报告、专用工器具、一次接线图、安装基础图、设备安装与操作说明书、设备运行检修手册等应齐全。

（2）中间验收。中间验收的主要内容包括：材料合格证、材料检测报告、混凝土和砂浆的强度等级评定记录等验收资料应正确、完备；回填土前，基础结构及设备架构的施工工艺及质量应符合要求；杆塔组立前，基础应符合规定；接地极埋设覆土前，接地体连接处的焊接和防腐处理质量应符合要求；埋设的导管、接地引下线的品种、规格、位置、标高、弯度应符合要求；电力电缆及通道施工质量应符合要求；回填土夯实应符合要求。

（3）竣工验收。竣工资料验收的主要内容包括：竣工图（电气、土建）应与审定批复的设计施工图、设计变更（联系）单一致；施工记录与工艺流程应按照有关规程、规范执行；有关批准文件、设计文件、设计变更（联系）单、试验（测试）报告、调试报告、设备技术资料（技术图纸、设备合格证、使用说明书等）、设备到货验收记录、中间验收记录、监理报告等资料应正确、完备。

3. 巡视

（1）差异化巡视策略。运维单位应根据设备状态评价结果，结合运规巡视要求、季节性规律（鸟害、树线矛盾）、突发气象条件、故障信息、危险源信息、保供电需求、设备异动事件等内外部信息，动态调整线路、设备、通道、环境巡视周期，明确巡视需求。通过对巡视需求进行分类、归并、排程，明确巡视作业范围、巡视对象及巡视方式，派发标准化巡视工单。

巡视周期方面，按照定期巡视、特殊巡视、夜间巡视、故障巡视、监察巡视等要求明确每条线路巡视周期，对重复故障、频繁停电、保电线路等应缩短巡视周期，并组织开展多层级专项诊断巡视。

巡视对象方面，除定期完成全覆盖巡视外，应根据不同时段、不同区域、不同的设备状况开展专项精益化巡视，如春季重点开展防鸟害巡视，夏季重点开展防汛、防台、防雷巡视，秋季重点开展防凝露、防火灾巡视，冬季重点开展防雨雪冰冻、防小动物巡视等，全年持续开展防外破、防树障巡视等。

巡视组织方面，应建立以设备主人为核心，包含网格驻点巡视人员、属地供电所人员的综合巡视队伍，明确每条线路具体责任人，对供电半径较大的线路应开展分段分组巡视，确保巡视责任落实、现场响应迅速。构建多级事件的巡视知识图谱，智能排定工单派发优先级别，根据巡视类型、范围和方式等信息，自动匹配负责巡视的配网运维人员，根据其承载力及接单情况，智能派发工单，并同步将信息推送至配网运维管理人员，以达到巡视状态同步管控的目的。

（2）标准化巡视管理。为提升巡视规范化、信息化、智能化水平，高质量开展现场巡视工作，同步提升巡视作业全过程管控水平，运维单位应按标准化要求开展巡视。

落实现场规范化巡视。按照“应巡必巡、巡必到位”要求，编制完善标准化巡视作业指导卡，包含架空线路与电缆线路，覆盖杆塔、导线、配电变压器、开关、箱柜、防雷接地、通道、标志标识等，注明主要检查内容及缺陷隐患分类标准，辅助巡视人员在现场巡视过程中打钩确认，避免巡视遗漏或缺陷定级出错。

开展移动巡视作业。拓展移动端应用功能，实现设备图纸、台账、缺陷、故障信息、检修记录、检测记录等相关信息的现场交互查询，实现巡检路径自动规划、巡检过程自动记录、轨迹自动记录、作业报告自动生成、工作绩效看板等运检业务辅助功能，有效辅助现场巡视人员通过文字、语音、图像等多种手段录入缺陷与隐患。

提升人机协同巡视水平。构建“无人机+状态感知”巡检模式，采用无人机、机器人、站房辅助、数字检测仪等进行综合巡检，智能识别缺陷，有效提升巡视效率与巡视质量。深化无人机、机器人、站房辅助等专项培训，组织人员取证工作，确保人员应用能力达标。

（3）巡视周期调整。遇有下列情况，应适时增加巡视次数或重点特巡：

1）设备重、过载或负荷有显著增加时。

2）设备检修或改变运行方式后，重新投入系统运行或新安装设备的投运。

3）根据检修或试验情况，有薄弱环节或可能造成缺陷。

4）设备存在严重缺陷或缺陷有所发展时。

5）存在外力破坏或在恶劣气象条件下可能影响安全运行的情况。

6）重要保供电任务期间。

7）其他电网安全稳定有特殊运行要求时。

定期巡视周期见表3–1。

▼表3–1 定期巡视周期

序号	巡视对象	周期
1	架空线路通道	市区：一个月
		郊区及农村：一个季度
2	电缆线路通道	一个月
3	架空线路、柱上开关设备（柱上变压器、柱上电容器）	市区：一个月
		郊区及农村：一个季度
4	电力电缆线路	一个季度
5	中压开关站、环网单元	一个季度
6	配电室、箱式变电站	一个季度
7	防雷与接地装置	与主设备相同
8	配电终端、直流电源	与主设备相同

运维单位应建立健全配网巡视岗位责任制，明确巡视责任人，加强巡视检查工作质量的监督、检查与考核。

4. 维护

配电网维护的主要内容包括：架空线路维护、电力电缆线路维护、柱上设备维护、环网单元维护、开关柜、配电柜维护、配电变压器维护、防雷和接地装置维护、建（构）筑物维护、配电自动化及通信终端设备的维护、标识和标志的维护、仪器仪表维护、其他设备维护、季节性维护。

5.配电网防护

开展电力设施保护，组织重要隐患排查，开展通道资源管理。

配电网防护主要内容包括架空线路的防护，电力电缆线路防护，配电站室防护，箱式变压器、户外环网单元、地箱的防护。

6.隐患缺陷管理

组织隐患缺陷巡视；实标准化隐患缺陷管理要求；汇总隐患缺陷清单；制定整治方案；开展缺陷与隐患的统计、分析和报送。

7.倒闸操作

运维人员必须明确管辖范围内所有设备的调度划分，凡属调度范围内的一切倒闸操作，均应按调度命令进行，操作完毕应立即向调度员回令。倒闸操作可以通过就地操作、遥控操作、程序操作完成。遥控操作、程序操作的设备应满足有关技术条件。内容包括：编制操作票；按照调度命令执行分合跌落式熔断器、隔离开关、断路器等操作。

8.状态评价

采取巡检、停电试验、带电检测、在线监测等技术手段，获取设备状态信息，应用状态检修辅助决策系统开展设备状态评价。收集投运前信息、运行信息、检修试验信息、家族缺陷信息等设备运行信息；根据评价导则定期开展状态评价，形成设备状态评分；根据设备状态评分制定检修策略。

9.运行分析

收集配电网管理工作、运行情况、巡视结果、状态评价等各类信息；定期组织配电网运行情况分析、归纳、提炼和总结，并根据分析结果，制定解决措施；编制运行分析专项报告。

10.设备退役

组织开展计划退役设备信息收集；提出设备退役申请；配合完成退役设备技术鉴定，明确退役处置方式；组织落实退役工作。

11.人员培训

编制培训计划；制作培训材料和落实培训。

12.检查考核

设立指标体系，建立考核标准；定期收集指标情况，按标准考核。

3.1.2 管理要求

1.生产准备

（1）新投和异动设备在投运前必须做好生产准备。

（2）运维单位应提前介入配网工程前期工作，及时掌握配网设备、材料的入厂监造、出厂验收、关键试验及抽检情况，确保入网设备、材料质量合格；在项目实施期间，积极对接营销、项目管理等相关部门，有效组织运检力量，主动掌握辖区配电网新（扩）建、技改大修、检修、用户接入工程及用户移交设备的各类信息、基础数据与相关资料。确保设备移交前，设备基础台账建立完善，标识标示及辅助设施的制作安装完成，并按实际需要完成生产装备、工器具等运维物资的配置和接收。

（3）基础台账主要包括设备出厂、交接、预试记录、设计资料图纸、变更设计的证明文件和竣工图、竣工（中间）验收记录和设备技术资料等，以及由此整理形成的一次接线图、地理接线图、系统图、配置图、定制定位图、线路设备参数台账、同杆不同电源记录、电缆管孔使用记录等。设备技术类资料应保存厂方提供的原始文本。

（4）标志标识内容应按照省市级公司相关规定执行，其外观应完好、齐全、清晰、规范，装设位置应明显、直观。配网设备及通道标识规范应按照公司相关技术规范要求执行，同一调度权限范围内，设备名称及编号应保持唯一。

（5）用户供配电工程应在投产前做好特殊设备的型号核对与备品备件的配置接收。对于“城市生命线”及其他重要用户的配电站房，应根据国家相关要求，落实诸如双电源、应急电源等验收要求。原则上，用户供配电设施接入电网需采用不停电作业方式。

2.验收

运检单位组织验收前，应组织自验收及验收资料准备。对于本单位实施项目，由实施班组自验收；对于非本单位实施项目，由施工单位自验收。自验收合格后，实施班组或施工单位向项目单位提出项目竣工验收申请，并整理以下资料提交项目单位：设备技术资料、安装调试记录、交接试验报告。对于实行监理的项目，竣工验收申请及资料提交应经监理单位同意。项目监理单位编制监理验收及总结报告，说明工程监理中存在的问题及整改情况。

验收时，设备交接试验应按照国家、行业、公司相关技术规范进行。

（1）到货验收。设备到货后，运维单位应参与对现场物资的验收。

建立设备到货检测制度，对于具备到货全检条件的设备采取到货全检策略，如馈线终端、站所终端、台区智能融合终端等设备。对于不具备到货全检条件的设备，如避雷器、跌落式熔断器、变压器、箱式变电站等设备，和技术规范修订同步制定抽检测试大纲抽检方式，在地市公司到货验收换件进行抽查。

（2）中间验收。中间验收是指工程竣工前为了控制工程质量而对各个关键性工艺环节进行的验收。中间验收是指设备监造及出厂验收、隐蔽性工程验收、主设备解体检查验收以及关键环节抽样检查验收等，中间验收涉及的监造报告、隐蔽性工程验收报告、抽样检查记录应随项目竣工投产移交归档。

1）设备监造及出厂验收。物资部门根据公司监造管理相关规定安排相关人员进行设备入厂监造及设备出厂验收，监造结束后编制监造报告和出厂验收报告。

2）隐蔽性工程验收。项目施工单位在工程隐蔽前向项目单位提出验收申请，项目单位在接到验收申请5个工作日内组织运维单位及监理单位进行隐蔽性工程验收并编制隐蔽性工程验收报告（附验收影像资料）。

3）交接试验项目抽样检查验收。工程安装调试完毕后，项目单位应对交接试验项目进行抽样检查，抽样检查应按照不同电压等级、不同设备类别分别进行，抽检项目应根据设备及试验项目的重要程度有所侧重，抽检率不低于10%。对于抽样检查不合格的项目，应责成施工单位对该类项目全部进行重新试验，验收情况应记入抽样检查记录。

4）运维单位应根据工程进度，参与隐蔽工程（杆塔基础、电缆通道、站房等土建工程等）及关键环节的中间验收。运维单位应督促相关单位对验收中发现的问题进行整改并参与复验。

（3）竣工验收。

1）配网工程建设单位建设结束后，建设单位应先进行自检，合格后凭自检合格报告和监理合格报告由项目管理单位通过工程管控平台向运维检修部提交验收申请。竣工验收前，项目管理单位应根据验收指导卡组织整理竣工资料，并在竣工验收之日前三天纸质和电子版竣工资料交与验收单位人员审阅，以做验收准备。

2）验收分资料验收和现场验收，资料验收除审查纸质资料，还需通过配网工程全过程应用核对纸质资料和电子资料的一致性。现场验收以验收卡为主，分线路部分和变电部分，线路部分包含杆线、电缆、开关、拉线等设备，变电部分包含变压器、配电室、开关站等设备，具体验收卡分类如《柱上开关验收卡》《高压分支箱验收卡》《配电室电气验收卡》等。

3）运维检修部根据验收范围组织验收，对于综合性验收工作应成立专业验收组进行验收。重大配电网工程的隐蔽工程验收，配电运检室及项目管理中心应同时派人参加。

4）验收人员均应按照验收细则进行验收，验收结果应有详细记录，各个参与验收人员要在自己负责的验收项目上写明验收情况并签字，最终形成验收意见，通过电子平台报运维检部。运维检修部审核验收意见，将验收意见提交配网工程建设单位，确定解决方案，落实责任单位和解决期限（一般在投入运行以前），以便复验时监督执行。配网工程建设单位应在初次验收后按验收发现问题整改通知书要求进行消缺，消缺完毕后，可向运维检修部提请复验。原参加验收的人员对照初次验收时发现的问题，逐一进行复验，并在验收细则上详细记录复验结果。验收记录作为验收报告的一部分存档保留。复验结果由运维检修部汇总，经验收组长审核同意后，验收通过，最后由运维检修部写出验收纪要。

5）运行人员应在收到施工图纸后立即组织建设态图纸绘制，发起设备红黑图流程，验收阶段结合建设态图纸进行现场验收，并及时针对现场真实情况进行修正，送电后及时将建设态图纸“红”转“黑”，转成运行态发布图纸。应基于PMS3.0（设备资产管理系统）统一架构加快用配电网工程管理微应用、数字化移交模块实用化应用，基于统一数据模型，通过调用电网资源规划态、建设态、运行态业务中台服务，推进配网工程图纸由规划态、建设态向运行态的全线上数字化移交，实现配网工程建设过程数据、电网资源数据线上流转，一键移交，实现项目信息一处录入、多处使用，减少数据单向传输，提升资料移交效率，减少信息手工录入、多环节流转造成的信息数据错误，提升信息维护准确率，固化需要收集的过程数据的种类、形式，系统自动判别标准化数据蓝本信息是否遗漏，辅助设备台账形成，实现设备资产全寿命周期管理。

6）运维单位应审核提交的竣工资料和验收申请，参与竣工验收。竣工验收不合格的工程不得投入运行。

7）当配电工程履行过验收，运检单位验收通过后，发营销送电申请单，接到营销送电单后，联系调度确定送电时间,一般为3日左右送电。

3.巡视

配电网巡视分为定期巡视、特殊巡视、夜间巡视、故障巡视和监察巡视。

（1）定期巡视。由配电网运维人员进行，以掌握配电网设备、设施的运行状况、运行环境变化情况为目的，及时发现缺陷和威胁配电网安全运行情况的巡视。

定期巡视的主要范围如下：

1）架空线路、电缆、光缆的通道及相关设施。

2）架空线路、电缆及其附属电气设备。

3）柱上变压器、柱上负荷开关、柱上无功补偿装置、柱上低压配电箱、线路调压器开关站、环网单元、配电室、箱式变电站等电气设备。

4）配电自动化终端、通信线缆及终端、直流电源等设备。

5）架空线路、电缆通道内的树木、违章建筑及悬挂、堆积物，周围的挖沟、取土、修路、开山放炮、固定不牢的彩钢板简易房及其他影响安全运行的施工作业等。

6）开关站、环网单元、配电室的建（构）筑物和相关辅助设施。

7）防雷与接地装置。

8）各类相关的标识、标示及相关设施。

（2）特殊巡视。在有外力破坏可能、恶劣气象条件（如大风、暴雨、覆冰、高温等）、重要保电任务、设备带缺陷运行或其他特殊情况下由运维单位组织对设备进行的全部或部分巡视。

特殊巡视的主要范围如下：

1）过温、过负荷或负荷有显著增加的线路及设备。

2）检修或改变运行方式后，重新投入系统运行或新投运的线路及设备。

3）根据检修或试验情况，有薄弱环节或可能造成缺陷的线路及设备。

4）存在严重缺陷或缺陷有所发展以及运行中有异常现象的线路及设备。

5）存在外力破坏可能或在恶劣气象条件下影响安全运行的线路及设备。

6）重要保电任务期间的线路及设备。

7）其他电网安全稳定有特殊运行要求的线路及设备。

（3）夜间巡视。在负荷高峰或雾天的夜间由运维单位组织进行，主要检查连接点有无过热、打火现象，绝缘子表面有无闪络等的巡视。

（4）故障巡视。由运维单位组织进行，以查明线路发生故障的地点和原因为目的的巡视。

（5）监察巡视。由管理人员组织进行的巡视工作，了解线路及设备状况，检查、指导巡视人员的工作。

（6）巡视方法如下：

1）配电站室巡视应两人进行有人站的巡视可以一人进行，但只能做巡视工作。经本单位批准允许单独巡视 10kV 设备的人员巡视 10kV 设备时，不得进行其他工作，不得移开或越过遮栏。

2）根据政治任务、负荷、天气、运行方式的改变及设备的安全等情况适当增加巡视次数及安排夜间巡视或特殊巡视，并填写巡视记录。

3）夏冬季高峰负荷时应进行夜间巡视测负荷、红外线测温工作。对于重负荷的开闭站，应增测白天负荷，测负荷后应对测负荷情况进行分析对比，并存档。

4）在设备发生故障时应进行故障巡视，寻找发生故障的原因，对发现的可能情况应进行详细记录，故障物件能取回的应取回，并利用摄像、电子拍照等方式取得故障现场的录像或电子照片。

5）进行通道巡视时，应主动了解周边施工情况，掌握其对通道有无影响。

6）在进入隧道、工作井等有限空间时，应按照有限空间作业安全工作规定和电缆及通道运维补充管理规定要求执行。

7）恶劣天气巡视时应两人巡视，并有应急通信措施。

4. 维护

运维单位应根据配电网设备状态评价结果和反事故措施的要求，编制年度、月度、周维护工作计划并组织实施，做好维护记录与验收，定期开展维护统计、分析和总结。

配电网维护应积极采用先进工艺、方法、工器具以提高维护质量与效率。

配电网运维人员应结合巡视工作开展维护，应按标准化作业要求开展配电网设备、设施的检查、维护和测量等工作。维护时应随身携带相应的资料、工具、备品备件和个人防护用品。

（1）架空线路的维护。

1）通道的维护。

补全、修复通道沿线缺失的标志、标识和安全标示。

促产权单位（个人）清除通道内的堆积物，特别是易燃、易爆物品和腐蚀性液（气）体。

督促产权单位（个人）加固或清除可能被风刮起危及线路安全的彩钢房屋、临时建筑、塑料大棚等物体。

清除威胁线路安全的藤蔓、树木类植物。

2）杆塔、导线和基础的维护。

补全、修复杆号（牌）标志、警告和防撞等安全标示。

修复符合D类检修的铁塔、钢管杆、混凝杆接头锈蚀、变形倾斜和混凝杆表面老化、裂缝。

修复符合D类检修的杆塔埋深不足和基础沉降。

修复塔材螺栓，加固塔材非承力缺失部件。

清除导线、杆塔本体异物。

定期开挖检查（运行工况基本相同的可抽样）铁塔、钢管塔金属基础和盐、碱、低洼地区混凝土杆根部，每5年1次，发现问题后每年1次。

3）拉线的维护。

补全、修复拉线警示标志。

修复拉线棒、下端拉线及金具锈蚀。

修复拉线下端缺失金具及螺栓，调整拉线松紧。

修复符合D类检修的拉线埋深不足和基础沉降。

定期开挖检查（运行工况基本相同的可抽样）镀锌拉线，每5年1次，发现问题后每年1次。

（2）电力电缆线路的维护。

1）通道维护的主要内容如下：

修复破损的电缆隧道、排管包封、工井、井盖，补全缺失的井盖。

加固保护管沟，调整管沟标高。

封堵电缆孔洞，补全、修复防火阻燃措施。

修复电缆隧道内部防火、防水、照明、通风、支架、爬梯等损坏的附属设施。修复锈蚀的电缆支架，更换或补全缺失、破损、严重锈蚀的支架部件。修复存在连接松动、接地不良、锈蚀等缺陷的接地引下线。

清除电缆通道、工井、检修通道、电缆管沟、隧道内部堆积的杂物。补全、修复通道沿线缺失的标志标识、安全标示，校正倾斜的标识标志桩。及时清理电缆隧道、井室内积水，避免接头浸泡在水中。

2）电缆线路本体及附件维护的主要内容如下：

修复有破损的外护套、接头保护盒。

补全、修复防火阻燃措施。

补全、修复缺失的电缆线路本体及其附件标志标识。

补全、修复电缆固定装置。

3）低压电缆分支箱维护的主要内容如下：

清除柜体污秽，修复锈蚀、油漆剥落的柜体。

清理周围的杂物。

修复变形、开裂的箱体及损坏的锁具。

4）柱上设备的维护如下：

清除设备本体上的异物。

修剪、砍伐与设备安全距离不足的树枝、藤蔓等。

5）环网单元的维护如下：

清除柜体污秽，修复锈蚀、油漆剥落的柜体。

清理环网单元附近的杂物。

开展环网单元清除凝露工作。

修复变形、开裂的箱体及损坏的锁具。

6）开关柜、配电柜的维护如下：

清除柜体污秽，修复锈蚀、油漆剥落的柜体。

开展清除凝露工作。

7）配电变压器的维护如下：

结合配电变压器巡视工作，定期进行配电变压器的测负荷工作，配电变压器具备采集功能的应优先利用采集功能监测配电变压器负荷。原则上特别重要、重要变压器1~3个月测量负荷1次，一般变压器6个月测量负荷1次。

最大负荷不超过额定值，不平衡率:Yyn0 接线不大于 15%、中性线电流不大于变压器额定电流的25%:Dyn11 接线不大于25%、中性线电流不大于变压器额定电流的40%。

清除壳体污秽，修复锈蚀、油漆剥落的壳体。

更换变色的呼吸器干燥剂（硅胶），补全油位异常的变压器油。

8）防雷和接地装置的维护如下：

修复连接松动、接地不良、锈蚀等情况的接地引下线。

修复缺失或埋深不足的接地体。

定期开展接地电阻测量，柱上变压器、柱上负荷开关设备、柱上低压配电箱、线路调压器、柱上无功补偿装置设备每2年进行1次，配电室设备每6年进行1次，导线防雷及其他有接地的设备接地电阻测量每4年进行1次，测量工作应在干燥天气进行。

在10kV配电网中性点经小电阻接地地区，对于单独接地的配电变压器，如果接地电阻在42Ω及以下时，配电变压器中性点工作接地与保护接地分开独立接地，其工作接地采用绝缘导线引出后接地，保护接地设置在变压器安装处，各接地体之间应无电气连接。对于等效接地电阻在0.52Ω或以下时，保护接地与工作接地可以不分开。

配电设备接地电阻应满足表3-2的要求。

▼表3-2 配电设备接地电阻

设备	接地电阻（Ω）	设备	接地电阻（Ω）
总容量100kVA及以上的变压器	4	柱上负荷开关	10
总容量为100kVA以下的变压器	10	10kV熔断器	10
柱上10kV计量箱	10	避雷器	10
电缆及分支箱	10	柱上电容器	10
开关柜	4	配电室	4

有避雷线的配电线路，其杆塔接地电阻应满足表3-3的要求。

▼表3-3 杆塔接地电阻

土壤电阻率（Ω·M）	工频接地电阻（Ω）	地壤电阻率（Ω·M）	工频接地电阻（Ω）
100及以下	10	1000~2000	25
100~500	15	2000以上	30
500~1000	20		

9）建（构）筑物的维护如下：

清理站所内外杂物，修缮、平整运行通道。

修复破损的遮（护）栏、门窗、防护网、防小动物挡板等。

修复锈蚀、油漆剥落的箱体及站所外体。

补全、修复缺失或破损的一次接线图。

更换不合格消防器具、常用工器具。

修复出现性能异常的照明、通风、排水、除湿等装置。

修复屋面及夹层渗漏。

10）配电自动化及通信终端设备的维护如下：

补全缺失的标志标识、补全缺失的内部线缆连接图等。

清除外壳壳体污秽，修复锈蚀、开裂、缺损、油漆剥落的壳体。

对终端上有严重污秽的部件，应用干净的毛巾配合清洁剂擦拭。

紧固松动的插头、连接片、端子排等。

修复关闭不良的柜门，更换破损的门锁，对封堵不良的电缆孔洞进行封堵，修复或者更换异常的二次安全防护设备。

重新连接异常的接地装置，确保其连接牢固可靠。

当蓄电池出现渗液、老化，箱体锈蚀及渗漏，电压、浮充电流异常等现象时，对蓄电池进行更换。

检查通信是否正常，能否接收主站发下来的报文。

检查定值设定是否正确，遥测数据是否正常，遥信位置是否正确。

对终端装置参数定值等进行核实及时钟校对，做好相关数据的常态备份工作。

11）标识、标示的维护。标识、标示维护的主要内容包括补全、修复缺失、损坏、错误的各类标识、标示。

12）仪器仪表的维护。应每年一次定期维护绝缘电阻表、万用表、钳形电流表、红外测温仪、测距仪、开关柜局部放电仪等仪器仪表。

维护的主要内容包括外观检查、绝缘电阻测试、绝缘强度测试、器具检定、电池充放电等。

13）其他设备的维护。直流电源设备维护的主要内容如下：

清除直流电源设备箱（柜）体污秽，修复锈蚀、油漆剥落的壳体。紧固松动的蓄电池连接部位。

定期测量蓄电池端电压，每季度1次。

定期开展蓄电池核对性充放电试验，每年1次（直流专业规定）。

配电自动化设备电池维护的主要内容包括清除蓄电池箱体污秽，修复锈蚀、油漆剥落的壳体。

14）季节性维护如下：

每年雷雨季节前应对防雷设施进行防雷检查和维护，修复损坏的防雷引线和接地装置，检查有无防雷措施缺失及防雷改进措施的落实情况。

每年汛期前应对位于地势低洼地带、地下室、电缆通道等公用配电设施进行防汛检查和维护，加固易被洪水冲刷的杆塔、配电变压器等设备，修剪易被水冲倒影响配电设备安全运行的树木，对平顶房屋屋顶排水口进行检查清理，检查防汛改进措施落实情况等。

每年树木快速生长季节前，修剪影响配电线路安全运行的树枝。每年大风季节前，对配电线路及通道进行防风检查和维护，检查防风拉线、导线弧垂等情况，清除附近易被风刮起的物品，修剪附近易被风刮倒的树木。

每年夏、冬季负荷高峰来临前，对配电线路及设备负荷进行分析预测，巡视中对设备进行测温、测负荷工作，检查接头接点运行情况和线路交叉跨越情况，对可能重、过负荷的线路、配电变压器采取相应的措施。

每年秋、冬季节前，对柜体设备的加热、通风装置进行检查，缩短检查周期，及时清理凝露、凝霜，对防小动物措施进行检查维护。

每年冰雪季来临前，对配电线路沿线的树木进行通道清理维护，冰雪后进行清雪清障。

每年春季开展防鸟害工作。

每年春秋季对站室房屋门窗进行检查维护。

每年供暖期前，对站室内暖气、供水设施进行检查维护，对站室外临近用户房屋内的供暖设施情况进行了解，必要时下发用户告知书。

5.配电网防护

（1）电力设施保护。

1）开展电力设施保护宣传。信息收集方面，应加强与政府规划、市政等有关部门的沟通，及时收集本地区的规划建设、施工等信息，及时掌握外部环境的动态情况与线路通道内的施工情况，全面掌控其施工状态。对外宣传方面，通过“进企业、进学校、进工地、进乡镇、进小区”加大电力设备保护宣传，提高公民对保护电力设施重要性的认识，有效防范各类外力破坏。

2）落实现场安全管控。在现场巡视中发现有可能危及线路安全运行的施工作业时，应及时采取措施，加强跟踪管控。

经同意在线路保护范围内施工的，配电运维单位必须严格审查施工方案，制定安全防护措施，并与施工单位签订保护协议书，明确双方职责，同时在施工前应对施工方进行交底，包括路径走向、架设高度、埋设深度、保护设施等，在施工期间应安排运行人员到现场检查防护措施，必要时进行现场监护。

对未经同意在线路保护范围内进行的施工行为，配电运维单位应立即进行劝阻、制止，及时对施工现场进行拍照记录，发送防护通知书，必要时应向有关部门报告。可能危及线路安全时应进行现场监护。

当线路发生外力破坏时，应保护现场，留取原始资料，及时向有关管理部门汇报，对于造成电力设施损坏或事故的，应按有关标准索赔或提请公安、司法机关依法处理。

（2）重要隐患排查。

1）架空通道。应重点开展导线与道路、建筑物等安全距离、施工作业、防护区内树障、鸟窝、通道周边易漂浮物等专项排查，完善资料台账，对短期内不能治理的应持续开展跟踪管理，确保线路正常运行。

2）电缆通道。应重点开展电缆通道周边施工作业（挖掘、打桩、拉管、顶管等）专项排查，必要时设专人值守，避免发生电缆外破故障。加大防火安全隐患排查，对变电站出口、密集敷设、输配共沟等重点区域应加大巡视力度，重点开展电缆防火检查，确保各类防火隔板、封堵等安装到位。对靠近热力管或其他热源、电缆排列密集处，应进行电缆环境温度、土壤温度和电缆表面温度监视测量，以防环境温度或电缆过热对电缆产生不利影响。

（3）通道资源管理。

1）加强电缆通道数据管理。配电运维单位应常态开展通道数据的采集维护工作，对新建、改造的线路通道坐标、电缆敷设方式、穿管信息等及时录入信息系统，对存量通道信息应组织具备测绘资质的单位开展全覆盖测量，测绘精度满足高程、水平的误差要求，准确反映通道实际情况。

2）加强通道使用审批管理。应建立通道资源内部审批机制，发展、建设、运检等单位严格履行相关工作职责，定期开展通道使用情况分析，严禁未经批准擅自搭挂、占用通道资源，对于未经批准擅自接入的，采取必要措施及时清除，确保通道资源有序使用。

（4）架空线路的防护。

1）架空线路的防护区是为了保证线路的安全运行和保障人民生活的正常

供电而设置的安全区域，即导线两边线向外侧各水平延伸5m并垂直于地面所形成的两平行面内；在厂矿、城镇等人口密集地区，架空电力线路防护区的区域可略小于上述规定，但各级电压导线边线延伸的距离，不应小于导线边线在最大计算弧垂及最大计算风偏后的水平距离和风偏后距建筑物的安全距离之和。

2）运维单位需清除可能影响供电安全的物体时，如修剪树枝、砍伐树木及清理构筑物等，应按有关规定和程序进行修剪树木，应保证在修剪周期内树枝与导线的距离符合规定的数值。

3）运维单位的工作人员对下列事项可先行处理，但事先应留影像资料取证，事后应及时通知有关单位。

a. 为避免触电人身伤害及消除有可能造成严重后果的危急缺陷所采取的必要措施。

b. 为处理电力线路事故，砍伐林区个别树木。

c. 消除影响供电安全的铁烟囱、脚手架或其他凸出物等。

d. 在线路防护区内应按规定开辟线路通道，对新建线路和原有线路开辟的通道应严格按规定验收。

e. 当线路跨越通航河流、公路、铁路时，应采取措施，设立标志，防止碰线。

4）在以下区域应按规定设置明显的警示标志及防护措施。

a. 架空电力线路穿越人口密集、人员活动频繁的地区。

b. 车辆、机械频繁穿越架空电力线路的地段。

c. 电力线路上的变压器平台。

d. 临近道路的电杆和拉线。

e. 电力线路附近的鱼塘。

f. 杆塔脚钉、爬梯等。

5）在防护区内经过允许的施工工地开工前，运维单位应及时与施工单位签订电力线路（含光纤线路）保护协议。审核施工单位的保护方案，方案落实并通过运维单位验收合格后，施工单位方可开展工作。

6）在架空线路防护区内施工的单位搭设安装防护架、防护网应在运维人员现场监督下进行；使用吊车的工地，还须在保护架顶端架设警示灯；搭设的防护架应有相应的防火措施，防护架对电力设施的安全距离应满足相关要求。

（5）电力电缆线路的防护。

1）运维单位应积极参加市政道路、管线改扩建和修缮的协调会议，定期通过政府相关信息平台，关注施工动态，掌握市政道路、通信、水、气等管线施工情况；在工地开工前运维单位应及时与施工单位签订电缆（含光纤电缆）保护协议；审核施工单位的电缆线路保护方案，方案落实并通过运维单位验收合格后施工单位方可开展土建工作。

2）电力电缆线路保护区：地下电缆为电缆线路地面标桩两侧各 0.75m 所形成的两平行线内的区域，保护区的宽度应在地下电缆线路地面标识桩（牌、砖）中注明；水下电缆一般不小于线路两侧各 50m 所形成的两平行线内的水域。

3）不得在电缆沟、隧道内同时埋设其他管道，不得在电缆通道附近和电缆通道保护区内从事下列行为：

a. 在 0.75m 保护区内种植树木、堆放杂物、兴建建（构）筑物。

b. 电缆通道两侧各 2m 内机械施工。

c. 电缆通道两侧各 50m 以内，倾倒酸、碱、盐及其他有害化学物品。

d. 在水底电力电缆保护区内抛锚、拖锚、炸鱼、挖掘。

4）电缆通道应保持整洁、畅通，消除各类火灾隐患，通道沿线及其内部不得积存易燃、易爆物。

5）电缆通道临近易燃或腐蚀性介质的存储容器、输送管道时，应加强监视，及时发现渗漏情况，防止电缆损害或导致火灾；对穿越电缆通道的易燃、易爆等管道应采取防火隔板或预制水泥板做好隔离措施，防止可燃物经土壤渗入管沟。

6）临近电缆通道的基坑开挖工程，要求建设单位做好电力设施专项保护方案，防止土方松动、坍塌引起沟体损伤，原则上不应涉及电缆保护区。若为开挖深度超过 5m 的深基坑工程，应在基坑围护方案中增加电缆专项保护方案，并通过专家论证。

7）市政管线、道路施工涉及非开挖电力管线时，要求建设单位邀请具备资质的探测单位做好管线探测工作，且召开专题会议讨论确定实施方案。

8）因施工挖掘而暴露的电缆，应由运维人员在场监护，并告知施工人员有关施工注意事项和保护措施。对于被挖掘而暴露的电缆应加装保护罩，需要悬吊时，悬吊间距应不大于 1.5m。悬吊应采用专用抱箍、U 形环和铁链，且满足承重要求。工程结束覆土前，运维人员应检查电缆及相关设施是否完好，安放位置是否正确，待恢复原状后，方可离开现场。

9）运维人员应监视电缆通道结构、周围土层和临近建（构）筑物等的稳定性，发现异常应及时通知相关管理部门，并监督处理情况：发现电缆部件被盗、电缆工作井盖板缺失等危及电缆线路安全运行的情况时，应设置临时防护措施并向有关部门报告，并跟踪处置过程。

10）水底电缆防护区域内，船只不得抛锚，并按船只往来频繁情况，必要时设置瞭望岗哨配置能引起船只注意的设施：在水底电缆线路防护区域内发生违反航行规定的事件，应通知水域管辖的有关部门。

11）电缆路径上应设立明显的警示标志，对可能发生外力破坏的区段应加强监视，并采取可靠的防护措施。对于处于施工区域的电缆线路，应设置警告标志牌，标明保护范围，每日进行特巡。

12）电缆的防火阻燃应采取下列措施：

a. 电缆密集区域的在役接头应加装防火槽盒或采取其他防火隔离措施。

b. 改、扩建工程施工中，对于贯穿已运行的电缆孔洞、阻火墙，应及时恢复封堵。

13）敷设于公用通道中的电缆应制定专项管理措施。

14）电缆运维员应将挖土位置和有关情况详细记入运行档案中。松土地段的电缆线路临时通行重车，除必须采取保护电缆措施外，还应将该地段详细记入记录簿内。

15）直埋电缆在拐弯、中间接头、终端和建筑物等地段，应装设明显的方位标志，发现缺失及时补充。

（6）配电站室的防护。

1）防护范围：位于地下及半地下和人口密集小区内的站室。

2）低洼地段、地下及半地下配电站室应砌不低于 30cm 的防水台，站内应加装溢水报警装置及水泵，应按照标准配备防汛物资。

3）站室四周不应堆放任何杂物，应保证 1～2 辆抢修车辆正常停放；站室各设备间应能保证正常进出。

（7）箱式变压器、户外环网单元、地箱的防护。

1）宜加装围栏。

2）周边不应堆放任何杂物。

3）位于绿地内的，若植物、杂草附着在箱体外壳，或影响运维人员进出箱体，应进行清理。

4）位于街道两侧的应粘贴防撞贴条。

6. 缺陷管理

设备缺陷是指配电网设备本身及周边环境出现的影响配电网安全、经济和优质运行的情况。超出消缺周期仍未消除的设备危急缺陷和严重缺陷，即为安全隐患。运维单位应按照《配电网设备缺陷分类标准》（Q/GDW 745—2012）的要求，规范缺陷及隐患管理流程，实现闭环管理。

（1）缺陷定级管理。

1）危急缺陷。严重威胁设备的安全运行，不及时处理，随时有可能导致事故的发生，必须尽快消除或采取必要的安全技术措施进行处理的缺陷。

2）严重缺陷。设备处于异常状态，可能发展为事故，但设备仍可在一定时间内继续运行，须加强监视并进行大修处理的缺陷。

3）一般缺陷。设备本身及周围环境出现不正常情况，一般不威胁设备的安全运行，可列入小修计划进行处理的缺陷。

紧急（危急）缺陷消除时间不得超过24h，重大（严重）缺陷应在7天内消除，一般缺陷可结合检修计划尽早消除，但应处于可控状态。

（2）隐患定级管理。坚持定级管理检修计划尽早消除，但应处于可控状态。

设备隐患是指违反设计、制造、安装、运检等环节相关标准规程、反措要求，或其他因素可能导致人身伤害、电网异常、设备损坏等事件发生的设备不安全状态。

根据设备隐患的危害程度，分为重大隐患、较大隐患、一般隐患三个等级。

1）设备重大隐患。可能导致经认定的一至四级人身、电网、设备事件，一般及以上火灾事故。

2）设备较大隐患。可能导致经认定的五至六级人身、电网、设备事件；其他对社会及公司造成较大影响的事件。

3）设备一般隐患。可能导致经认定的七至八级人身、电网、设备事件。

重大、较大、一般设备隐患应分别于隐患认定后第5、10、15个工作日内制定治理计划。

（3）缺陷隐患专项管理。

1）树障隐患管理。结合季节性特点，定期组织线路通道树障隐患治理，切实防范森林草原火灾、雷雨大风、雨雪冰冻灾害。全面排查通道内树木（竹）及通道外超高树木（竹）隐患，重点排查线路下方与导线安全距离不足、线路两侧与导线水平风偏距离不足、线路附近存在向线路侧倾倒风险的树障隐患。建立树障隐患台账，针对树障隐患明细逐一制定治理措施，编写治理计划，实施销项管理。建立“月通报”机制，及时解决树障隐患治理过程中遇到的问题，对树障隐患治理结果进行考核评价，推动集中治理工作有序开展。强化政企合作，加强与林业、园林部门及产权人的沟通协调，列支专项费用，切实保证树障集中治理工作快速推进。

2）外破隐患管理。落实破坏多发地区电力设施的人防、物防、技防措施，通过人员看守、设置标识、智能监控、技防隔离等措施，切实提升外破防护水平。在线路（电缆）经过的施工作业区、跨（穿）越重要公路和航道、易发生施工机械、超高车辆碰线的区段，设立明显警示标识，必要时安装移动视频监视系统。对易遭碰撞的杆塔设置防撞墩并涂刷醒目标识漆或安装规范醒目的防撞警示标识。对于临近电缆线路的施工，运维人员应对施工方进行交底，制定可靠的安全防护措施，与施工单位签订保护协议书，明确双方职责。

3）小动物隐患管理。在鸟害多发区线路及时安装防鸟装置，如防鸟刺、驱鸟器等。针对配电变压器桩头、开关桩头、熔丝具等裸露带电部位，采取加装绝缘护罩、绝缘绕包等措施，有效提升线路抗鸟害异物能力。对已安装的防鸟装置应加强检查和维护，更换失效防鸟装置。鸟害高发期，采取专用工具、动态巡查方式，及时拆除线路上的鸟巢。

开关站、配电室进出门应装设不低于500mm的防小动物挡板，构筑物的排气扇、玻璃窗、百叶窗等外口处加装防护网，通往户外的电缆沟应严密封堵，不得有孔、缝。户内应放有捕鼠器械并有明显标志，不宜使用鼠药，禁止存放粮食及其他食品。环网柜上的一、二次电缆穿孔处，各类端子箱、机构箱、电源箱进出线孔应用成熟、可靠材料有效封堵。

4）风灾隐患管理。组织对风灾频发区域、重要用户线路、老旧电杆开展隐患排查治理，重点检查杆体裂纹、电杆埋深、绝缘裸露、绝缘子绑扎、接地环及线路通道等方面，消除设备运行隐患。沿海、沿江、空旷等风灾易发区配电架空线路采用差异化设计，严控耐张段长度在300m以内，耐张处应选用钢管杆，线杆选用N级高强水泥杆，直线转角杆选用T级以上大弯矩杆，直线杆基础采用卡盘配套底盘或无筋式套筒等形式，横担加装支撑杆，增强横担的稳定性，推广预绞式绑线，提升直线杆导线固定能力。

5）火灾隐患管理。对森林草原配电线路通道内的植被情况开展一次全面排查，重点排查通道树障隐患、通道地面和杆塔基础附近存在或堆积大量枯萎干燥的草本植物、灌木枯枝、落叶等可燃、易燃物隐患。排查台区高低压线路裸导线、断股，台区地面未硬化、漏保未配置或未投运、防雷接地不良等设备缺陷；配电变压器、断路器、跌落式熔断器等柱上设备及导线接头发热缺陷，以及拉线松动、支持绝缘子破损、绝缘线损伤、基础不牢等倒杆断线隐患。

电缆火灾隐患治理。深入开展输配电电缆混合敷设通道、特级一级用户电缆和公用电缆共沟通道、10回及以上电缆密集通道隐患排查治理，开展电缆疏导迁移，避免输配电同沟或密集敷设情况出现，不具备改造条件的应落实输、配电电缆防火隔离措施，对重要或高风险电缆通道应配置火灾报警与主动消防设备。

6）洪涝灾害隐患治理。城市内涝隐患治理。排查配电站房是否低于当地防涝高程，是否存在基础沉降、破损和构筑物渗漏等问题，站外电缆入口是否具有可靠的防水封堵措施；是否配置防汛挡板、排水泵，是否配足沙袋或膨胀防洪袋等防汛物资。推进具备迁移条件的地下配电站房迁移至地面一层；确无法迁移，按防涝标准加固改造。做好防水封堵，补齐补足防水挡板、排水泵、沙袋或膨胀防洪袋等防汛物资。

洪涝灾害隐患治理。汛期前应对位于河道冲沟区、河道拐弯处、山体滑坡区等易失稳地区配网架空线路进行巡视，采取加固基础、修筑挡土墙（桩）、截（排）水沟、增加拉线等措施。配电设备安装位置应避开洪涝、易受冲刷及地质沉降地区。当地处低洼地区且受条件限制无法避让时，应增加围墩、护墩等措施，同时适当提高设备安装高度。

7）雨雪冰冻隐患治理。开展易覆冰配电线路抗冰能力校核，在覆冰期前完成增打拉线、加固基础等差异化补强措施，加快推进配电线路路径优化、缩小档距、电缆入地等改造，及时消除电杆风化、钢筋外露和拉线松弛等缺陷，及时治理线路通道附近超高树木（竹）、配网线路搭挂物等隐患，切实提升配电线路抗冰能力。

8）雷击隐患管理。雨季来临前加强各种防雷设备的外观检查、红外热成像测试，接地引下线连接情况检查；定期开展接地电阻测量和治理。落实线路防雷击措施，采取堵塞式或疏导式综合防雷措施（包括使用绝缘横担、避雷器、安装放电间隙、增设耦合地线等手段），进行差异化防雷治理。

（4）缺陷隐患处置管理。

1）缺陷隐患的成因分析。缺陷隐患的成因分析，引导对技术措施的落实、家族性缺陷、缺陷隐患发现后应及时展开成因分析，针对本体类缺陷隐患应做好设备检测分析，必要时由电科院协助开展解列检测试验，针对发现疑似家族缺陷的情况应及时上报，并开展家族缺陷排查治理。针对巡视不到位的情况，应加强巡视管理、压实运维责任，及时利用带电检测手段并缩短巡视周期。针对施工工艺不良的情况，应建立施工质量追溯机制，加强工程质量验收。

2）缺陷隐患的治理方式。缺陷隐患的发起、处置应通过PMS 3.0、移动巡检终端发起、处置、审核，构建配网缺陷隐患库，闭环处置。推进运检类业务工单化。加强主动巡视工单派发，差异化开展线路运维，依托PMS 3.0实现检测数据的自动采集、检测报告在线推送，构建配网缺陷隐患库。依托供电服务指挥中心开展检修工单成效评估，将各类缺陷隐患工单作为项目储备发起的必要条件，动态跟踪工单处置进展，做好缺陷隐患闭环管控，实施运检工单精准穿透。

缺陷隐患的治理方式分为不需停电、带电作业、计划检修三类。

针对轻微树线矛盾、直线杆鸟窝、杆号牌脱落、站房环境杂乱、站房保护告警等运维人员不借助专业工具、设备就可以简单处理的缺陷应在确保安全的情况下及时治理。

针对各类设备绝缘护套缺失、绝缘包裹不足，耐张杆、带电设备鸟窝，避雷器（金具、令克）损毁、脱落，引线松动、脱落等缺陷隐患严格按照“能带不停”的原则提报带电作业计划，在处置时限内完成治理。

对开关柜、环网柜、电缆分支箱、配电变压器设备、柱上设备等带电检测异常或有明显异响、异味等问题的，应缩短巡视周期、加强设备监测，及时纳入建配网缺陷隐患库，通过修理项目、应急工程、配网工程等方式治理。编排检修计划时应同线段、同线路合并，结合各类计划统筹排定，在处置时限内完成治理。

3）缺陷隐患的处置评估。缺陷隐患治理过程，应由供电服务指挥中心结合各类缺陷处置时限、现场照片等开展过程评估。治理完成后，应根据设备故障、异常等运行情况进行量化评价，从治理时限、治理成效等维度，对消缺工作开展综合评价。

7.倒闸操作

配网倒闸操作应严格遵守电力安全工作规程及有关规定，规范操作流程和内容，落实防误闭锁装置管理要求，杜绝误操作事故发生。

倒闸操作应按规定使用倒闸操作票，实行倒闸操作监护制度，事故应急处理、拉合断路器（开关）单一操作可以不填倒闸操作票。

倒闸操作应由两人及以上完成，一人操作、一人监护，并认真执行唱票、复诵制。与调度部门联系应使用专业术语，确保调度命令准确执行；倒闸操作前应对工器具进行检查，操作前后应仔细核对设备名称、编号和断合位置。

运维班组应加强对操作准备、操作票填写、接令、模拟预演、操作监护、操作质量检查等各环节管控，倒闸操作票应在运检管理系统中填写，并按照标准化作业执行；复杂操作应由配网管理人员审核操作票。

8.状态评价

运维单位应通过各类信息化管理手段（如配电自动化系统、用电信息采集系统等），以及各类带电检（监）测（如红外检测、开关柜局部放电检测等）、停电试验等技术手段，收集设备状态信息，应用状态检修辅助决策系统，开展设备状态评价。

（1）信息收集。设备信息收集包括投运前信息、运行信息、检修试验信息、家族缺陷信息。投运前信息主要包括设备台账、招标技术规范、出厂试验报告、交接试验报告、安装验收记录、新（扩）建工程有关图纸等纸质和电子版资料。运行信息主要包括设备巡视、维护、单相接地、故障跳闸、缺陷记录，在线监测和带电检测数据，以及不良工况信息等。检修试验信息主要包括例行试验报告、诊断性试验报告、巡检记录、消缺记录及检修报告等。家族缺陷信息指经公司或省公司认定的同厂家、同型号、同批次设备（含主要元器件）由于设计、材质、工艺等共性因素导致缺陷的信息。

设备投运前台账信息、主接线图、系统接线图等信息在设备投运前录入运检管理系统。其他投运前信息应在设备投运后1周内移交运维单位，并在1个月内录入运检管理系统。运行信息应在1周内录入运检管理系统。检修试验信息应在检修试验工作结束后1周内录入运检管理系统。家族缺陷信息公开发布1周内，应在运检管理系统中完成相关设备状态信息的变更和维护。

（2）评价周期。运维单位应开展定期评价和动态评价，定期评价特别重要设备1年1次，重要设备2年1次，一般设备3年1次。设备动态评价应根据设备状况、运行工况、环境条件等因素适时开展。根据评价结果调整检修策略、计划，为配网技改大修项目立项提供科学依据。

1）设备定期评价。

a. 5月10日前，运维单位完成运维班组设备状态评价报告的审批，将特别重要、重要设备注意（异常、严重）状态评价报告、状态检修综合报告和家族缺陷设备状态评价报告。

b. 5月31日前，地市供电企业完成运维单位状态检修综合报告、家族缺陷设备状态评价报告的审批，将特别重要设备注意（异常、严重）状态评价报告、状态检修综合报告、家族缺陷状态评价报告。

c. 6月20日前，省电科院完成省级单位所属单位状态检修综合报告的复核工作。

d. 6月30日前，省级单位汇总家族缺陷设备评价报告。

2）设备动态评价。

a. 设备动态评价包括新设备首次评价、缺陷评价、不良工况评价、检修评价、家族缺陷评价、特殊时期专项评价等工作。

b. 新设备首次评价应根据设备出厂试验、交接试验以及带电检测数据等信息，在设备投运后3个月内完成。

c. 缺陷评价应在发现运行设备缺陷后，按照缺陷处理时限要求同步完成。

d. 不良工况评价应在设备经受高温、雷电、冰冻、洪涝等自然灾害、外力破坏等环境影响以及超温、过负荷、外部短路等工况，恢复运行后1周内完成。

e. 检修评价应根据设备检修及试验相关信息在检修工作完成后2周内完成。

f. 家族缺陷评价应在家族缺陷发布后，根据发布家族缺陷信息2周内完成。

g. 特殊时期专项评价在特殊时期开始前1个月内完成。

9. 运行分析

运维单位应根据运行分析结果，对配电网建设、检修和运行等提出建设性意见，并结合本单位实际，制定应对措施，必要时应将意见和建议向上级反馈。

一般来说，配网运行分析应包含但不限于：运行管理、配电网概况及运行指标、巡视维护、试验（测试）、缺陷与隐患、故障处理、电压与无功、负荷等内容。近年来，随着配网工作重心由设备运维逐渐转向客户服务，配网运行分析要重点突出当年迎峰度夏期间发生的频繁停电及限电、低电压等供电质量方面的突出问题，深入分析当前电网网架结构、设备质量、运维管理、优质服务等方面的薄弱环节，并提出针对性措施和建议。

配电网运行分析周期为地市公司每季度一次、运维单位每月一次。运行分析结果应作为配网规划设计、建设改造、设备选型、电网运行控制、反事故措施制定的重要依据。

10.设备退役

设备退役指设备使用年限较长、寿命殆尽、功能丧失，或由于更新换代造成停用的一种状态。运维单位应根据生产计划及设备故障情况提出配电网设备退役申请。

退役设备应进行技术鉴定，出具技术鉴定报告，明确退役设备处置方式。退役设备处置方式包括再利用和报废。再利用设备应提供设备退出运行前的运行、检修、试验等资料和退出运行后检修、试验资料，检修、试验按照 Q/GDW 643 执行。

配电变压器、开关柜、配电柜和开关设备以再利用为主，箱式变电站处理参照配电变压器、开关柜、配电柜，其他再利用成本高、拆装中易损伤设备以报废为主。

11.人员培训

公司所属各级云间部门应建立定期培训制度，制订培训目标和年度培训计划，针对性开展岗位培训和技能培训，确保培训工作质量和效果。

运维人员应经过上岗培训、考核和履行审批手续方可上岗。因工作调整或其他原因离岗3个月以上者，应进行相应的培训和考核，重新履行审批手续。新人员应经培训考试合格后上岗。

培训内容应结合培训对象的业务能力和岗位要求进行，主要内容应包括相关法律法规、基础理论知识、规范、规程和操作技能等。

12.检查考核

各级运检部应每年对配网运维情况进行一次全面评价和考核,考核评分按附件进行，评价结果纳入本单位年度生产管理绩效考核。

根据评价与考核结果，针对运维各环节存在的问题，制定整改措施，强化执行落实，提升配网整体运维管理水平。

3.1.3 管理流程

1. 生产准备

生产准备流程如图3–1所示。

▲ 图3–1　生产准备流程

2. 验收

验收流程如图3–2所示。

▲ 图3–2　验收流程

3. 巡视

巡视流程如图3–3所示。

▲ 图3–3　巡视流程

4. 维护

维护流程如图3–4所示。

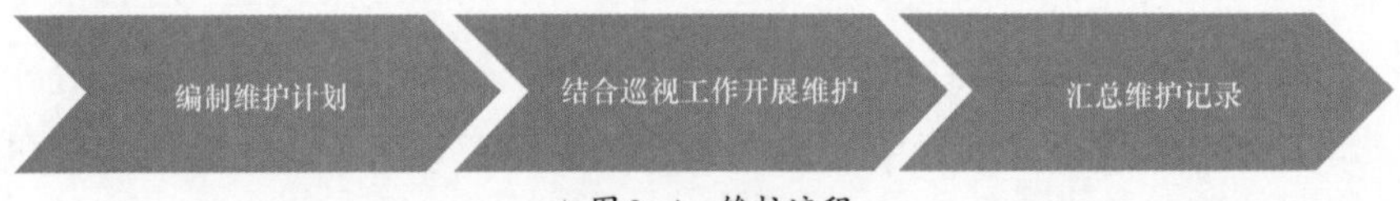

▲ 图3–4　维护流程

5. 配电网防护

配电网防护如图3–5所示。

▲ 图3–5　配电网防护流程

6.缺陷隐患管理

缺陷隐患管理流程如图3-6所示。

▲ 图3-6 缺陷隐患管理流程

7.倒闸操作

倒闸操作流程如图3-7所示。

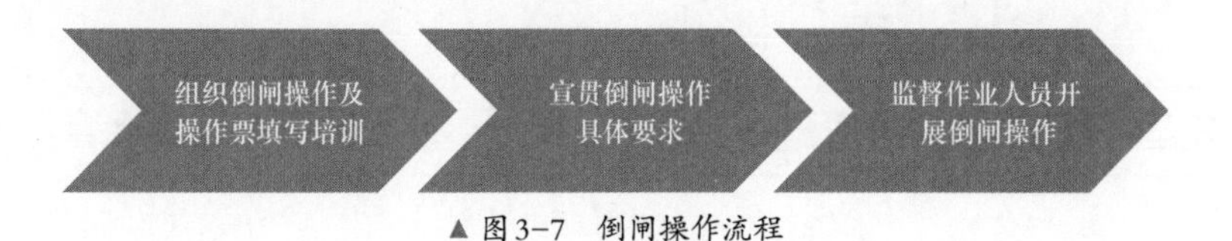

▲ 图3-7 倒闸操作流程

8.状态评价

状态评价流程如图3-8所示。

▲ 图3-8 状态评价流程

9.运行分析

运行分析流程如图3-9所示。

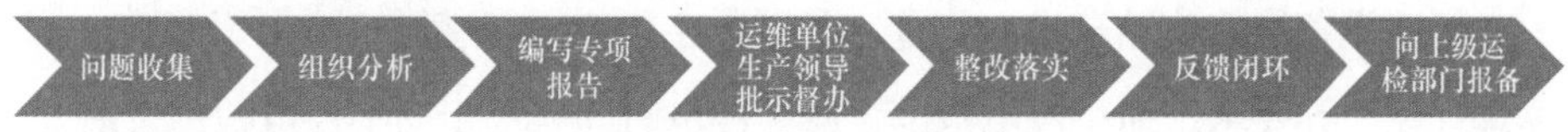

▲ 图3-9 运行分析流程

10.设备退役

设备退役流程如图3-10所示。

▲ 图3-10 设备退役流程

11.人员培训

人员培训流程如图3-11所示。

▲ 图3-11　人员培训流程

12.检查考核

检查考核流程如图3-12所示。

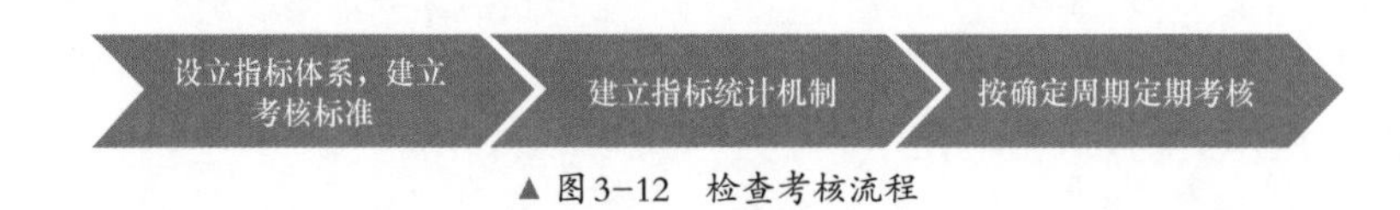

▲ 图3-12　检查考核流程

3.2　配电网检修管理

3.2.1 基本内容

配电网检修管理是指对35kV及以下配网设备检修管理工作。主要包括信息收集、状态评价、检修策略、检修计划、检修实施、技术监督、验收管理、档案资料等内容。

配网设备检修应综合考虑设备状态、运行工况、环境影响等风险因素，根据配网设备的重要性、用户供电可靠性的不同要求，制订特别重要设备、重要设备、一般设备的检修策略，做到应修必修，修必修好，确保人身、设备和供电安全。

配网设备检修应结合带电作业、配网数字化应用等遵循“能带不停”“预算式管控”等要求，缩小停电范围，减少停电时间，逐步向不停电检修发展。

1.信息收集

设备信息包括投运前信息、运行信息、检修试验信息、家族缺陷等信息。

（1）架空线路状态量信息。

1）杆塔（基础）部件：埋深值、沉降值、倾斜度、裂纹程度、锈蚀程度、防护设施情况、高低压不同电源同杆架设情况。

2）导线部件：负载电流、温度、弧垂松紧度、断股数量、散股数量、锈蚀程度、电气距离、交跨距离、水平距离、异物悬挂情况、绝缘导线绝缘损坏情况。

3）绝缘子部件：污秽程度、破损情况、固定情况。

4）铁件金具部件：温度、紧固情况、锈蚀程度、弯曲度、磨损、裂纹、锁紧销缺损情况。

5）拉线部件：埋深值、沉降值、交跨距离、锈蚀程度、松紧程度、拉线本体断股、拉线散股数量、拉线绝缘子破损、锁紧销缺损、拉线防盗帽缺失、防护设施等情况。

6）通道部件：违章建筑和堆积物情况。

7）接地装置部件：接地引下线和接地体连接、埋深情况，截面积、锈蚀程度、接地电阻值。

8）附件部件：设备标识和警示标识安装高度、双重命名情况、故障指示器、防雷金具、防鸟器安装等情况。

（2）柱上开关状态量信息。

1）套管（支持绝缘子）部件：破损情况、污秽程度。

2）开关本体部件：主回路直流电阻值、接头（触头）温度、开关动作次数、锈蚀程度、SF_6开关气压仪表指示区域。

3）隔离开关部件：接头（触头）温度、破损情况、卡涩程度、污秽程度、锈蚀程度。

4）操动机构部件：动作情况、卡涩程度、锈蚀程度。

5）接地部件：接地引下线和接地体连接、埋深情况，截面积、锈蚀程度、接地电阻值。

6）标识部件：设备标识和警示标识安装高度、双重命名情况。

7）互感器部件：绝缘电阻值、外观破损情况。

（3）柱上隔离开关状态量信息。

1）支持绝缘子部件：破损情况、污秽程度。

2）隔离开关本体部件：接头（触头）温度、卡涩程度、锈蚀程度。

3）操动机构部件：锈蚀程度。

4）接地部件：接地引下线和接地体连接、埋深情况、截面积、锈蚀程度、接地电阻值。

5）标识部件：设备标识和警示标识安装高度、双重命名情况。

（4）跌落式熔断器状态量信息。跌落式熔断器状态量信息包括外观破损情况、操动稳定情况、接头（触头）温度、故障跌落次数、污秽程度、锈蚀程度。

（5）金属氧化物避雷器状态量信息。金属氧化物避雷器状态量信息包括外观破损情况、相间温差、污秽程度、接地引下线和接地体连接、埋深情况、截面积、锈蚀程度、接地电阻值。

（6）电容器状态量信息。

1）套管部件：接头（触头）温度、外观破损情况、污秽程度。

2）电容本体部件：温度、电容量、锈蚀程度、渗漏油和鼓肚情况。

3）熔断器部件：接头（触头）温度、外观破损情况、污秽程度。

4）控制机构部件：操作动作和显示异常情况、锈蚀程度。

5）接地部件：接地引下线和接地体连接、埋深情况、截面积、锈蚀程度、接地电阻值。

6）标识部件：设备标识和警示标识安装高度、双重命名情况。

（7）高压计量箱状态量信息。

1）绕组及套管部件：一次绕组及套管绝缘电阻值、二次绕组绝缘电阻值、接头（触头）温度、套管污秽程度、套管破损情况。

2）油箱（外壳）部件：锈蚀程度、渗漏油情况。

3）接地部件：接地引下线和接地体连接、埋深情况、截面积、锈蚀程度、接地电阻值。

4）标识部件：设备标识和警示标识安装高度、双重命名情况。

（8）配电变压器状态量信息。

1）绕组及套管部件：绕组直流电阻值、绕组及套管绝缘电阻值、污秽程度、接头温度、干式变压器器身温度、负载率、三相不平衡率等情况。

2）分接开关部件：操作情况。

3）冷却系统部件：温控装置、风机运行情况。

4）油箱部件：配电变压器台架对地距离、油位、呼吸器硅胶颜色、油温度、渗漏油情况。

5）非电量保护装置部件：绝缘电阻值。

6）接地部件：接地引下线和接地体连接、埋深情况，截面积、锈蚀程度、接地电阻值。

7）绝缘油部件：绝缘油颜色、耐压数据。

8）标识部件：设备标识和警示标识安装高度、双重命名情况。

（9）开关柜状态量信息。

1）本体部件：绝缘电阻值、主回路直流电阻值、导电连接点温度、放电声音情况、SF_6开关气压仪表指示区域。

2）附件（互感器、母线、避雷器）部件：绝缘电阻值、外观破损情况、污秽程度、凝露程度。

3）操动系统及控制回路部件：绝缘电阻值、分（合）闸操作、联跳功能、五防功能、辅助开关投切操作情况。

4）辅助部件：接地引下线和接地体连接、埋深情况、截面积、锈蚀程度、接地电阻值、带电显示器、仪表指示异常情况。

5）标识部件：设备标识和警示标识安装高度、双重命名情况。

（10）电缆线路（含架空线路上的电缆）状态量信息。

1）电缆本体部件：线路负荷电流、绝缘电阻值、破损变形情况、防火阻燃措施情况、埋深值。

2）电缆终端部件：温度、污秽程度、防火阻燃措施情况。

3）电缆中间接头部件：温度、被水浸泡、杂物堆压、防火阻燃措施情况。

4）接地部件：接地引下线和接地体连接、埋深情况、截面积、锈蚀程度、接地电阻值。

5）电缆通道部件：电缆井积水、杂物、基础和盖板情况、电缆管沟积水和下沉、防火阻燃措施、保护区内运行环境（施工开挖、违章建筑及堆积物）等情况。

6）辅助设施部件：锈蚀程度、牢固程度、设备标识和警示标识安装高度、双重命名情况。

（11）电缆分支箱状态量信息。

1）本体部件：绝缘电阻值、异常放电声、导电连接点温度、污秽程度、凝露程度。

2）辅助部件：五防功能、带电显示器情况、防火阻燃措施情况、外壳渗漏水情况、套管污秽程度、外壳锈蚀程度、接地引下线和接地体连接、埋深情况、截面积、锈蚀程度、接地电阻值。

3）设备标识和警示标识安装高度、双重命名情况。

（12）构筑物及外壳状态量信息。

1）本体部件：屋顶、外体、门窗、楼梯、防小动物挡板情况。

2）基础部件：沉降值、基础、电缆井内积水和杂物情况。

3）接地部件：接地引下线和接地体连接、埋深情况、截面积、锈蚀程度、接地电阻值。

4）通道部件：通道内违章建筑和堆积物情况。

5）辅助设施部件：灭火器、照明、SF_6泄漏监测装置、强排风装置、排水装置、除湿装置、设备标识和警示标识安装高度、双重命名情况。

2.检修策略

依据设备状态评价结果，按照配网检修规程明确检修类别和检修内容。应综合考虑检修资金、检修力量、电网运行方式、供电可靠性、基本建设等情况，按照设备检修的必要性和紧迫性，科学确定检修时间，制定设备检修策略；设备检修分A类检修、B类检修、C类检修、D类检修和E类检修。

（1）A类检修指整体性检修，对配网设备进行较全面、整体性的解体修理、更换。

（2）B类检修指局部性检修，对配网设备部分功能部件进行局部的分解、检查、修理、更换。

（3）C类检修指一般性检修，对设备在停电状态下进行的例行试验、一般性消缺、检查、维护和清扫。

（4）D类检修指维护性检修和巡检，对设备在不停电状态下进行的带电测试和设备外观检查、维护、保养。

（5）E类检修指设备带电情况下采用绝缘手套作业法、绝缘杆作业法进行的检修、消缺和维护。

3.检修计划

检修计划主要分为年度综合检修计划、月度检修计划、周检修计划和临时检修计划。

4.检修实施

检修实施是根据检修计划安排现场检修工作的执行。

5.技术监督

由各级管理部门在检修各流程环节开展技术监督工作，提出监督问题并落实相关的后续闭环工作。

6.档案管理

检修工程项目验收完成后，及时对相关文件资料整理汇总，归档时应统一编号并按工程档案管理要求装订成册，形成工作档案清单：

（1）工程竣工图；

（2）设计变更通知单及工程联系单；

（3）原材料和器材出厂质量合格证明和试验记录；

（4）工程试验报告、工程检验报告；

（5）工程缺陷记录；

（6）检修报告；

（7）工程质量监督报告；

（8）安全、质量事故报告、处理方案、处理结果；

（9）工程质量等级评定汇总；

（10）相关协议书。

3.2.2 管理要求

1.信息收集

（1）设备投运前的设备台账信息、主接线图、系统接线图等信息应在设备投运前录入设备管理系统。其他投运前信息应在设备投运后1周内移交县级供电企业，由县级供电企业在1个月内录入运检管理系统。

（2）设备运行信息由县级供电企业负责收集，缺陷信息应在缺陷发现后24h内录入运检管理系统，巡视或操作记录应在巡视或操作完成后24h内录入运检管理系统，故障跳闸或单相接地信息应在发现后24h内录入运检管理系统，带电检测记录应在检测工作结束后7日内录入运检管理系统，其他运行信息应在工作结束后7日内归档并按要求录入运检管理系统。其中故障跳闸、单相接地、不良工况等信息应从调度等部门获取后录入运检管理系统。

（3）设备检修试验信息由县级供电企业负责收集，应在检修试验、巡检工作结束后1周内录入运检管理系统。返厂检修设备的检修报告和相关信息应从设备制造厂家获取检修报告和相关信息后1周内录入运检管理系统。

（4）设备疑似家族缺陷信息由县级供电企业负责收集报送地市供电企业，地市供电企业编制配网设备疑似家族缺陷报告单报送省公司设备部门。省公司设备部门组织省电科院对本区域的设备家族缺陷进行认定，经审核后发布及时上报。由上级单位组织电科院对公司系统具有代表性的设备家族缺陷进行认定和发布。县级供电企业应在家族缺陷信息公开发布1个月内，完成运检管理系统中相关设备状态信息的变更和维护。

2.检修策略

（1）正常状态设备的停电检修按 C 类检修项目执行，原则上特别重要设备 6 年 1 次、重要设备 10 年 1 次。经评价，状态等级为正常，并符合以下各项条件的设备，需要停电才能进行的例行试验，在规定定期的基础上，最多可以再延迟1年进行检修，在延迟期间应加强巡检。

巡检中未发现可能危及人身和设备安全的任何异常。

带电检测（如有）结果正常。

上次例行试验与其前次例行（或交接）试验结果相比无明显差异。

上次例行试验以来，没有经受严重的不良工况。

（2）注意状态设备的停电检修按附录B执行，C类检修宜按基准周期适当提前安排。

（3）异常状态、严重状态设备的停电检修应根据具体情况及时安排，并按附录B执行，并根据异常的程度增做诊断性试验项目，必要时进行设备更换。

（4）同一停电范围内某个设备需停电检修时，相应设备宜同时安排停电检修；因故提前检修且需相应配网设备陪停时，如检修时间提前不超过 2 年宜同时安排检修。

（5）设备确认有家族缺陷时，应安排普查或进行诊断性试验。对于未消除家族缺陷的设备应根据评价结果重新修正检修周期。

（6）对注意状态的设备适当缩短巡检周期，及时做好跟踪分析工作，对异常状态和严重状态的设备制定巡检和带电检测计划，及时编制并完善应急处理预案。

3.检修计划

（1）年度综合检修计划应根据状态检修年度计划和配网项目计划，结合反措、基建、市政、技改工程等停电时间的要求编制。

（2）月度检修计划应根据年度综合检修计划编制；周检修计划应根据月度检修计划和设备消缺工作要求编制；临时检修计划应根据设备缺陷隐患排查工作要求编制。

（3）检修计划经本单位相关专业部门审核并经批准后实施。

4.检修实施

（1）检修工作应严格按照年度综合检修计划、月度检修计划和周检修计划组织实施。

（2）严格执行各级管理人员到岗到位管理规定，加强对检修作业现场的指导、监督和协调，强化现场安全风险控制，确保作业质量和人员安全。

（3）地市供电企业检修分公司和县供电企业对危险、复杂和难度较大的检修项目，应编制施工方案，细化组织、技术和安全措施，按照分层分级管控要求经批准后实施。

（4）运检班组在检修作业前应根据检修内容进行现场勘查，重点检查检修作业现场的设备状况、作业环境、危险点、危险源及交叉跨越等，做好勘查记录，确定施工方案。

（5）运检班组在检修作业前应编制标准化作业指导书（卡）、检修方案等，做好技术交底，工作负责人应确认作业人员身体状况和精神状态良好，交代作业危险点和安全技术措施。

（6）严格执行现场标准化作业指导书（卡）、检修方案、施工方案，规范作业流程和作业行为。

（7）严格执行配网设备检修工艺的要求，对关键工序及质量控制点进行有效控制。

（8）严格执行验收制度，对检修作业的安全和质量进行总结评价，检修结果和检修记录应及时录入运检管理系统。

（9）地市及县级供电企业运检部门需做好检修工作总结，分析存在问题及原因，提出改进措施。

5.技术监督

（1）充分发挥技术监督在配网设备检修管理工作中的作用，强化设备安装调试、交接验收、运行检（监）测、检修试验、故障处理、更新改造等环节的技术监督工作。

（2）根据配网运行方式的调整、负荷增长、运行环境变化等情况，强化设备运行分析，增加设备巡视、检测的频次，及时消除设备隐患和缺陷，并采取有针对性的预防措施。

（3）强化带电检（监）测装备配置，满足开展例行试验、诊断性试验，以及红外成像等带电检测项目的需要。

（4）依据设备状态评价结果，全面落实设备防外力破坏、防自然灾害、防过载、防过热、防污闪等技术措施，为设备大修和技术改造计划提供科学依据。

6.档案管理

（1）在项目验收时，应做好检修项目文件材料的收集、整理和归档，并在项目验收合格后3个月内完成向档案部门移交。

（2）各级档案部门对检修项目档案工作进行监督检查指导，确保检修项目档案的齐全完整、系统规范，并根据需要做好检修档案的接收、保管和利用工作。

3.2.3 管理流程

配网设备检修管理流程见表3-4。

▼表3-4　**配网设备检修管理流程**

序号	项目	管理流程
1	信息收集	信息收集→系统录入→信息使用
2	检修策略	状态评价结果→检修策略制定→检修策略运用
3	检修计划	检修策略→检修计划制定→检修计划运用
4	检修实施	检修计划运用→检修实施安排→检修验收
5	技术监督	配网检修→技术监督→问题闭环管理
6	档案管理	档案清单梳理→形成工作档案

配网设备检修管理流程如图3-13所示。

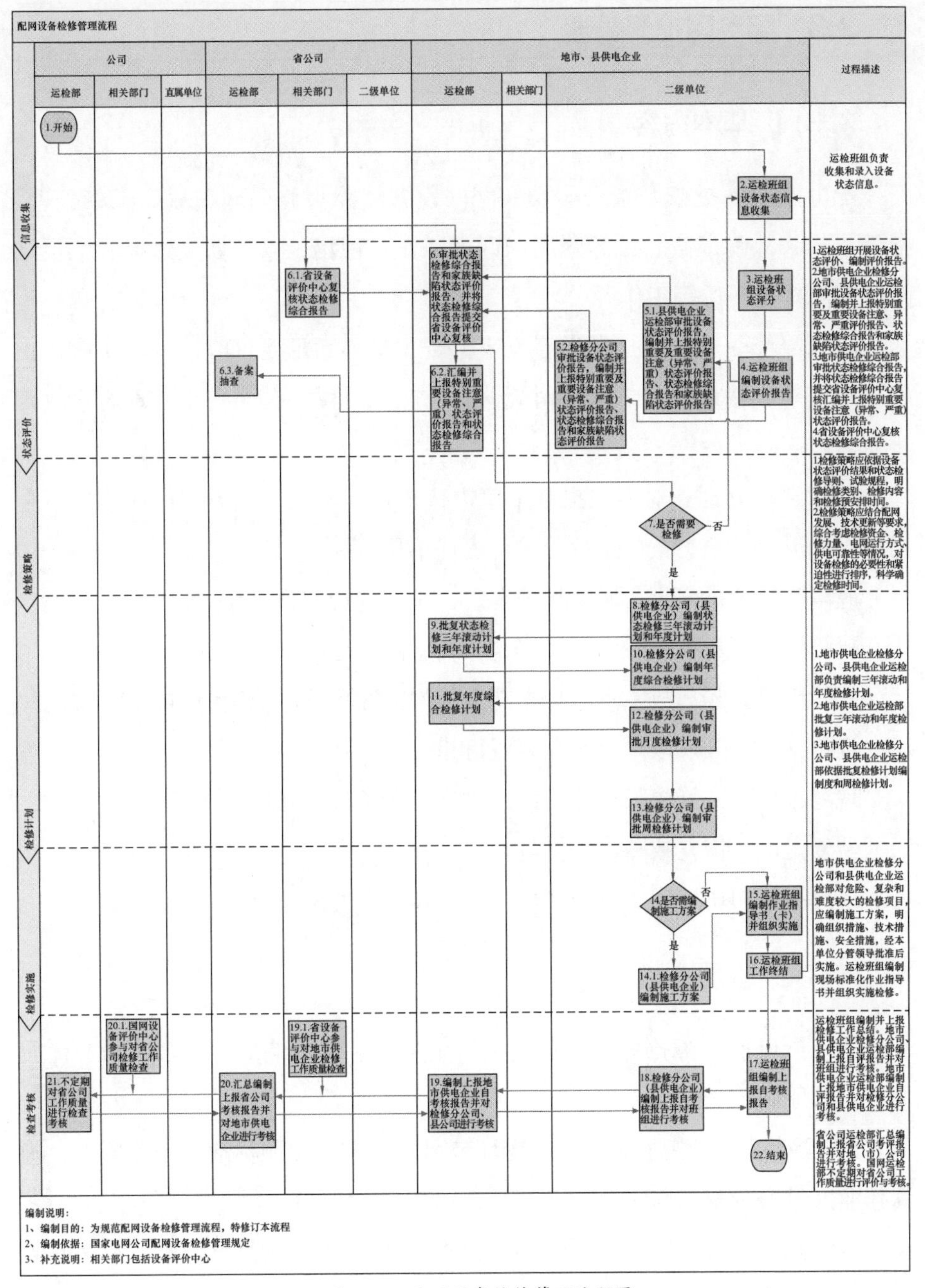

▲ 图3-13 配网设备检修管理流程图

3.3 配电网抢修管理

3.3.1 基本内容

配电网故障抢修是指公司产权配网设备故障报修受理、故障工单分理、故障告知、故障巡查、故障隔离、许可工作、现场抢修、恢复送电、汇报结果、故障报修回访等工作。

故障报修受理：用户发生停电或电压质量不满足要求时，为尽快满足正常供电需求，用户拨打供电公司统一服务热线，供电公司登记受理客户故障报修需求。

故障工单分理：对客户报修工单进行研判，不属于电力报修或信息不全工单予以退回。电力报修工单分发至责任单位。

故障告知：抢修人员联系报修客户，做好沟通解释工作。

故障巡查：对故障线路开展巡视，确定停电范围和故障点。

故障隔离：隔离故障点，根据网架结构情况将停电范围缩小到最小范围。

许可工作：开展故障抢修前，履行相关许可手续。

现场抢修：开展故障抢修工作，对故障设备进行修复或更换。

恢复送电：恢复故障设备供电。

故障报修回访：回访报修客户，记录客户意见及满意度。

3.3.2 管理要求

（1）配电网故障抢修管理遵循“安全第一、快速响应、综合协同、优质服务”的原则。

“安全第一”是指强化抢修关键环节风险管控，按照标准化作业要求，确保作业人员安全及抢修质量。

“快速响应”是指加强配网故障抢修的过程管控，满足抢修服务承诺时限要求，确保抢修工作高效完成。

“综合协同”是指各专业（保障机构）工作协调配合，建立配网故障抢修协同机制，实现“五个一”（一个用户报修、一张服务工单、一支抢修队伍、一次到达现场、一次完成故障处理）标准化抢修要求。

“优质服务”是指抢修服务规范，社会满意度高，品牌形象优良。

（2）供电公司应建立配网故障抢修组织体系，细化抢修工作流程，落实故障抢修工作职责，加强专业协同，明确抢修界面分工和工作职责。

（3）供电公司应整合内外部抢修资源，开展配网抢修专业化梯队建设。按照供电服务承诺响应时间要求、合理作业半径、抢修业务量、客户数量，分片设抢修驻点（可委托具备相应资质的专业队伍），作为抢修第一梯队，实行24h值班制度，全天候响应故障现场抢修，承担快速恢复供电的应急类故障抢修业务。地市级供电单位可充分利用集体企业、社会力量作为抢修第二梯队，承担配网大型故障现场抢修、检修、建设和改造业务，实行抢修、检修一体化专业管理。

（4）供电公司应加强各级抢修人员的安全教育、技能培训，并组织进行实战演练，确保在发生自然灾害、迎峰度夏（冬）、重要活动及出现突发事件时，可作为迅速响应抢修需求、快速补给施工力量的专业队伍，具备随时进入工作状态的能力。

（5）供电公司应合理配置满足配网标准化抢修工作所必备的车辆、工器具及材料，改善工作条件，减轻劳动强度，提高工作效率。车辆应满足公司特种车辆技术规范相关要求，并在显著位置喷涂供电服务热线标识。

（6）供电公司应加强抢修车辆及车载工器具日常维护检查，确保车辆及工器具安全可靠，满足全天候抢修工作需要。

（7）打破调度、运检、营销多专业条线交叉管理模式，统一调度与运检之间的故障指挥界面和营销与运检之间的抢修范围界面，充分发挥配网抢修指挥中心作用，实现公司抢修职责范围内配网设备的故障研判、抢修指挥、抢修组织、对外服务等抢修各环节一体化管理。

（8）抢修流程一体化，一张工单全面记录用户报修、故障设备、抢修过程、处理结果等信息，实现“全过程、跨专业”流转，进一步提高抢修工单流转效率，提升抢修过程管控能力。供电公司要完善配网故障现场抢修物资储备、使用、报废等管理流程，规范抢修物资管理。

（9）合理部署抢修驻点，建立全面覆盖城市及农村配网供电区域的网格化抢修格局，形成梯队互补最优配置抢修资源。城区抢修站点宜整合低压营销业务，实施城区综合服务；农村宜推行“台区经理制”网格化低压服务。根据驻点设置规模要求，对抢修车辆、抢修装备及工器具、抢修物料等进行标准配置，统一数量、统一标识，进一步提升配网抢修服务能力和形象。

（10）集成调度自动化、配电自动化、用电信息采集系统等相关信息，实现“故障点快速定位、停电范围快速识别、同类工单快速合并”等业务协同应用，由“被动抢修”向“主动抢修”转变；推广抢修人员智能移动应用，全面实现抢修在线可视化资源调配、过程实时反馈，用户即时互动的全过程管控。

（11）提供24h电力故障报修服务，供电抢修人员到达现场的时间一般不超过：城区范围45min，农村地区90min，特殊边远地区2h。到达现场后恢复供电时间一般不超过：城区范围3h，农村地区4h。因特殊原因无法按时限要求到达现场或恢复供电的，抢修人员应及时与客户沟通，做好解释工作。

（12）抢修工作应严格执行安全管理有关规定，强化抢修关键环节、关键点的安全风险控制，使用配电故障紧急抢修单或工作票。

（13）统一配网抢修人员着装，规范用语和行为。

（14）严格按照有关检修规程标准的工艺、技术要求进行修复，确保抢修质量。

（15）对采取临时措施复电的故障，应做好记录、移交及后续故障处理工作。

（16）定期开展抢修后评估工作，重点对故障数量、类型、原因，抢修方案、现场作业、安全管理进行认真总结分析，提出相关措施与建议。

（17）按实际需求进行抢修队伍成本核算，有效固化配网抢修费用。

3.3.3 管理流程

1.故障报修受理

客户服务中心受理故障报修诉求后，详细询问故障情况并下发地市公司配网抢修指挥相关班组进行相应处理。

2. 故障工单分理

地市公司配网抢修指挥相关班组应在客服中心下派工单后3min内完成接单或退单，接单后应及时对故障报修工单进行故障研判和抢修派单。对于工单派发错误及信息不全等影响故障研判及抢修派单的情况，要及时将工单回退至派发单位。地市公司通过分析配电自动化信息、用电信息采集信息或其他途径获取的故障信息，自动或人工生成主动抢修工单。

3. 故障告知

抢修队伍接收地市公司配网抢修指挥相关班组配网抢修指挥人员（简称配网抢修指挥人员）抢修指令，获得故障发生信息。抢修人员接到派单后，对于非本单位职责范围或信息不全影响抢修工作的工单应及时反馈配网抢修指挥人员，配网抢修指挥人员在工单到达后3min内，将工单回退至派发单位并详细注明退单原因。抢修人员在处理客户故障报修业务时，应及时联系客户，并做好现场与客户的沟通解释工作。

4. 故障巡查

抢修队伍到达现场并汇报到达时间，查找到故障点后对故障进行判断，及时向配网抢修指挥人员汇报故障原因、停电范围、停电区域和预计恢复时间等，并将故障相关信息录入系统。配网抢修指挥人员将相关故障信息反馈至客户服务中心。

5. 故障隔离

抢修人员查明故障原因后，应尽快隔离故障。属调度管辖的设备，需调度值班员下达指令，方可进行倒闸操作。非调度管辖的设备，需经设备运维单位许可后方可操作。

6. 许可工作

抢修队伍应根据有关规定履行许可手续。

7. 现场抢修

抢修队伍依据有关规定处理故障。简单故障由抢修第一梯队直接进行处理；配网大型故障抢修由配网抢修指挥人员通知抢修第二梯队进行处理。抢修人员应按照故障分级，优先处理紧急故障，如实向上级部门汇报抢修进展情况，直至故障处理完毕。预计当日不能修复完毕的紧急故障，应及时向配网抢修指挥人员报告；抢修时间超过4h的，每2h向配网抢修指挥人员报告故障处理进展情况；其余的短时故障抢修，抢修人员汇报预计恢复时间。抢修人员在到达故障现场确认故障点后20min内，向配网抢修指挥人员报告预计修复送电时间，并实时更新。影响客户用电的故障未修复（除客户产权外）的工单不得回单。低压单相计量装置类故障（窃电、违约用电等除外），由抢修人员先行换表复电，营销人员事后进行计量加封及电费追补等后续工作。35kV及以上电压等级故障，按照职责分工转相关单位处理，由抢修单位完成抢修工作，由配网抢修指挥人员完成工单回复工作。对无需到达现场抢修的非故障停电，应及时移交给相关部门处理，并由责任部门在45min内与客户联系，并做好与客户的沟通解释工作；对于不需要到达现场即可解决的问题可以在与客户沟通好后回复工单。

8.恢复送电

对于调度管辖的设备，需调度下达指令，方可进行恢复送电操作。非调度管辖的设备，需经设备运维单位许可后，方可进行恢复送电操作。

9.汇报结果

故障处理完毕后，抢修人员向配网抢修指挥人员汇报，及时将故障恢复送电时间等信息录入系统。配网抢修指挥人员审核回填信息并向客户服务中心反馈。

10.故障报修回访

由客户服务中心负责故障报修的回访工作，除客户明确提出不需回访的故障报修，其他故障报修应在接到工单回复结果后，24h内完成回访工作，并如实记录客户意见及满意度评价情况。回访时，遇客户反馈情况与抢修处理部门反馈结果不符，且抢修处理部门未提供有力证据、实际未恢复送电、工单填写不规范等情况时，应将工单回退，回退时应注明退单原因。如客户确认知晓故障点为其内部资产的，回访满意度默认为不评价。

3.3.4 典型故障抢修案例

1.故障现象

10kV线路电杆严重倾斜、倒杆或断杆。

2.分析判断

杆塔倾斜是发生倒杆必须经过的一个过程，但倾斜不一定发展成倒杆，其产生的主要原因如下：

（1）电杆埋置深度不够。直线电杆在无风时即使杆根的埋深不够也不致发生倒杆。而在刮风时，导线和电杆所受侧面风力会因杆坑抗倾覆力不够而使电杆顺风向倾覆。（电杆埋深计算公式$h=H/10+0.7$，H——杆高，单位为m）

（2）电杆埋置在松软的土地或水田中未采取加强措施。线路经过松软的土地、沙地、水田中，由于电杆根部周围的土壤松软，抵抗电杆所受的力矩小。在雨季或刮风时，电杆根部受力较大，引发倒杆、断线事故。

（3）在雨季对部分电杆未采取防汛措施。雨季连续降雨，低洼地区积水，使电杆基础松软特别是在夏天暴雨之后，雨水冲刷电杆基础，使土壤流散，这时遇上大风，往往会发生倒杆事故。

（4）冬季施工的线路解冻后基础下沉。线路在冬季施工时使用了冻土块作为回填土，又未夯实和培土，次年春天解冻会使杆坑下沉，使电杆基础不稳固，遇上4~5级大风，往往会发生倒杆事故。

（5）电杆质量不佳，冬季导线弧垂减小、张力增大，使转角杆所受应力增大，有可能发生断杆事故。

（6）外力损坏。通常所指的外力损坏包括台风、车辆撞击、道路开挖、建筑物坍塌等。当电杆在外力作用下超过所能承受的最大力矩时，往往会发生倒杆事故。尤其值得注意的是在当前，拉线被盗情况屡有发生。当拉线被偷盗后，往往容易发生倒杆事故。

（7）当发生断线事故时产生的不平衡张力使杆塔发生倾覆或遇超设计条件的飓风袭击。

（8）施工质量。在电杆施工过程中应杆洞未夯实，基础泥土被雨水浇灌后下沉、松动；电杆基础的浇制没有按要求施工或偷工减料，在运行过程中开裂，致使电杆倾斜。

3.处理步骤

（1）接获抢修指令后，应立即与配调核实抢修线路运行状态，到达现场后应立即查明故障点的线路名称及杆号，做好必要的记录。

（2）当故障危及人员及群众财产安全时，应向配调申请线路紧急停役，申请时应报告线路名称、杆号、地段、险情概况，申请人姓名等，并认真回答当值调度员的有关询问。

（3）立即采取措施，设置安全围栏，防止任何人进入断线处8m以内。必要时应设法向110求助，维持现场交通，避免事故的扩大化。

（4）未经许可，任何人不得触及故障设备。

（5）根据故障情况及时向配调、工区当值值班员汇报。

（6）及时将抢修故障所需材料、现场运输条件、临近有电线路情况、断线耐张段内交跨情况反馈，并在现场与到达检修人员办理交接，详细说明有关情况，必要时应配合进行工作，在征得检修负责人同意后方可离开现场。

（7）当需要进行清障处理时，应严格履行事故应急抢修单制度，在得到许可后，应严格验电、接地后，方可清障。

（8）当发生外力损坏事故时，要做好现场取证及保险理赔工作。

4.工具携带

除个人用具外需携带安全围栏、高低压接地线、断线钳、绝缘绳、绝缘棒、绝缘手套、铁桩、大锤、铁锨、紧线器、钢丝绳（包括卸扣）、滑车、地锚。（夜间抢修还应备有照明灯具）

【典型案例1】：×年×月×日，配调通知东升线跳闸重合不成。经工作人员巡视发现由于汽车超高拉拽杆上通信线路导致东升线7号杆倒杆，线路跳闸重合不成。工作人员当即准备装设安全围栏时发现由于故障点位于交通要道，过往车辆及行人较多，场面难以控制。工作人员立即向配调申请线路转检修状态，并联系110前往现场予以协助。经110协助，场面得以控制。工作人员汇报工区，故障联系输配电检修公司处理。

启示：从这个案例我们可以看出当工作人员准备装设安全措施防止行人进入故障点8m以内时，由于故障点位于交通要道局面难以控制，果断地向配调申请线路转检修，并联系110前往协助。这点做得非常好，正是由于工作人员的果断决定有效地避免了故障的扩大化。当我们在今后工作中碰到类似情况时，应该根据故障情况采取合理、有效的处理方法，防止事故扩大。

【典型案例2】：×年×月×日，配调通知营房线跳闸重合不成。经工作人员巡视发现收`音台支2、5号杆由于汽车撞击造成断杆。在发现明显故障点后，工作人员立即汇报工区当值值班员。值班员要求工作人员继续对营房线进行全线巡视，经巡视又发现收音台支37号杆搭头线烧坏，工作人员立即汇报配调及工区。后申请清障拆开营房线110号杆支线搭头，故障由输配电处理。

启示：从这个案例可以看出当工作人员发现收音台支2、5号杆断杆这个明显故障后汇报工区值班员。值班员要求对线路进行继续巡视，正是由于工区当值值班员工作态度的严谨、认真才得以发现收音台支37号杆搭头线烧坏，避免了故障的再次发生和重复停电抢修。在今后的工作中要吸取此类教训，当巡视发现明显故障点后不能终止巡视。一定要综合分析产生故障的原因、可能产生的后果，认真巡视可能存在隐患的剩余线路，避免故障的重复产生。

第4章 配网不停电作业管理

4.1 带电作业与不停电作业

4.1.1 术语

1.带电作业

带电作业，工作人员接触带电部分的作业，或工作人员身体的任一部分或使用的工具、装置、设备进入带电作业区域内的作业。

带电作业是指在高压电气设备上不停电进行检修、测试的一种作业方法。电气设备在长期运行中需要经常测试、检查和维修。带电作业是避免检修停电，保证正常供电的有效措施。带电作业的内容可分为带电测试、带电检查和带电维修等几方面。带电作业的对象包括发电厂和变电站电气设备、架空输电线路、配电线路和配电设备。带电作业的主要项目有带电更换线路杆塔绝缘子、清扫和更换绝缘子、水冲洗绝缘子、压接修补导线和架空地线、检测不良绝缘子、测试更换隔离开关和避雷器、测试变压器温升及介质损耗值。带电作业根据人体与带电体之间的关系可分为等电位作业、地电位作业和中间电位作业三类。

2.不停电作业

不停电作业，以实现用户的不停电或少停电为目的，采用多种方式对设备进行检修的作业。

旁路作业，通过旁路设备的接入，将配网中的负荷转移至旁路系统，实现待检修设备停电检修的作业方式。

综合不停电作业，是国家电网有限公司在企业标准《10千伏配电线路不停电作业规范》（Q/GWD 10520—2016）中提出的。在架空配电线路带电作业中，除采用绝缘杆作业法、绝缘手套作业法带电作业外，可综合利用绝缘杆作业法、绝缘手套作业法以及旁路电缆或旁路作业车、移动箱变车、移动电源车等旁路设备实施不停电作业。

3.不停电作业是带电作业的内涵扩展

2012年，国家电网有限公司提出配网检修作业应遵循“能带不停”的原则，从实现用户不停电的角度定义电网检修工作，“带电作业”的内涵扩展至“不停电作业”。

4.1.2 配网不停电作业

1.作业方式

配网不停电作业按照作业方式可以分为绝缘手套作业法、绝缘杆作业法和综合不停电作业法。

绝缘手套作业法指作业人员穿戴个人绝缘防护用具，使用绝缘斗臂车与带电体直接接触的作业方式，是开展最多的作业方法。绝缘手套作业法如图4–1所示。

▲ 图4–1 绝缘手套作业法

绝缘杆作业法指作业人员在地面，或者登杆至适当位置，或者利用绝缘斗臂车、绝缘平台、绝缘梯等绝缘承载工具至适当位置，系上安全带，与带电体保持足够的安全距离，通过端部装配有不同工具附件的绝缘杆进行作业。绝缘杆作业法如图4–2所示。

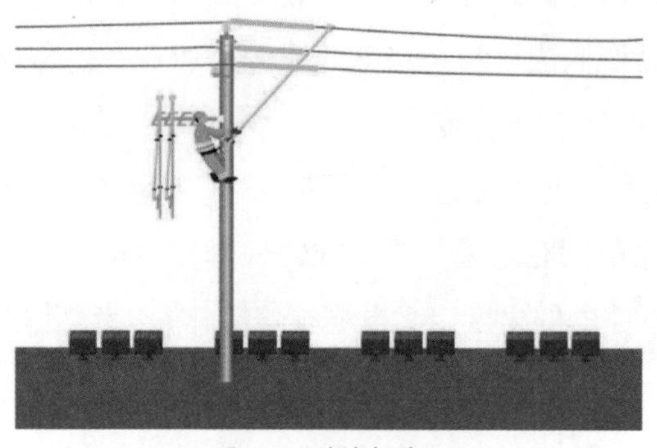

▲ 图 4-2　绝缘杆作业法

综合不停电作业法指是利用旁路电缆、移动箱式变电站、移动电源车等作业工具及装备，在用户不停电或少停电的情况下，实现配电线路设备的检修。按照使用的主要工具装备，可分为旁路电缆作业、移动箱式变电站作业及移动电源车作业。综合不停电作业法如图 4-3 所示。

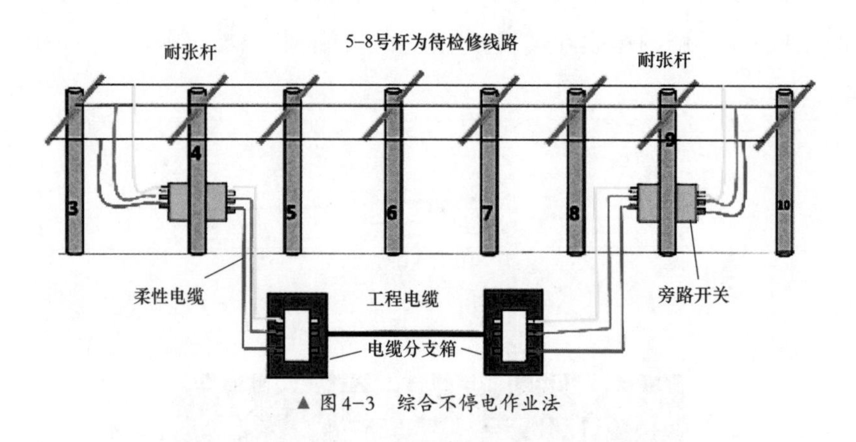

▲ 图 4-3　综合不停电作业法

2. 常用不停电作业装备

（1）绝缘斗臂车。绝缘斗臂车是一种绝缘承载工具，具有升空便利、机动性强、绝缘性能高等优点，常用绝缘斗臂车可分为基本型、无支腿型和履带式等。无支腿绝缘斗臂车车型小巧，适用于低压不停电作业及低矮杆塔场景的快速检修；履带式绝缘斗臂车适用于山区、农村、狭窄地带等特殊场景的不停电作业。绝缘斗臂车如图 4-4 所示，无支腿绝缘斗臂车如图 4-5 所示，履带式绝缘斗臂车如图 4-6 所示。

▲ 图4-4　绝缘斗臂车

▲ 图4-5　无支腿绝缘斗臂车

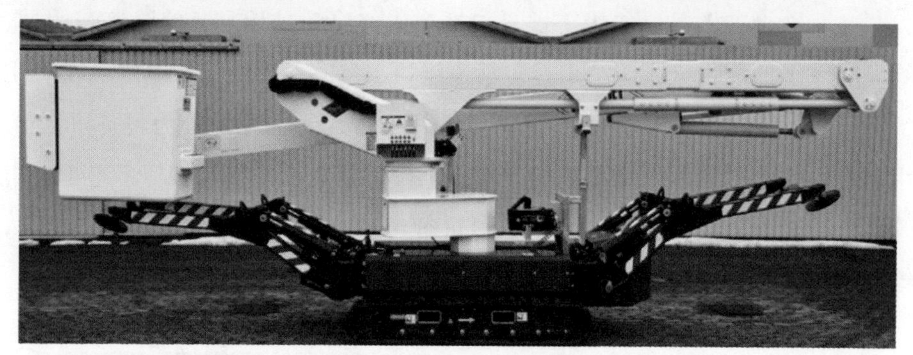

▲ 图4-6　履带式绝缘斗臂车

（2）旁路作业系列车辆。旁路作业系列车辆是可移动、可快速收纳的旁路作业装备，可单体使用也可组合使用。其中，电缆展放车为车载旁路电缆，可快速完成电缆展放；移动箱变车为车载变压器及开关柜，可快速进行不停电更换变压器等场景临时供电作业；移动环网柜车为车载环网柜，满足多场景作业需求；移动电源车为车载发电机组，可满足应急供电需求。电缆展放车如图4–7所示。移动箱变车如图4–8所示。移动环网柜车如图4–9所示。移动电源车如图4–10所示。

▲ 图4-7　电缆展放车

▲ 图4-8　移动箱变车

▲ 图4-9　移动环网柜车

▲ 图4-10　移动电源车

（3）绝缘工器具。绝缘工器具包括个人绝缘防护用具、绝缘遮蔽用具、绝缘操作工具等。绝缘防护用具包括绝缘帽、绝缘服、绝缘手套等，由软质绝缘材料制成，用于作业人员人身绝缘防护；绝缘遮蔽用具分为硬质和软质，用于带电体、接地体等绝缘防护；绝缘操作工具包括绝缘操作杆、绝缘夹钳等。绝缘帽如图4–11所示，绝缘手套如图4–12所示，绝缘服如图4–13所示，绝缘毯如图4–14所示，绝缘操作杆如图4–15所示。

▲ 图4-11　绝缘帽

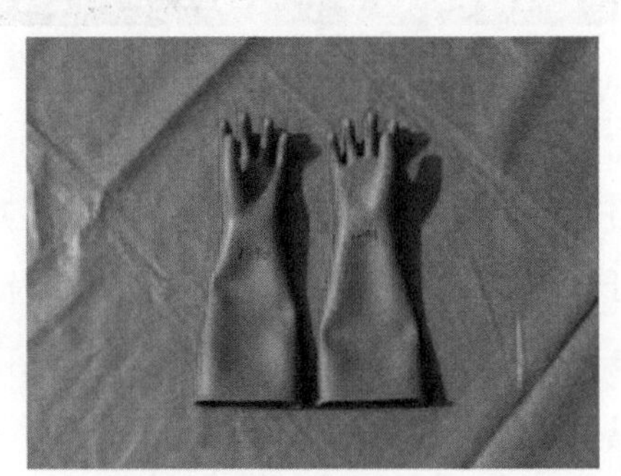

▲ 图4-12　绝缘手套

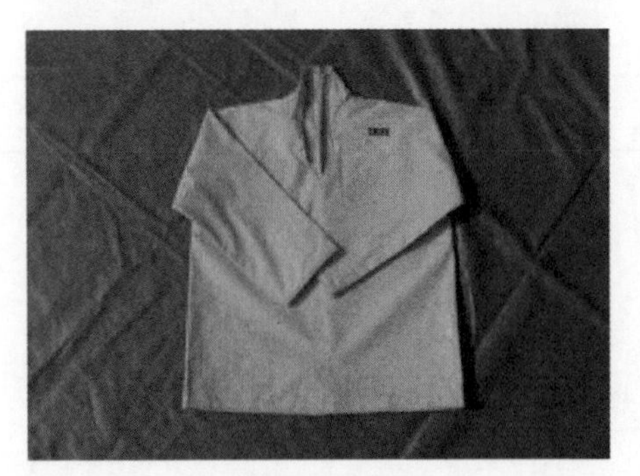

▲ 图4-13　绝缘服

▲ 图4-14　绝缘毯

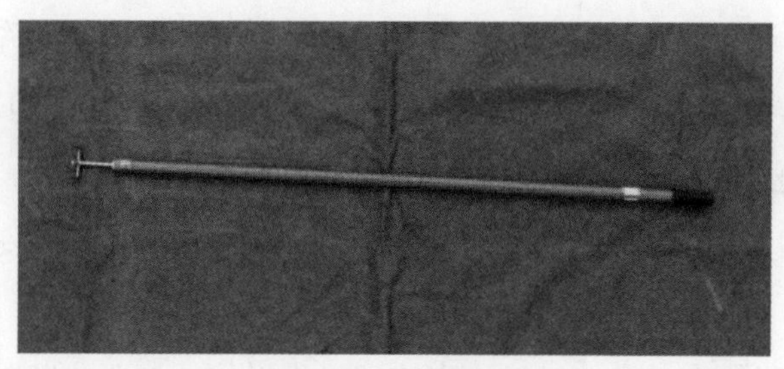

▲ 图4-15　绝缘操作杆

4.1.3 作业通用条件

1.气象条件要求

（1）带电作业应在良好的天气下进行，如遇雷电（听见雷声、看见闪电）、雪、雹、雨、浓雾等，不应进行带电作业。风力大于10m/s或湿度大于80%时，不宜进行带电作业。

（2）带电作业过程中若遇天气突变，有可能危及人身或设备安全时，应立即停止工作，在保证人身安全的前提下，设备正常状态，或采取其他措施。

2.安全距离及有效绝缘长度要求

（1）作业中，绝缘斗臂车绝缘臂的有效绝缘长度：海拔3000m及以下时不得小于1.0m，海拔大于3000m小于4500m时不得小于1.2m。绝缘绳套和后备保护的有效绝缘长度：海拔3000m及以下时不得小于0.4m，海拔大于3000m小于4500m时不得小于0.6m。

（2）作业中，绝缘操作工具的有效绝缘长度：海拔3000m及以下时不得小于0.7m，海拔大于3000m小于4500m时不得小于0.9m。

（3）作业中，人体应保持对带电体的安全距离：海拔3000m及以下时不得小于0.4m，海拔大于3000m小于4500m时不得小于0.6m；如不能确保该安全距离时，应采用绝缘遮蔽措施，遮蔽用具之间的重合长度：海拔3000m及以下时不得小于150mm，海拔大于3000m小于4500m时不得小于200mm。

4.1.4 作业安全要求

1.绝缘杆作业法安全要求

（1）如在车辆繁忙地段应与交通管理部门联系以取得配合。

（2）杆上电工到达作业位置，作业前应得到工作监护人的许可。

（3）作业所使用绝缘工器具、个人防护器具必须保证试验合格期内，使用工具前，应仔细检查其是否损坏、变形、失灵。

（4）作业过程中绝缘工具金属部分应与接地体保持足够的安全距离。

（5）杆上电工登杆作业应正确使用安全带。

（6）上、下传递工具、材料均应使用绝缘绳传递，严禁抛掷。

2.绝缘手套作业法安全要求

（1）如在车辆繁忙地段应与交通管理部门联系以取得配合。

（2）作业人员在接触带电导线和换相工作前应得到工作监护人的许可。

（3）作业所使用绝缘工器具、个人防护器具必须保证试验合格期内，使用工具前，应仔细检查其是否损坏、变形、失灵。

（4）作业时，严禁人体同时接触两个不同的电位体；绝缘斗内双人工作时禁止两人接触不同的电位体。

（5）斗臂车绝缘斗在有电工作区域转移时，应缓慢移动，动作要平稳；绝缘斗臂车作业时，发动机不能熄火（电能驱动型除外），以保证液压系统处于工作状态。

（6）在操作绝缘斗移动时，应防止与电杆、导线、周围障碍物、邻近绝缘斗臂车碰擦。

（7）上、下传递工具、材料均应使用绝缘传递绳，严禁抛掷。

（8）斗内电工应穿绝缘鞋，戴绝缘手套、袖套、绝缘安全帽等绝缘防护用具。作业过程中禁止摘下绝缘防护用具。

（9）绝缘手套外应套防刺穿手套。

3.综合不停电作业安全要求

（1）人身触电。

1）作业所使用绝缘工器具、个人防护器具必须保证试验合格期内，使用工具前，应仔细检查其是否损坏、变形、失灵。

2）作业人员应穿戴绝缘防护用具，与周围物体保持绝缘隔离，绝缘手套和防刺穿手套须同时使用。

3）作业人员严禁同时接触不同电位，严禁同时接触未接通的或已断开的导线两个断头，以防人体串入电路。

4）传递工具、材料应使用绝缘绳，绝缘绳的有效绝缘长度不得小于0.4m。

5）安装绝缘措施应按照由下到上、由近到远的原则；拆除绝缘措施原则相反。

6）采用绝缘手套作业法时，无论作业人员与接地体和相邻带电体的空气间隙是否满足规定的安全距离，作业前均需对人体可能触及范围内的带电体和接地体进行绝缘遮蔽。遮蔽用具之间的结合处应有大于15cm的重合部分，导线晃动不宜过大。

7）使用绝缘斗臂车时绝缘臂有效长度应保持在1m以上。

8）车载变压器中性点及外壳的接地应接触良好，接地电阻不大于4Ω，连接牢固可靠。

（2）物体打击。

1）工作场所周围装设围栏，并在相应部位装设交通警示牌，所有作业人员进入作业现场必须正确佩戴安全帽。

2）承力工具不得超额定荷载使用。

3）起吊工具材料时必须拴稳拴牢，绑扎长件工具应用尾绳控制。

4）带电作业人员必须使用工具斗，防止工具掉落，在作业点正下方及臂下，不应有人逗留和通过。

（3）高空坠落。

1）高处作业必须使用安全带。

2）使用绝缘平台前确认设备状态良好，使用过程中严禁超载。

3）工作过程中绝缘斗臂车发动机不得熄火。

4）作业人员应根据地形地貌，将绝缘承载工具平稳支撑在最合适的工作位置。

（4）交通意外。

1）根据现场实际路况在来车方向前50m摆放“电力施工，车辆慢行”警示牌，在道路周边或道路上施工穿反光衣，夜间作业悬挂警示灯。

2）防止外界妨碍和干扰作业，在施工地点四周装置安全护栏和作业标志。

（5）高温中暑。

1）应避开炎热高峰时段作业，当作业现场气温达35℃及以上时，不宜开展作业，当作业现场气温达40℃及以上时，应停止室外露天作业。

2）作业现场应配备饮用水和急救药物。

4.2 专业管理

4.2.1 安全管理

随着供电可靠性要求的提高，不停电作业得以大力推进，作业人员队伍构成呈现多样化，作业项目呈现复杂化、综合化趋势，人身伤害风险伴随作业安全风险存在，现场安全管控难度不断增大。建立健全不停电作业安全管理责任体系，按照“谁主管、谁负责”的原则，落实专业管理和检查监督职责，加强不停电作业安全管理。

1.安全管理要求

（1）落实安全责任。加强各级不停电作业管理人员安全责任教育，强化红线意识、底线思维，压实责任，履行安全主体责任。细化配网不停电作业安全责任清单，将各项安全生产责任逐条逐项落实到具体岗位、具体人员，明确履职标准和具体要求。健全不停电作业安全管控体系，建立配网不停电作业安全质量评估机制，每年定期组织开展评估工作，及时诊断发现不足和问题，做好整改工作。加大责任落实监督检查力度，强化事前监督和过程管控，督促各级安全管控、制度、措施执行到位，发现问题严肃问责。

（2）规范前期勘察。履行现场勘察制度并填写现场勘察记录是确定作业方法、作业所需工具以及应采取的安全技术措施、制订作业方案的基本依据。按照《国家电网公司电力安全工作规程（配电线路部分）》的规定，带电作业项目应勘察配电线路是否符合带电作业条件、同杆（塔）架设线路及其方位和电气间距、作业现场条件和环境及其他影响作业的危险点，并根据勘察结果确定带电作业方法、所需工具以及应采取的措施。《配电线路带电作业技术导则》规定，带电作业工作票签发人或工作负责人认为有必要时，应组织有经验的人员到现场勘察，根据勘察结果作出能否进行带电作业的判断，并确定作业方法和所需工具以及应采取的措施。

落实作业现场“双勘察”要求，确认线路方位和电气间距等现场环境和装置是否具备作业条件，禁止未经勘察开展作业。现场勘察应由工作票签发人或工作负责人组织，工作负责人、设备运维单位和检修（施工）单位相关人员参加；对于涉及多专业、多部门、多单位的作业项目，应由项目主管部门、单位组织相关人员共同参与。配网不停电作业承、发包工程以及区域合作项目，工作票实行检修（施工）单位、设备运维单位“双签发”，检修（施工）单位的工作票签发人、工作负责人名单应事先送设备运维单位、调度部门备案。

（3）做好开工准备。认真做好开工准备，严格执行《电力安全工作规程》、生产现场作业“十不干”“三措一案”“两票”等要求，加强进场施工设备、机具管理，强化许可开工、安全措施布置、安全交底、作业监护等过程管控。严格执行配网不停电作业工作许可制度，对需设备运维单位做安全措施或外包单位人员担任工作负责人的工作，采用两级许可方式，其中：第一级许可为电话许可，由调度部门下令至设备运维单位工作许可人；第二级许可为现场当面许可，由设备运维单位工作许可人现场许可。禁止未经许可开展作业。在班前会中采用问答方式开展危险点分析与讲解，明确安全措施，同步部署中暑、触电等突发状况紧急救援措施。作业开始前，工作负责人应组织天气及环境复勘和工具装备现场检测，确保作业装备及工器具绝缘良好、满足作业要求，并对绝缘斗臂车进行空斗试操作。作业人员应穿戴好绝缘安全帽、绝缘服（披肩或袖套）、绝缘手套及绝缘安全带等全套个体防护用具后方可开始作业。开展不停电作业工作应根据作业项目、作业场所、作业装置的情况配置个人电弧防护装备，确保人员不受电弧伤害。

（4）现场管控督查。建立健全不停电作业到岗到位管理制度，明确到岗到位标准和工作内容，实行分层分级管理。工作负责人、专责监护人要严格执行工作监护制度，履行现场安全监护职责，作业过程中不得离开工作现场。监护人不得直接操作，监护范围不得超过一个作业点，复杂或高杆塔作业，应增设专责监护人。各单位应加强不停电作业现场安全监督检查，充分运用“四不两直”“远程+现场”等督查方式，强化现场安全督查，做到市、县层面全覆盖，严肃查纠、曝光、考核各类违章行为。加大不停电作业反违章工作考核奖惩力度，积极开展配网不停电作业“无违章班组”“无违章员工”创建活动。

（5）工作验收管理。不停电作业工作结束，作业人员应检查作业区域无遗留物，设备运行良好，得到工作负责人许可后退出作业位置。设备运维单位要对不停电作业施工质量进行验收，履行签字确认手续后，工作负责人方可向值班调控人员汇报不停电作业工作结束，停用重合闸的应及时恢复。每次作业结束，召开班后会，对本次作业进行全面评估总结，不断提升现场安全管控水平。

（6）外包队伍管理。各单位要支持省管产业单位作为不停电作业业务承接主体，搭建由配网不停电作业班组、承担服务外委业务的省管产业队伍构成的二级梯队。要按照“谁主管、谁负责，管业务必须管安全”的原则，建立承发包单位各负其责、业务部门管理、安监部门监督的综合管理机制，加大省管产业单位不停电作业队伍安全管控力度，加强配网不停电作业人员资质、装备水平和作业能力审查指导。要严控配网不停电作业外委业务承接单位范围，严禁资质不全、资信不良队伍开展配网不停电作业，强化对外委实施队伍作业安全培训和现场安全管理，有条件的单位可委托专业资质认证评估机构开展配网不停电作业能力和服务质量评估认证。

（7）技术创新应用。加强不停电作业高空救援、带电作业防护装备及服装等新技术研发应用，提高作业安全保障水平。加快推进人工智能不停电作业机器人的研发，加强产研用联合攻关，加快产品实用化应用进程。积极应用实时通信技术和现场智能监控装备，开展作业现场远程监控、作业人员身份资质智能识别、现场安全辅助监督预警，提高现场作业智能管控水平。加快推进数字化管控平台建设，强化作业全过程、全要素管控，筑牢现场施工安全基础。

2.班组安全管理

班组是企业管理、安全生产的基础和现场，根据《国家电网公司电力安全工作规定》，结合实际制订班组安全目标。班组安全工作是电网企业整体工作的落脚点，安全工作重点在班组控制异常和未遂措施、杜绝发生障碍和误操作事故。

（1）认真贯彻“安全第一，预防为主、综合治理”的方针，按照《国家电网公司安全工作规定》的要求，全面落实安全生产责任制，班组结合实际制订可量化考核的安全目标，逐级签订安全承诺书（责任书），提高班组成员安全意识。年度班组全员安规考试合格率应达到100%。建立健全安全生产责任制，全面有效落实班组长、安全员、工作负责人、工作许可人和班组成员的安全生产岗位职责。

（2）组织职工参加每年一次的《国家电网公司电力安全工作规程（配电部分）》培训和心肺复苏培训，考试合格后方可上岗工作。特种作业人员必须经过专门培训，考试合格后持证上岗。

（3）每天召开班前会，班前会上布置生产任务的同时要交代安全工作落实员工“四不伤害”（不伤害自己、不伤害他人、不被他人伤害、保护他人不受伤害）的要求，作业前必须结合实际进行安全风险辨识，并按上级要求编制相关应急预案，内容真实，操作性强。应急预案应根据有关变更、变化等情况及时进行修编应急预案由工区、队、所负责编制并报主管部门批准，班组负责执行认真执行各级下达的安全预警。

（4）生产班组每周组织一次安全日活动，非生产班组每月进行一次安全日活动，每次活动不得少于2h并做好记录。

（5）作业班组，要结合季节特点和发生事故的规律每年进行季节性安全生产大检查，查思想、查规程、查工器具、查隐患、查薄弱环节。

（6）安全工器具的管理、检查、试验和使用等，应符合规程规定和有关要求，禁止使用不合格工器具。

（7）班组要协助领导和有关部门组织事故调查，对本班异常、未遂及以上不安全事件认真执行“四不放过”原则（事故原因不清楚不放过、事故责任者和应受教育者没有受到教育不放过、没有采取防范措施不放过、事故责任者没有受到处罚不放过），做到事件分析要认真，原因要清楚，责任要明确，防范措施要具体，上报要及时，整改措施要落实。

（8）开展反习惯性违章活动。认真执行各种安全规程和各项安全规章制度，以班组长为第一责任人杜绝班组人员“三违”（违章指挥、违章作业、违反劳动纪律），建立员工反违章常态机制，对反违章工作进行总结分析和考核。

4.2.2 培训管理

1.培训需求管理

配网不停电作业全流程涉及各类人员，包括带电作业操作人员、工作票许可人、地面辅助电工、特种车辆操作人员及电缆、配网设备操作人员等。各类人员均需接受不同程度专项培训，具体如下：

（1）配网不停电作业人员。配网不停电作业项目分为一至四类培训，其中第一、第二类培训为简单项目，第三、第四类为复杂项目。

初取证学员需从具备配电线路三年及以上技能水平的人员中选取，参加省公司级及以上实训基地培训并考核合格，获得简单项目作业资格证书，可参加第一、第二类作业项目；从事第一、第二类作业项目满两年人员中择优选择作业人员，参加省公司级及以上实训基地培训并考核合格，可获得复杂项目作业资格证书，可开展第三、第四类作业项目。

不停电作业人员脱离本工作岗位3个月以上者，应重新学习《国家电网公司电力安全工作规程（配电部分）》和带电作业有关规定，并经考试合格后，方能恢复工作；脱离本工作岗位1年以上者，收回其带电作业资质证书，需返回带电作业岗位者，应重新取证。

（2）其他与作业相关人员。工作票许可人、地面辅助电工等不直接登杆或上斗作业的人员需经省公司级基地进行不停电作业专项理论培训、考试合格后，持证上岗。

特种车辆操作人员及电缆、配网设备操作人员需经培训、考试合格后，持证上岗。

2.培训资源管理

（1）软件资源管理。培训软件资源主要有培训课件、教材、作业指导书、教学视频、仿真软件等。

软件资源开发、使用需从带电作业岗位技能实际需求出发，以培训成本、培训效果、培训安全系数等为标准，合理组织相关软件资源的开发、使用。

（2）硬件资源管理。培训硬件资源主要有培训教室、实训场、实训室、模拟线路、模拟设备、仪器工器具等相关设备设施。

配网不停电作业硬件资源主要为实训场地，场地配置10kV实训线路、环网柜等，具备实施一至四类不停电作业项目训练，如受场地、环境等条件限制，可考虑建设VR实训室，开发配套虚拟仿真带电作业软件，可根据常用项目针对性开发，或建立共享网络平台，共享仿真项目，提升培训效果。

仿真VR培训模式极大提升培训效率，优缺点分析如下：

1）可避免斗臂车、实训场地建设投入，空间需求小；

2）避免培训期间各类绝缘工器具和相关器材损耗；

3）模拟操作，避免人身伤害，同时不需要专职教导员，降低授课成本；

4）不受各类天气因素限制。

5）培训通过虚拟仿真设备开展，缺少真实场景的力反馈、身体感觉等，不利于提高实际操作熟练度。

3.培训实施管理

不停电作业人员培训主要分为资质取证培训、复证培训和专项作业培训，其中按照授课类型又可分为理论授课和操作授课两种。

（1）取、复证培训。取、复证培训为从事不停电作业的人员为获得相应资质参加的培训。配网不停电作业资质证书分为简单项目（第一、第二类作业项目）和复杂项目（第三、第四类作业项目），取得证书后有效期为4年，到期前需进行复证培训。

取、复证培训主要内容主要为配网不停电作业当前已开展两年以上，技术成熟、操作规范的作业项目，如清除异物、断接引线、带电断接引流线、更换直线杆绝缘子及横担、带负荷更换柱上开关、旁路作业检修架空线路等。

（2）专项培训。针对配网不停电作业开发的新作业项目（含研制、试用的新工器具、新工艺）的培训，可设置专项培训。如0.4、20kV不停电作业，其作业方法、作业对象改变，可根据实际培训需求开展相应作业项目、操作工具培训；带电作业机器人投入现场实际带电作业操作，需拓展机器人操作人员专业培训；发电车、移动储能等装备等新装备的使用，实现不间断供电。

（3）培训模式。配网不停电作业培训模式按授课形式可分为实训基地集中培训和属地化分散培训。实训基地集中培训模式适用于培训系统性要求高的培训需求，如不停电作业人员取、复证培训，新工艺培训等；属地化分散培训模式适用于培训要求较低、培训量较少，如对不停电作业场地地面工作人员、辅助人员培训或日常基础培训，属地化培训课结合远程课堂展开，提升培训效果。

4.2.3 作业人员管理

人力资源是第一生产力，专业的人才队伍是不停电作业持续发展的关键，不停电目标的实现既需要技术进步和装备升级，更需要一支业务技能过硬的不停电作业队伍。不停电作业人员管理，要重点关注人员的数量和质量、意识和能力、工作绩效和激励措施等方面，打造“管理通、业务精”的不停电作业人才队伍。

1.人员要求

不停电作业人员配置应综合考虑配电线路规模、配网及业扩工程量等因素，以适应产业的发展需要，提供人才保障为导向，通过培养与引进并举，增加人才总量，优化人才结构，提高人员素质。

通过新进员工增补、内部调剂，集体企业人员直聘、劳务用工等方式补充不停电作业人员。不停电作业人员优选配电运检班组工作经验丰富、技能水平高超的青年技术骨干，至少具备配电专业初级及以上技能水平，并持证上岗。适度提高不停电人员工资系数水平，在直签等名额分配时适度倾斜不停电专业，进一步提高不停电作业岗位的吸引力，吸引更多电气施工人员或内部转岗人员。

不停电作业人员不得与输、变电专业带电作业人员、停电检修作业人员混岗。人员队伍应保持相对稳定，人员变动应征求本单位主管部门的意见。

2.管理要求

（1）基本要求。不停电作业人员应持证上岗，严格按所取得证书资质作业，不得超范围工作。作业人员须在连续从事简单作业满两年后，方可参加复杂项目培训取证，取证后经考评合格，才能从事复杂类作业项目。工作票签发人应具有5年以上不停电作业实际工作经验，熟悉人员技术水平，熟悉设备状况，熟悉相关规程；工作负责人（监护人）应具有3年以上的不停电作业实际工作经验，熟悉设备状况，具有一定的组织能力和事故处理能力。工作票签发人、工作负责人（监护人）都要经单位安质部考试合格、批准后方可担任。

（2）上岗管理。严格把控作业人员专业资格取证，作业人员持证上岗。地市公司成立不停电作业能力考评工作组，由地市公司分管领导任组长。在独立开展不停电作业前，新上岗人员应至少跟班实习半年及以上时间，熟悉现场设备及作业流程。经地市公司考评工作组考评通过，由地市公司发文确认不停电作业独立开展人员的名单后，作业人员方能参加经批准的不停电作业项目。

不停电作业人员脱离本工作岗位3个月以上者，应重新学习《国家电网公司电力安全工作规程（配电部分）》和不停电作业有关规定，并经考试合格后，方能恢复工作。

（3）师带徒结对。在取得简单证至复杂证独立作业能力考评通过期间，为每名新进人员指定一位师傅。师傅与徒弟签订合同，原则上一名师傅带徒不超过两人。工作现场，师傅和徒弟编入一个作业小组，便于经验传授。平时，师傅应做好徒弟的实操指导、答疑解惑工作。对完成培训任务较好的培训师和师带徒成效显著的师傅，给予绩效奖励。

（4）相关人员不停电作业培训。不停电作业意识和能力的培养，除了作业人员，更要覆盖规划设计、运行检修、项目管理等与不停电作业相关人员。对于作业人员，各单位按照工作需要，开展不同的培训，对于新员工，要重点讲解基本知识，培训简单项目，对于老师傅，要培训专项作业和复杂项目。对于其他相关人员，要科普不停电作业理论知识，培训管理要求、基本原理，在规划设计、项目储备、营销服务等环节落实要求，将不停电作业理念融入配电网全业务链条。

（5）劳务分包人员职业提升。劳务分包人员作为现有不停电作业队伍的主力军，其工作质量直接影响整个不停电作业集体的工作成效，要注重劳务分包人员的日常培养，尽可能为劳务分包作业人员提供转为直签不停电作业人员的机会，择优对具备丰富不停电作业经验和一定带班管理能力的人员培养为不停电作业工作负责人，激发劳务分包人员工作积极性，提高作业技能水平。

（6）绩效体系。以绩效管理理念为指导，建立以岗位为基础、安全、业绩和能力为导向的绩效管理制度，制度执行严格遵循“公平、公开、公正”原则，通过目标管理、过程控制，激发员工的责任感和主动性。不停电作业班组绩效重点考核班组完成作业量（数量和质量），充分考虑现场安全管理、技能水平、技术创新、作业贡献等方面内容，同时兼顾公司布置的临时性工作和技术培训等动态考核评价项目。班长绩效考核与本班绩效考核挂钩，小组负责人与本作业小组绩效考核挂钩。注重过程管控，加强绩效沟通，重视绩效改进，实现公司与员工的共同发展。

（7）激励机制。鼓励立足本职岗位成才，落实“技能水平+作业绩效+质量评价”的不停电作业薪酬激励机制，技能水平包含证书类型（简单作业、复杂作业）、新技术和新设备应用等，作业绩效包含现场分工、作业类型、作业量等，质量评价包含班组长评价、主任评价等。充分考虑作业项目、作业时间段、新项目拓展等因素，实现作业人员“多劳多得”，充分激发一线班组人员主动参与复杂作业和担任重要角色积极性。

3. PMS 3.0不停电作业微应用

通过PMS 3.0电网资源业务中台，实现与安监、人资、后勤等信息系统贯通，确保了人员信息来源可靠性和唯一性。系统设置了人员复证到期提醒等智能提醒功能，方便人员提前制定相关的复证计划；实时联动作业工单，自动生成人员次数、类型和作业时长，支撑作业项目人员智能推荐，进一步实现人员力量的合理调配。通过PMS 3.0不停电作业数字化管理，更有助于实现人员、车辆、工器具等作业资源统一管理、高效利用，业务流程全过程无缝衔接、全面贯通。

4.人员管控

（1）核心人员梯队建设。开展专项补员，每年将一定数量全民员工分配至不停电作业专业，对近五年工作的配网专业年轻大学生要求全部取证，挑选优秀人才和现有专家（或专业骨干）组建不停电作业创新团队，积极开展创新项目、新技术研发、新装备应用等创新工作，充分发挥骨干示范带动作用，通过专利申报、QC发布、技能竞赛等途径展现专业成果，对表现优异的员工给予绩效奖励，实现技术传承和发展。

（2）拓展人员晋升通道。对优秀人员和业务骨干进行复合型培养，有意培养专业领军人才，以提升新项目、新技术拓展研发能力，将相关荣誉、职务职级晋升机遇更多向不停电作业专业倾斜，在完成人才培养同时留住人才，筑牢专业有生力量，避免主业人员技术脱档问题。

4.2.4 工器具及装备管理

1.装备配置要求

工器具及车辆应按照开展的不停电作业类别，科学、合理地进行配置。第一、第二、第三类作业项目工器具及车辆数量以小组为单位配置，可适当调整。第四类作业项目工器具及特种作业车辆装备配置，以班组为单位并结合实际需求而定。

（1）工器具配置要求。各类作业项目工器具具体配置见表4–1 ~ 表4–4。

▼表4–1　第一类作业项目工器具配置

序号	名称	用途	单位	数量
1	绝缘手套	作业人员手部绝缘防护	副	3
2	防护手套	保护绝缘手套不受机械损伤	副	3
3	绝缘靴或绝缘套鞋	作业人员足部绝缘防护	双	3
4	安全带	杆塔作业防坠落保护	根	3
5	绝缘安全帽	作业人员头部绝缘防护	顶	3
6	护目镜	作业人员眼部防护	副	3
7	绝缘绳索	传递或承力	根	2
8	绝缘遮蔽用具	各类设备绝缘遮蔽	套	1
9	绝缘滑车及滑车组	传递工器具或紧放线用	套	1
10	绝缘夹钳	绝缘杆作业时夹持导线或其他物体	根	2

续表

序号	名称	用途	单位	数量
11	通用绝缘操作杆	可连接各类绝缘杆附件进行作业	根	4
12	各类绝缘杆附件	可连接通用绝缘操作杆的作业小工具	套	1
13	绝缘剪切工具	切断各类软质、硬质导地线	把	1
14	绝缘压接工具	压接各类软质、硬质导地线	把	1
15	绝缘测试仪	检测绝缘杆绝缘用	台	1
16	温湿度计	测试作业环境温湿度	只	1
17	风速测试仪	测试作业环境风速	只	1
18	高压验电器	检测电压用	只	1
19	核相仪	检查相位和电压	台	1

▼表4-2　　第二类作业项目工器具配置

序号	名称	用途	单位	数量
1	绝缘工作平台	作业人员进入配电线路简易绝缘介质	套	1
2	绝缘斗臂车	作业人员进入配电线路机械绝缘介质	辆	1
3	绝缘手套	作业人员手部绝缘防护	副	3
4	防护手套	保护绝缘手套不受机械损伤	副	3
5	绝缘靴或绝缘套鞋	作业人员足部绝缘防护	双	3
6	绝缘披肩或绝缘服	作业人员躯干绝缘防护	件	3
7	安全带	杆塔作业防坠落保护	根	2
8	斗内安全带	绝缘斗臂车斗内防坠落保护	副	2
9	绝缘安全帽	作业人员头部绝缘防护	顶	3
10	护目镜	作业人员眼部防护	副	3
11	绝缘绳索	传递或承力	根	2
12	绝缘滑车及滑车组	传递工器具或紧放线用	套	1
13	绝缘遮蔽工具	各类设备绝缘遮蔽	套	1

续表

序号	名称	用途	单位	数量
14	绝缘毯	软质绝缘遮蔽用具	块	15
15	绝缘毯夹	绝缘毯固定用具	个	30
16	导线遮蔽罩	各类导线绝缘遮蔽用具	个	12
17	电杆遮蔽罩	各类电杆绝缘遮蔽用具	套	1
18	绝缘夹钳	绝缘杆作业时夹持导线或其他物体	根	1
19	绝缘操作杆	跌落式熔断器及隔离开关操作用	根	1
20	绝缘支撑杆	直线杆塔支撑或吊持导线	根	3
21	绝缘耐张紧线装置	更换耐张绝缘子串紧放线用	套	2
22	绝缘剥线工具	各类绝缘线及电缆绝缘层剥除	把	3
23	电动绝缘剪切工具	切断各类软质、硬质导地线	套	1
24	电动绝缘压接工具	压接各类软质、硬质导地线	套	1
25	电流检测仪	检测载流情况	台	1
26	绝缘测试仪	检测绝缘用	台	1
27	温湿度计	测试作业环境温湿度	只	1
28	风速测试仪	测试作业环境风速	只	1
29	核相仪	检查相位和电压	台	1

▼表4-3　**第三类作业项目工器具配置**

序号	名称	用途	单位	数量
1	绝缘引流线	临时跨接各类载流导线或导体	根	3
2	引流线绝缘支撑架	各类绝缘引流线临时支撑	副	1
3	带电作业用消弧开关	断、接空载电缆引线时消弧	套	1
4	旁路负荷开关	用于旁路作业	套	1

▼表4-4 第三类作业项目工器具配置

序号	名称	用途	单位	数量	备注
1	旁路作业设备	临时输送电能到工作区域用户的设备	套	1	
2	旁路作业车	旁路作业设备运输及电缆施放	辆	1	选配
3	发电车	临时发送电能到工作区域用户的设备	辆	1	选配
4	移动箱变车	临时发送电能到工作区域用户的设备	辆	1	选配
5	旁路电缆敷设及防护工具	旁路电缆架空敷设或地面敷设用	套	1	选配

（2）车辆配置要求。第二类作业项目宜配置绝缘斗臂车，如无绝缘斗臂车则应配置绝缘工作平台。第三、第四类作业项目应配置绝缘斗臂车，开展综合不停电作业还可根据具体情况配置旁路作业车、发电车、移动箱变车。

（3）库房配置要求。带电作业工器具及装备库房配置应满足DL/T 974《带电作业用工具库房》的要求。

绝缘斗臂车应按要求配置专用车库。

2. 不停电作业工器具及车辆管理

（1）不停电作业工器具（包括带电作业用绝缘遮蔽用具、个人防护用具、检测仪器等）及作业车辆状况直接关系到作业人员的安全，应严格管理。

（2）开展不停电作业的基层单位应配齐相应的工器具、车辆等装备（各类作业项目人员、工器具及车辆配置原则参见表4-1 ~ 表4-4）。

（3）购置不停电作业工器具应选择具备生产资质的厂家，产品应通过型式试验，并按不停电作业有关技术标准和管理规定进行出厂试验、交接试验，试验合格后方可投入使用。

（4）自行研制的不停电作业工器具，应经具有资质的单位进行相应的电气、机械试验，合格后方可使用。

（5）不停电作业工器具应设专人管理，并做好登记、保管工作。不停电作业工器具应有唯一的永久编号。应建立工器具台账，包括名称、编号、购置日期、有效期限、适用电压等级、试验记录等内容。台账应与试验报告、试验合格证一致。

（6）不停电作业工器具应放置于专用工具柜或库房内。工具柜应具有通风、除湿等功能且配备温度表、湿度表。库房应符合DL/T 974《带电作业用工具库房》的要求。

（7）不停电作业绝缘工器具若在湿度超过80%环境使用，宜使用移动库房或智能工具柜等设备，防止绝缘工器具受潮。

（8）不停电作业工器具运输过程中，应装在专用工具袋、工具箱或移动库房内，防止受潮和损坏。发现绝缘工具受潮或表面损伤、脏污时，应及时处理并经检测或试验合格后方可使用。

（9）不停电作业工器具应按DL/T 976《带电作业工具、装置和设备预防性试验规程》、Q/GDW 249《10kV旁路作业设备技术条件》、Q/GDW 710《10kV电缆线路不停电作业技术导则》和Q/GDW 1811《10kV带电作业用消弧开关技术条件》等标准的要求进行试验，并粘贴试验结果和有效日期标签，做好信息记录。试验不合格时，应查找原因，处理后允许进行第二次试验，试验仍不合格的，则应报废。报废工器具应及时清理出库，不得与合格品存放在一起。

（10）绝缘斗臂车不宜用于停电作业。

（11）绝缘斗臂车应存放在干燥通风的专用车库内，长时间停放时应将支腿支出。

（12）绝缘斗臂车应定期维护、保养、试验。

3.装备管理及试验

（1）不停电作业装备应定期进行检查性试验、预防性试验（包括电气试验和机械试验）。试验结果和有效期应填入对应试验标签试验单位应出具试验报告，加盖试验合格章后，对应装备方能继续使用。新购置不停电作业装备应选择具备生产资质的厂家，交接试验合格后方可投入使用。

（2）送检单位应在装备送检前主动与试验单位进行预约，提前沟通好时间节点、试验时长、计划试验装备种类和数量及相关要求，避免影响本单位后续工作的正常开展。送检单位试验过程中应委派专人进行全程旁站，并做好相应记录。

（3）试验单位应做好试验全过程数据资料与影像视频的收集，其中检测工位、检测台附近应安装高清摄像头，实现对试验项目、试验方法、试验参数设置等远程实时监控。

（4）建立不停电作业装备管理应用，对各类车辆、工器具进行智能编码，实现车辆、工器具的名称、状态、试验日期等参数实时查询和全寿命周期管理。

（5）送检单位与试验单位须共同对送检清单、合格清单、不合格清单进行签字确认，并保存好相关交接手续。对试验不合格的装备，试验单位应出具检测不合格报告。

4. PMS 3.0不停电作业微应用

通过PMS 3.0电网资源业务中台，实现与安监、财务、后勤等信息系统贯通，确保了各类装备信息来源可靠性和唯一性。系统设置了各类装备预防性试验到期提醒等智能提醒功能，方便各类装备提前制定相关的试验计划；实时联动作业工单，自动生成各类装备类型、数量，支撑各类作业项目所需各类装备的智能推荐，进一步实现各类装备力量的合理调配。

5. 创新装备管控方式

将所有工器具、车辆、库房信息接入智能监测系统，并接入内网，解决以往装备“看不见、摸不着”的管理方式。实现新设备及时录入系统，后台开始监测。现场使用时记录出库装备类型、数量、关联业务工单、使用人，当日工作结束后及时监测装备入库信息及外观，对损坏或未入库的设备进行告警。对装备预防性试验提供智能决策，保证不停电作业计划正常开展。对报废设备进行监测，确保在库设备保证作业安全。实现装备寿命全周期管理和提供一系列辅助决策。

4.2.5 配电带电作业常用标准

全国带电作业标准化技术委员会是从事全国带电作业标准化的工作组织，负责带电作业专业技术领域标准的制定、修订、审查、宣贯、解释和技术咨询等工作。目前与带电作业相关的标准和导则由三个层次颁发，由中华人民共和国国家质量监督检验检疫总局发布的国家标准（标准代号为GB），由中华人民共和国国家发展和改革委员会发布的行业标准（标准代号为DL），由各个公司系统发布的企业标准和管理制度（标准代号为Q/×××）。标准复审周期一般不超过5年，引用或参照相关标准和规范时，一定要注意使用标准的时效性，确保是现行标准，不得引用已作废或被整合、替代的旧标准。

现行配电带电作业相关标准共46项，其中国家标准（含国家推荐标准）18项、行业标准22项、企业标准4项，具体表格见表4-5～表4-7。

▼表4-5 已颁布实施的配电带电作业相关国家标准

序号	标准代号	标准名称
1	GB/T 12167—2006	带电作业用铝合金紧线卡线器
2	GB/T 12168—2006	带电作业用遮蔽罩
3	GB/T 19185—2008	交流线路带电作业安全距离计算方法
4	GB/T 13034—2008	带电作业用绝缘滑车
5	GB/T 13035—2008	带电作业用绝缘绳索
6	GB/T 2900.55—2016	电工术语 带电作业
7	GB/T 18857—2019	配电线路带电作业技术导则
8	GB 13398—2008	带电作业用空心绝缘管、泡沫填充绝缘管和实心绝缘棒
9	GB/T 14286—2021	带电作业工具设备术语
10	GB/T 18037—2008	带电作业工具基本技术要求与设计导则
11	GB/T 18269—2008	交流1kV、直流1.5kV及以下电压等级带电作业用绝缘手工工具
12	GB/T 17620—2008	带电作业用绝缘硬梯
13	GB/T 17622—2008	带电作业用绝缘手套
14	GB/T 25725—2010	带电作业工具专用车
15	GB/T 34569—2017	带电作业仿真训练系统
16	GB/T 34577—2017	配电线路旁路作业技术导则
17	GB 26859—2011	电力安全工作规程 电力线路部分
18	GB/T 2314—2008	电力金具通用技术条件
19	GB/T 2317.1—2008	电力金具试验方法 第1部分：机械试验

▼表4-6 已颁布实施的配电带电作业相关电力行业标准

序号	标准代号	标准名称
1	DL/T 971—2017	带电作业用便携式核相仪
2	DL/T 972—2005	带电作业工具、装置和设备的质量保证导则
3	DL/T 974—2018	带电作业用工具库房
4	DL/T 975—2005	带电作业用防机械刺穿手套
5	DL/T 976—2017	带电作业工具、装置和设备预防性试验规程
6	DL/T 853—2015	带电作业用绝缘垫
7	DL/T 854—2017	带电作业用绝缘斗臂车使用导则
8	DL/T 858—2004	架空配电线路带电安装及作业工具设备
9	DL/T 876—2021	带电作业绝缘配合导则
10	DL/T 877—2004	带电作业用工具、装置和设备使用的一般要求
11	DL/T 878—2021	带电作业用绝缘工具试验导则
12	DL/T 879—2021	便携式接地和接地短路装置
13	DL/T 880—2021	带电作业用导线软质遮蔽罩
14	DL/T 803—2015	带电作业用绝缘毯
15	DL/T 778—2014	带电作业用绝缘袖套
16	DL/T 779—2021	带电作业用绝缘绳索类工具
17	DL/T 740—2014	电容型验电器
18	DL/T 676—2012	带电作业用绝缘鞋（靴）通用技术条件
19	DL/T 1125—2009	10kV带电作业用绝缘服装
20	DL/T 1145—2009	绝缘工具柜
21	DL/T 1465—2015	10kV带电作业用绝缘平台
22	DL/T 1743—2017	带电作业用绝缘导线剥皮器

▼表4-7 已颁布实施的配电带电作业相关企业标准

序号	标准代号	标准名称
1	Q/GDW 10520—2016	10kV配网不停电作业规范
2	Q/GDW 1811—2013	10kV带电作业用消弧开关技术条件
3	Q/GDW 1812—2013	10kV旁路电缆连接器使用导则
4	Q/GDW 249—2009	10kV旁路作业设备技术条件

4.2.6 作业项目管理

1.常规项目管理

（1）各地应将已开展两年以上，技术成熟、操作规范的作业项目列为常规项目，根据国家标准、行业标准及国家电网有限公司发布的技术导则、规程及相关规定编制各类作业项目的现场操作规程、标准化作业指导书（卡），由地市公司运检部组织审查，经分管领导批准后执行。项目实施时应根据现场实际情况补充和完善安全措施。

（2）各省公司在定期对各基层单位不停电作业工作开展情况全面检查基础上，对其不停电作业管理、人员技术力量、工器具、车辆装备状况等方面进行综合评估，并根据评估结果对开展的常规项目进行审核和调整。

（3）不停电作业项目在实施前应进行现场勘察，确认是否具备作业条件，并审定作业方法、安全措施和人员、车辆、工器具配置。

（4）不停电作业项目需要不同班组协同作业时，应设项目总协调人。

（5）对于技术要求较高、操作复杂、规模较大及在特殊条件下进行的常规项目，在进行项目作业前，应组织有关工程技术人员和有丰富不停电作业经验的人员组成项目组，赴现场勘察，确定作业方案、操作方法及需要的工器具，并编制详细的安全措施、组织措施、技术措施和现场标准化作业指导书（卡）。

2.新项目的管理

新项目有两层含义：①指所在省公司范围内从未开展的不停电作业项目（含研制试用的新工器具、新工艺、新方法）。考虑到避免重复劳动以及资源浪费，新项目开发由各基层单位提出，省公司统一组织开发。②指地市公司范围内从未开展的不停电作业项目，地市公司开展此类作业项目前应报省公司归口管理部门审批。

（1）各地市公司新开展的不停电作业项目应经省公司归口管理部门批准。

（2）开发不停电作业新项目（含研制试用的新工器具、新工艺、新方法）应按先论证、再试点、后推广的原则，由各基层单位提出，省公司认定，凡认定为新项目的，应由省公司统一组织开发或技术鉴定。

（3）新项目应用前，应进行模拟操作并通过省公司组织的技术鉴定。技术鉴定应具备下列资料：新工具组装图及机械、电气试验报告，新项目或新工具研制报告，作业指导书，技术报告。

（4）通过技术鉴定的不停电作业新项目，应编制详细的安全措施、组织措施、技术措施和现场标准化作业指导书（卡），经地市公司运检部审核、分管领导批准后，方可在带电设备上应用。

（5）不停电作业新项目需开展两年以上，经地市公司分管领导批准，并报上级主管部门备案，方可转为本单位常规项目。

（6）开展20kV不停电作业宜使用斗内绝缘杆作业法，作业过程中应使用20kV电压等级的绝缘工器具。

（7）各单位应积极探索机器人开展不停电作业的作业场景，作业现场具备机器人作业条件的大力开展机器人不停电作业。

（8）各单位应推广应用不间断并网发电车、移动储能等装备向用户持续供电，实现配电设备检修停运、用户不停电。

4.3 配网不停电作业友好型设计

4.3.1 网架友好型规划

加快不停电作业适应性改造。修编友好型不停电作业典型设计，实现增量配网工程友好型典设应用率100%。对照友好型不停电作业典型设计，“一线一案”制定网架与设备改造方案，结合年度项目实施推动存量设备不停电作业适应性改造，为后续不停电作业创造安全便捷的作业环境。在关键分段、重要联络、大分支节点、重要用户接入点处全量配置快速接口，支撑城市重要区域中低压外部电源快速接入。

在不停电作业开展中，受配网网架、杆线路径、运行电流、同杆回路数、导线排列方式、防雷辅助设施等因素影响，制约了不停电作业的全面推广应用。《不停电作业友好型配电网工程典型设计》从目标网架建设、装置结构、快速接口设置等方面对配电网典型设计进行优化，将不停电作业理念前移至规划设计、建设改造阶段，多角度、多层次消除不停电作业制约因素。

1. 架空线路典型设计优化

在架空线路方面，取消同杆多回线路设置，明确单个耐张段长度不宜超过300m，在线路关键节点加装全绝缘接地引流线夹，综合配电箱加装应急电源接口等。

（1）优化导线排列方式。采用单回路、双回路，取消了三回路、四回路的模块。其中，双回路垂直排列方式横担间距由国家电网典型设计中900mm改为800mm，便于绝缘杆作业法开展。导线排列方式典型设计如图4-16所示。

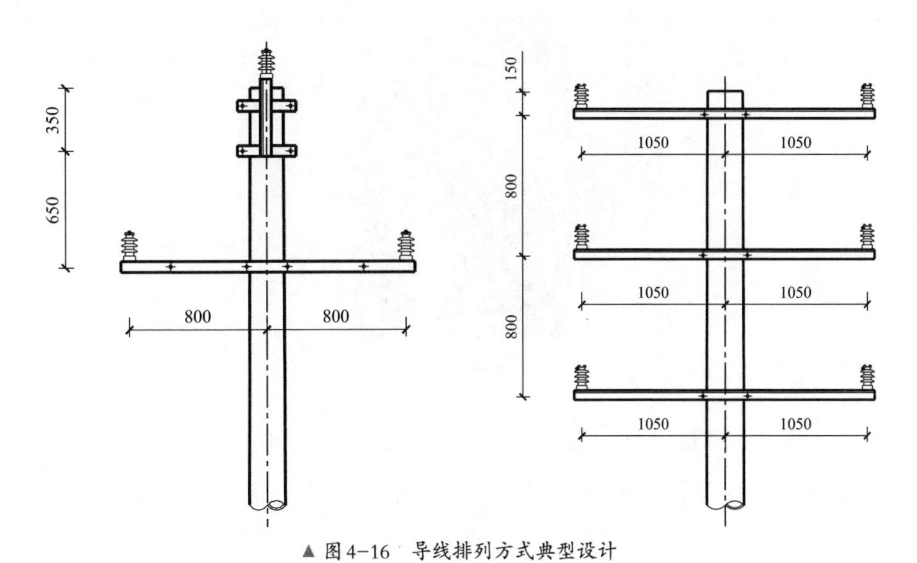

▲ 图4-16　导线排列方式典型设计

（2）优化耐张段设置。明确单个耐张段长度不宜超过300m，便于旁路作业快速布缆。

（3）优化各类线夹。中压架空线路适当位置安装全绝缘的兼顾接地与引流功能的线夹，作为架空配电线路装设接地和不停电作业引流（或旁路）线夹。接地线夹典型设计如图4–17所示。

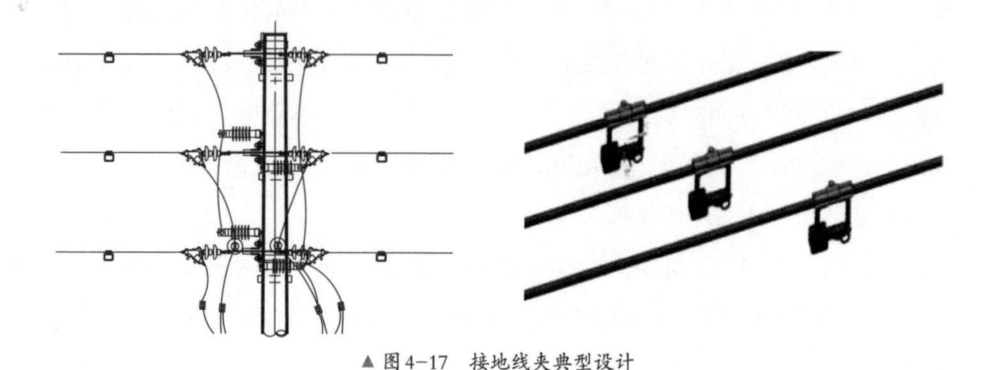

▲图4–17　接地线夹典型设计

（4）优化综合配电箱快速接口。在JP柜旁加装应急电源接口箱，通过柔性电缆与JP柜母线连接，实现JP柜应急接口的改造。综合配电箱快速接口示意如图4–18所示。

▲图4–18　综合配电箱快速接口示意图

2.电缆设备典型设计优化

在电缆设备方面，每段母线加装应急电源接口，取消单母线接线方式，保留单母线分段（带母联）接线方式等。

（1）优化电缆设备接线方式。新建开关站、环网室、配电室10kV主接线取消单母线接线方案，保留单母线分段（带母联）方案，方便负荷转供，满足不停电作业需求。单母线分段（带母联）典型设计如图4–19所示。

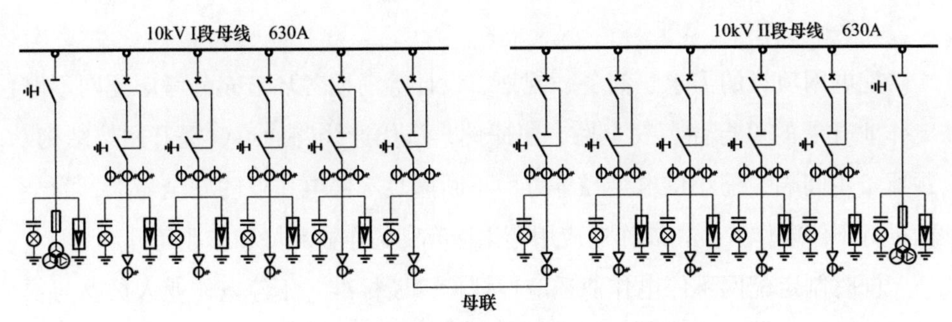

▲ 图 4-19 单母线分段（带母联）典型设计

（2）优化电缆设备外部电源接入方式。新建10kV开关站、配电室、环网室明确每段母线至少预留一个备用间隔用于不停电作业。电缆设备外部电源接入方式示意如图4-20所示。

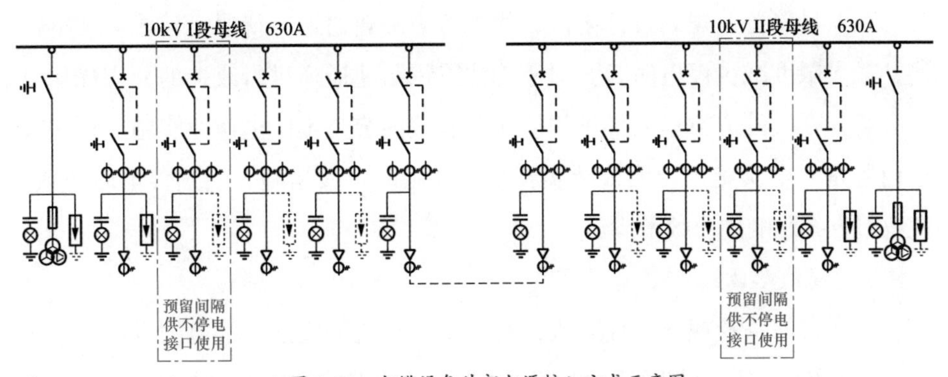

▲ 图 4-20 电缆设备外部电源接入方式示意图

在后期建设改造中，增量设备应严格按照《不停电作业友好型配电网工程典型设计》要求进行建设，存量设备应根据实际需求，对于高可靠性区域、重要保电用户等设备，参照典型设计要求进行改造。

4.3.2 储备及规划设计提前介入

落实不停电作业关口前移要求，推动不停电作业人员全过程参与方案储备、设计勘察，实现储备项目方案不停电预审率100%、不停电勘察率100%，切实做到“能带不停”。定期开展停电项目线上及现场检查，对未严格执行“能带不停”要求的项目进行督办和考核。

1. 总体原则

配电网项目的需求、储备、规划、设计等前期各环节充分考虑配网不停电作业开展的可行性、安全性、便捷性，从优选线路通道、提升网架结构、预留备用间隔、缩小供电半径等方面不断满足不停电作业的安全需求，为全面推行不停电作业、拓展作业应用等创造有利的作业环境和作业条件。

同时制定配网不停电作业适应性评价诊断标准，不停电作业人员参与项目可行性研究立项阶段的可行性审查。配电网工程设计应满足规范化、标准化设计要求，坚持安全可靠性、经济实用、技术先进、减少维护、便于检修的原则，充分体现不停电作业思路，适应不停电作业的推广及应用，促进配网工作由停电为主向不停电转变。

2. 架空线路改造

在项目储备及规划设计阶段，优先考虑新建通道，待通道建成后带电搭接，最大限度减少停电时长。对于无法采用新建通道进行改造的，应优化设计方案，在设计方案里要详细说明哪些改造内容是不停电作业实施，哪些改造内容是停电实施，说明改造实施步骤和临时过渡措施，明确停电时户数，使改造方案影响的户数最少。

3. 电缆线路改造

在项目储备及规划设计阶段，充分做好新通道或预留管道的设计勘察工作，确保新电缆可提前敷设，缩短停电时长。在联络回路中的电缆改造，应通过负荷灵活倒供，避免用户停电。不在联络回路中的电缆改造，优先考虑利用备用间隔开展旁路作业或利用负荷侧支线进行发电车保供，避免用户停电。

4. 环网柜改造

在项目储备及规划设计阶段，确认原基础是否匹配、原电缆裕度是否充足，并明确基础改扩建方案及电缆接续方案。在联络通道内的环网柜改造，通过负荷灵活倒供，减少用户停电，必要时做好末端用户保供电方案。不在联络通道内的环网柜改造，优先考虑旁路作业、发电车等不停电作业方式，减少用户停电。

5. 变压器改造

在储备变压器建设项目中，新建变压器宜采用不停电作业方式，避免停电。更换变压器尽量采用旁路作业、发电车等形式，避免停电。

6.站房改造

仅改造站房高压柜的项目，如高压母线分段的可分段更换高压柜，同时通过低压倒供，实现居民不停电。高压不分段的，高压需全停，低压部分可通过电源车保供，实现居民不停电。涉及低压柜改造的，一般会造成居民停电，涉及高层电梯的电源应采用电源车保供，并充分做好停电前准备工作，特别是低压密集型母线改造，应制订专项方案，确保施工步骤衔接有序，缩短停电时长。

7.应急电源车应用

原则上以下场景需要使用中压柴油发电车或多功能低压储能车进行保供电。

（1）因站房高低压柜或分支箱检修导致高层住宅双路电源同停，需保供电梯等重要应急电源。

（2）政府、医院、电视广播、敏感企业等重要用户双路同停时，需要保重要客户供电。

（3）在零计划停电示范区或其他电网发展示范区内需对外停电的工程，需安排发电车保供电。

（4）应急抢修中短时不能修复，而又无联络电源时，需使用发电车尽快恢复用户用电。

（5）重要政治活动、社会活动需进行保电。

4.4 作业管控

4.4.1 作业指导书或施工方案编制

配电线路的改造施工、检修维护、用户接入等工程实施时，应以不中断用户供电为目标，按照“能带不停”原则，优先考虑采取不停电作业方式。

1.总体原则

配电网检修施工方案编制前，项目管理人员、工程施工人员、设备运行人员和不停电作业人员应联合开展现场查勘，论证不停电作业方案的可行性，配电网检修施工方案的不停电作业勘察率应达100%。如因施工环境、作业方法等因素无法开展不停电作业时，应优先考虑不停电作业与停电作业相结合的方式减少停电范围，缩短停电时间。

简单类作业项目及一般复杂作业项目宜编制作业指导书，作业指导书与作业项目“一对一”，切忌千篇一律，套用培训作业指导书。特别复杂作业项目、危险作业项目或多个作业项目同时作业，应在各个项目编制作业指导书的基础上，编制施工方案，施工方案应包括配网不停电作业组织措施、技术措施和安全措施等。

现场技术交底时必须明确不停电作业的实施方案，开工报告中需配有不停电作业查勘单。无法实施不停电作业时，施工单位应在施工方案中说明原因并附佐证材料。

配网不停电作业计划也应纳入月度生产计划和周生产计划统一管理。对于无法纳入计划管理的临时性作业应有健全的管理机制和书面依据，抢修类作业应有工作任务单或联系函等依据。

2.原则上须采用不停电作业方式的配网检修及工程项目内容

（1）10（20）kV柱上配电变压器新建、改造或维修。

（2）10（20）kV柱上开关新建、改造或维修。

（3）修剪树枝、清除异物。

（4）加装或拆除故障指示器、接地环、绝缘护罩、驱鸟器。

（5）10（20）kV跌落式熔断器改造或维修。

（6）10（20）kV避雷器改造或维修。

（7）10（20）kV绝缘子、横担、金具改造或维修。

（8）智能配电变压器终端改造或维修。

（9）0.4kV综合配电箱改造或维修。

（10）10（20）kV环网柜改造。

（11）10（20）kV隔离开关改造或维修。

（12）10（20）kV线路负荷切割（架空线路与电缆线路）。

（13）10（20）kV变压器引线改造或维修。

(14) 10 (20) kV电缆线路改造或维修。

3.不同场景下不停电作业指导书或施工方案的要求

(1)新用户接入时，应采用绝缘手套法或绝缘杆作业法、机器人搭接用户或简单支线引线。

(2)配电变压器更换时，应建立旁路系统，利用移动箱变车或电源车对低压线路进行供电，将配电变压器从配电系统中退出运行后进行更换。

(3)新立或更换电杆时，应对作业范围内的带电体、接地体进行绝缘遮蔽，保证足够的作业空间，利用吊车完成电杆组立。

(4)柱上开关更换时，建立旁路系统转移负荷，拆除柱上开关两侧引线，进行柱上开关更换。

(5)架空线路检修时，应建立旁路系统或利用电源车临时供电，将待检修架空线路退出运行，并进行检修。

(6)电缆线路检修时，应建立旁路系统或利用电源车临时供电，将待检修电缆线路退出运行，并进行检修。

(7)环网柜检修时，应建立旁路系统或利用电源车临时供电，将待检修环网柜退出运行，并进行检修。

针对以上不停电作业典型应用场景，表4-8通过对作业方式、停电时户数对比、投入的人力、装备等进行分析，直观反映了各类应用场景在减少停电时户数、提升供电可靠性指标工作中的成效。

▼表4-8 不停电作业典型应用场景

场景	作业方式	停电作业时户数	不停电作业			备注
			停电时户数	投入人力	所需装备	
新用户接入	绝缘手套或绝缘杆作业法搭接引流线	1×负荷组户数	0	5人	绝缘斗臂车	
配电变压器更换	移动箱变车或电源车等综合不停电作业	1.5	0	5人	绝缘斗臂车、移动箱变车或电源车	

续表

场景	作业方式	停电作业时户数	不停电作业			备注
			停电时户数	投入人力	所需装备	
新立或更换电杆	带电组立电杆	0.7×负荷组户数	0	5人	绝缘斗臂车、吊车	
柱上开关更换	旁路作业法	1.7×相邻两个负荷组户数	0	8人	绝缘斗臂车、旁路开关车	
架空线路检修	旁路作业或移动电源车等综合不停电作业法	3×负荷组户数	0或3×最小需停电户数	12人以上	绝缘斗臂车、旁路布缆车、旁路开关车、移动电源车等	按300m耐张计算参考时间
电缆线路检修	旁路作业、移动电源车、移动箱变车等综合不停电作业法	2×负荷组户数	0或2×最小需停电户数	12人以上	旁路布缆车、旁路开关车、移动电源车、移动箱变车等	
环网柜检修	旁路作业、移动电源车、移动箱变车等综合不停电作业法	6×负荷组户数	0或6×最小需停电户数	12人以上	旁路布缆车、旁路开关车、移动电源车、移动箱变车等	

4.4.2 现场安全管控

落实现场安全要求，强化现场安全管控措施，提高作业安全性。

1.整体原则

以安全为前提、效率和质量并重，建立健全不停电作业现场安全保障机制。全面执行标准化作业流程，提高作业人员危险点辨识与防范、高空救援和触电急救等能力，严把勘察、开工、作业、收工四道关口，将“我要安全”的安全生产理念、思维、责任和措施，严格落实到配网不停电作业管理的各个环节。应用现场安全管控平台、移动作业终端、车辆GPS定位等措施，确保所有作业任务在线可见。

严格把控人员上岗关，作业人员持证上岗，不能超资质证书范围作业。新上岗人员至少跟班实习半年及以上时间，并经过操作考核通过才可独立开展不停电作业。严格落实专业资格证书定期复证机制，确保作业人员业务能力可控在控。

2. 作业准备

不停电作业工作前应组织现场勘察，现场勘察由工作票签发人或工作负责人组织。一般应由工作负责人、设备运检单位和不停电实施单位相关人员参加。

现场勘察应填写现场勘察记录，现场勘察记录宜采用文字、图示或影像相结合的方式。记录内容应包括工作地点需停电的范围，保留的带电部位，作业现场的条件、环境及其他危险点，应采取的安全措施。

不停电作业应针对触电伤害、高空坠落、物体打击、机械伤害、特殊环境作业、误操作等方面存在的危险因素，全面开展风险评估。作业风险评估等级三级及以上风险的应编制“三措”。

3. 现场安全措施

作业前，工作负责人应将现场勘察记录、“三措”、工作票和控制措施等作业准备情况上传至安全管控平台后方可申请工作许可。不停电作业现场应安装便于远程安全稽查的临时设施。开工前，工作负责人应根据作业现场实际，合理选择监控点位置，装（架）设远程临时设备，装（架）设点应充分覆盖现场作业范围或重点工作区域。

现场履行工作许可前，工作许可人会同工作负责人检查现场安全措施布置情况，指明实际的隔离措施、带电设备的位置和注意事项，并在工作票上分别确认签字。所有许可手续（工作许可人姓名、许可方式、许可时间等）均应记录在工作票上，许可录音应保存至安全管控平台中。现场专责监护人应佩戴明显标识，始终在工作现场，不得兼做其他工作，及时纠正不安全的行为。

4. 监督考核

各级管理人员按“分层分级”原则，切实履行到岗到位要求，督导检查工作组织、作业秩序、安全措施、风险管控等工作开展情况，严肃查处违章现象，防范安全生产风险。到岗到位人员应利用安全管控平台签到，以文本、照片等形式，现场上传发现的问题和隐患。特别复杂、危险的作业现场，专业管理人员应到现场进行专业指导。

各级安监部门会同各专业管理部门，加强作业现场的安全监督检查工作，利用现场督查与远程监控相结合的方式，督查作业现场，发现问题或隐患，及时督促工作负责人现场进行整改，并通过移动APP、安全管控平台等手段，记录违章内容。发现作业人员出现未按要求穿戴绝缘防护用品、未按要求进行绝缘遮蔽等危及人身和设备安全的违章行为，应立即停止现场作业，并组织工作组成员停工学习一周，经安规考核合格后方可恢复工作。

5.采用不停电作业抢修

不停电作业处理紧急缺陷或事故抢修，按本单位已开展的不停电作业同类项目范围，并根据现场实际情况制定并落实可靠的安全措施，经本单位分管领导批准后方可进行。

若超出本单位已开展的不停电作业同类项目范围，应停止采用不停电作业抢修作业。

4.4.3 作业后续评价

1.未采用不停电作业的施工情况分析

应针对各项配网检修、业扩接入、抢修消缺等施工计划中未能采用不停电作业方式的工作进行事后分析。尤其是对原则上须采用不停电作业方式的15类配网检修及工程项目内容，应对照现场地形受限、装备配置受限、网架受限、导线排列受限、线路负载率受限、工器具受限、人员技能受限等要素，深入、具体分析该工程不能以不停电作业方式开展的主要原因，剖析本单位在不停电作业能力建设中仍需提升的主要内容。

2.采用不停电作业的检修施工优化分析

针对各项配网检修、业扩接入、抢修消缺等施工计划中采用不停电作业方式，但仍存在不足之处的地方，进行分析总结提高。

作业时间偏长。部分现场不停电作业开工时间长，需要填写的各项材料和系统多，分散了工作负责人的精力，导致作业准备实施的时间较长，延迟了正常停送电时间，对于此类情况，不停电作业的各级管理部门要善于抓住安全管控的主要环节，将把控的重点放在真实的现场，进一步解放工作负责人的“双手”，促进开收工合理有序进行；还有一部分作业实施时间较长，一般是由于天气突变、作业地形受限、作业人员经验不足、装备出现故障、查勘不到位等原因造成，导致计划延迟送电，应在事后进行针对性补强。

作业成效不足。部分施工计划虽能采用不停电作业方式开展，但仍存在需要停电作业的内容，对停电时户数的降低支撑仍不够，说明在方案优化、停电拆分、人力铺排、作业能力等方面仍不足，未能充分发挥不停电作业实施成效；部分不停电作业计划铺排不合理，未能合理分配简单类、复杂类作业小组的计划，导致部分人力资源浪费。

作业安全性。一方面，应重点关注常规不停电作业过程中，人员安全风险问题，注重人身与带电体的安全距离，确保采取可靠的绝缘隔离措施，确保各类绝缘操作工作的有效绝缘，若遇到有绝缘防护措施不到位、安全距离不足的项目，应及时停止作业，深入分析提升保障举措；另一方面，随着带电、停电相结合的作业及综合不停电作业项目的不断增加，也为安全风险带来不可控因素，要在各类新型项目的实施中，不断完善安全保障措施，明确调度许可流程和标准化作业程序，确保安全问题绝无隐患。

3.提高不停电作业化率的策略

建设“不停电”的网架。按照标准化网架开展目标网架建设，推动线路网架结构标准化率持续提升，同步可建设分支线路自环为补充的二级网络，3个及以上用户的分支线路开展同一线路分支自环建设。公用变压器台区可适度建立低压侧联络关系，居住小区可以考虑低压备自投。预留不停电作业条件，变电站每一段10kV母线、开关站（环网站）每一段母线至少预留一个备用间隔。新建线路和设备改造（含居配小区建设）中JP柜和低压屏预留通用的低压发电车接入端口；在低压分支箱、低压线路出口端预留发电车汇流夹钳接入位置，适应低压不停电作业。

开发“不停电”的技术。推进配电自动化实用化建设，完善自动化运维班组组织建制，配齐运维队伍，确保自动化消缺时长小于72h，自动化缺陷消缺率100%。全面推进0.4kV低压储能车、10kV中压发电车等不停电作业新装备的应用；在旁路及保电过程中推广应用“柔性电缆+临时开关箱+工程电缆”技术延伸供电距离；应用发电车不停电并网技术，对存在相角差无法热倒的联络线路进行主变压器改造，提升线路不停电转供能力，减少用户短时停电。完成不停电作业标准技能覆盖，实现低压不停电作业技能宣贯、培训、验收、推广。应用新型绝缘杆作业装备、开发新型绝缘杆作业项目，提升架空线路全地形作业技能与效率；积极探索夜间采用带作业技术的应用，尤其是夜间故障抢修，实现全时段不停电作业能力，提升电网保障水平。探索带电作业与智能运检技术的深度融合，利用带电作业技术开展红外测温、超声局部放电、绝缘水平测试等带电检测技术，提高运维水平，逐步推行运维、抢修、检修等一体化不停电作业模式。

建设“不停电”的队伍。强化专业管理力量，推动人员补齐补全，通过内部转岗、外部招聘、劳务派遣等多种方式完成补充，培养企业核心不停电人才队伍。同步建设低压不停电作业队伍，制定计划，积极组织培训，掌握低压带电作业基本技能。打破专业界限，在配电生产全专业相关人员中普及不停电作业理念。

补充“不停电”的装备。不停电作业实施单位要落实临时发电设备等装备采购，建立设备中长期租赁关系，提升租赁设备的有效使用。配置低压小容量发电（储能）设备、低压绝缘斗臂车、绝缘平台，全地形履带式绝缘斗臂车，提升中低压不停电作业能力。加快环网柜标准快速接口、JP柜（低压开关柜）快速接口、T接箱汇流线夹等标准化装备的标准图纸制定及推广。强化新装备、新项目、新工艺的管控，新装备在入网前必须通过权威部门发布的型式试验报告及入网检测。

4.5 作业应用典型案例

1. 10kV不停电作业项目

中压不停电作业按照项目类型可分为四大类33项：第一、第二类为简单作业项目，第三、第四类为复杂作业项目。第一、第二类简单项目包括引线拆搭、线路附属设施更换等14项作业项目，满足检修消缺、业扩接火、断接引线缩小停电范围等场景需求。第三、第四类复杂项目包括带负荷更换柱上开关、带电立撤杆、旁路作业检修线路等19项作业项目，满足导线维修、变压器更换、电杆组立等场景需求。

我国的带电作业始于20世纪50年代，时值国民经济恢复和发展时期，由于当时发电量迅速增长，而供电设备容量明显不足，大工业客户对连续供电要求较高，因而常规的停电检修受到了限制。为了解决电气设备停电检修与不间断向客户供电之间的矛盾，带电作业便应运而生。随着经济社会快速发展，特别是随着客户对供电可靠性要求的提高，配电带电作业技术应用更加广泛，配电带电作业从作业环境的配电线路设备带电向客户端不停电作业发展，目前配电线路采用带电作业技术的主要应用有带电业扩接电、带电消除异物、带电简单消缺、带电一般性检修、带电一般性消缺、带电更换线路元器件、带电迁移杆线、配合政府工程建设带电施工、配电工程带电施工、带电综合检修、配电台区由移动电源车临时供电、带电更换线路设备、重要场所保供电、带负荷更换配电变压器（或跌落式熔断器、柱上断路器、隔离开关）、带负荷割接10kV架空配电线路等。

配电带电作业从发展初期有选择（有条件）地开展配电带电作业向配电运检业务不停电作业全覆盖发展、从简单作业向复杂作业迈进、从单一作业向综合作业延伸，一直延伸到客户不停电，配电带电作业未来将是替代停电作业并将成为配电业务的常态化作业方式。

2. 0.4kV低压不停电作业项目

低压不停电作业按照设备类型，可分为架空线路、电缆线路、配电柜（房）和低压用户共四大类19项：第一类架空线路作业包括简单消缺、接户线及线路引线断接等，解决低压架空线路检修造成用户停电问题；第二类电缆线路作业包括断接空载电缆引线等，解决低压电缆线路检修造成用户长时间停电问题；第三类配电柜（房）作业包括更换低压开关、新增用户出线等，解决低压设备检修造成用户长时间停电问题；第四类低压用户作业包括临时电源供电、架空线路（配电柜）临时取电向配电柜供电，增加用户保电技术手段。

3. 中低压不停电作业典型案例

（1）中压10kV用户接入架空线。常采用绝缘手套法或绝缘杆作业法搭接用户或简单支线引线。绝缘手套法作业时通常需要绝缘斗臂车、个人绝缘防护用具、绝缘遮蔽用具、绝缘操作杆等。作业前应确认待解引线处于空载状态，引线与架空线路连接时宜使用操作杆辅助操作，严禁作业人员同时接触架空线路与待接入引线。

（2）不停电加装智能配电变压器终端。不停电加装智能配电变压器终端属于常用低压不停电作业项目，根据设备场景可以采用短时停电或完全不停电两种作业方式，作业时通常需要绝缘斗臂车、个人绝缘防护用具（含个人防电弧用具）、绝缘遮蔽用具、绝缘操作用具、低压旁路装备等，也可使用UPS等电源车进行不停电更换。如采用旁路作业、临时电源供电等方式进行作业，应确认低压相位一致。

4. 友好型典型设计介绍

在不停电作业开展中，受配网网架、杆线路径、运行电流、同杆回路数、导线排列方式、防雷辅助设施等因素影响，制约了不停电作业的全面推广应用。《不停电作业友好型配电网工程典型设计》从目标网架建设、装置结构、快速接口设置等方面对配电网典型设计进行优化，将不停电作业理念前移至规划设计、建设改造阶段，多角度、多层次消除不停电作业制约因素。

（1）架空线路优化。取消同杆多回线路设置，明确单个耐张段长度不宜超过300m，在线路关键节点加装全绝缘接地引流线夹，综合配电箱加装应急电源接口等。

1）优化导线排列方式。采用单回路、双回路，取消了三回路、四回路的模块。其中，双回路垂直排列方式横担间距由国家电网有限公司相关典型设计中900mm改为800mm，便于绝缘杆作业法开展。导线排列方式典型设计如图4–21所示。

2）优化耐张段设置。明确单个耐张段长度不宜超过300m，便于旁路作业快速布缆。

3）优化接地线夹。高低压架空线路适当位置安装全绝缘接地引流线夹，作为接地和不停电作业引流线夹。接地线夹典型设计如图4–22所示。

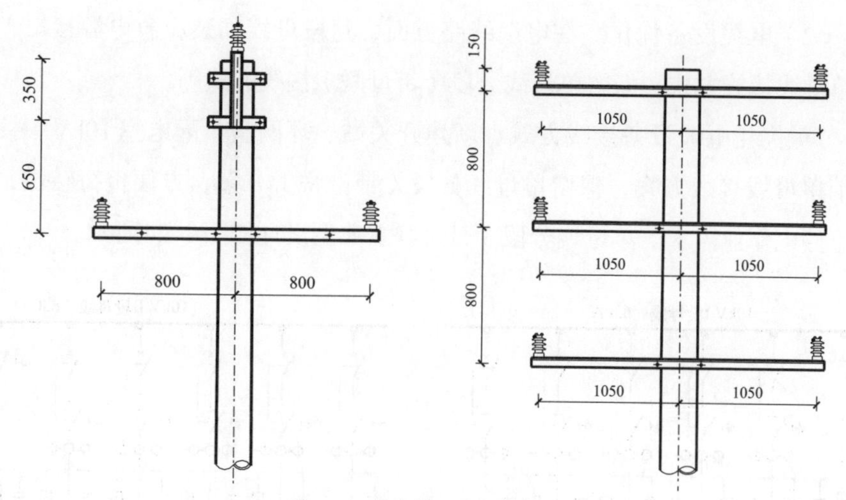

▲ 图4-21 导线排列方式典型设计

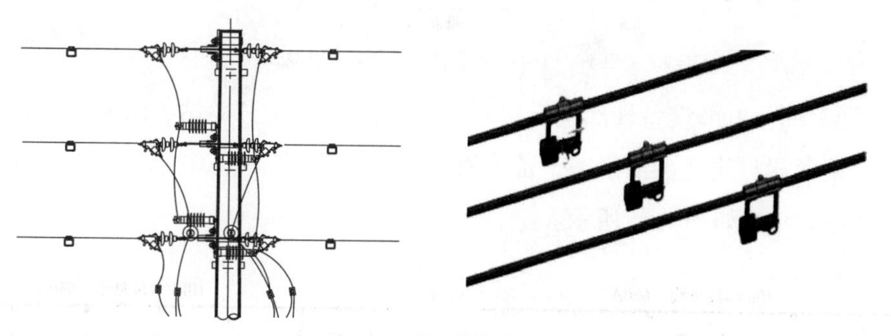

▲ 图4-22 接地线夹典型设计

4）优化综合配电箱快速接口。在JP柜旁加装应急电源接口箱，通过柔性电缆与JP柜母线连接，实现JP柜应急接口的改造。综合配电箱快速接口示意如图4-23所示。

▲ 图4-23 综合配电箱快速接口示意图

（2）电缆设备优化。在电缆线路方面，每段母线加装应急电源接口，取消单母线接线方式，保留单母线分段（带母联）接线方式等。

1）优化电缆设备接线方式。新建开关站、环网室、配电室10kV主接线取消单母线接线方案，保留单母线分段（带母联）方案，方便负荷转供，满足不停电作业需求。单母线分段（带母联）典型设计如图4-24所示。

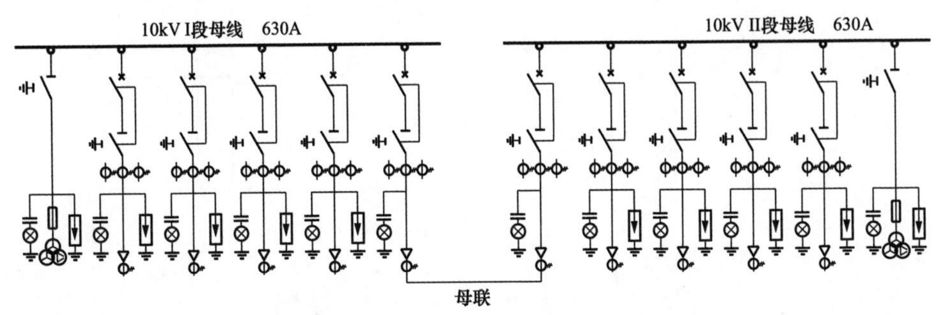

▲ 图4-24 单母线分段（带母联）典型设计

2）优化电缆设备外部电源接入方式。新建10kV开关站、配电室、环网室明确每段母线至少预留一个备用间隔用于不停电作业。电缆设备外部电源接入方式示意如图4-25所示。

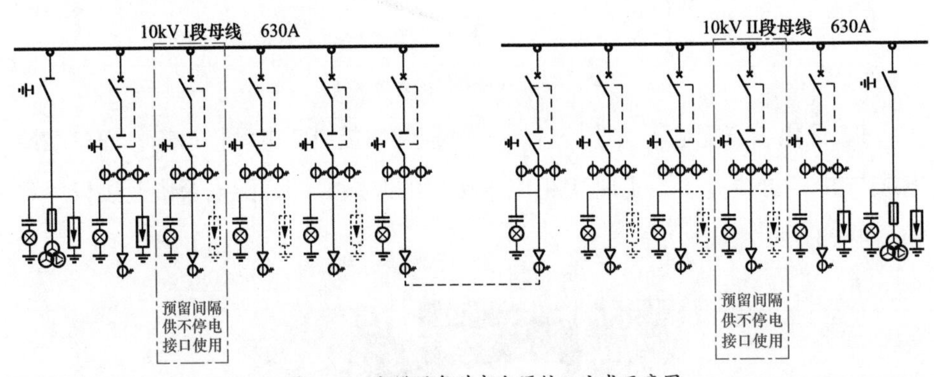

▲ 图4-25 电缆设备外部电源接入方式示意图

在后期建设改造中，增量设备应严格按照《不停电作业友好型配电网工程典型设计》的要求进行建设，存量设备应根据实际需求，对于高可靠性区域、重要保电用户等设备，参照典设要求进行改造。

第5章 配电自动化管理

配电自动化以一次网架和设备为基础，以配电自动化系统为核心，综合利用计算机、信息及通信等技术，并通过与相关应用系统的信息集成，实现对配电网的监测、控制和快速故障隔离。

20世纪50年代初期，时限顺序送电装置得到应用，该装置用于自动隔离故障区间，加快查找馈线故障地点。20世纪70～80年代，电子及自动控制技术得到发展，西方国家提出了配电自动化系统的概念，各种配电自动化设备相继被开发和应用，如智能化自动重合器、自动分段器及故障指示器等，实现了局部馈线自动化。

20世纪80年代，进入了系统监控自动化阶段，实现了包括远程监控、故障自动隔离及恢复供电、电压调控、负荷管理等实时功能在内的配电自动化技术，但也由于计算机技术的限制，当时的配电自动化系统多限于单项自动化系统。

20世纪80年代后期至90年代，进入了配电网监控与管理综合自动发展阶段，配电自动化受到广泛关注，地理信息系统技术有了很大的发展，开始应用于配电网的管理，形成了离线的自动绘图及设备管理系统、停电管理系统等，并逐步解决了管理的离线信息与实时SCADA/DA系统的集成问题。在一些发达国家，出现了涉及配电自动化领域的系统设备厂家及其各具特色的配电自动化产品。

进入21世纪以来，随着计算机技术的迅猛发展，欧美等发达国家提出了高级配电自动化及智能化电网的概念，把配电自动化提升到了一个新的高度。新技术的发展要求配电网具有互动化、信息化、自动化特征，同时具备接纳大量分布式能源的能力，配电网开始向智能化方向发展。

配电自动化终端是实现配电自动化系统的重要组成部分，实现对配电网开关站（开闭所）、环网柜（环网单元）、柱上开关、配电变压器等一次设备的实时监控与信息采集。配电终端采集配电网实时运行数据、检测故障、识别开关设备的运行工况；通过有线/无线通信等手段。上传信息、接受控制命令，并通过配置的后备电源实现不间断供电。

不同配电自动化建设模式对配电终端的功能需求不尽相同。配电终端按照站所分类，可分为站所终端DTU、馈线终端FTU、配电变压器自动化终端TTU、配电线路故障定位指示器等类型；按照功能分类，可分为“三遥”（遥信、遥测、遥控）终端及“二遥”（遥信、遥测）终端等类型；按照通信方式分类，可分为有线通信方式终端与无线通信方式终端等类型。

专有名词解释如下：

（1）配电自动化。配电自动化以一次网架和设备为基础，以配电自动化系统为核心，综合利用多种通信方式，实现对配电系统的监测与控制，并通过与相关应用系统的信息集成，实现配电系统的科学管理。

（2）配电自动化系统。实现配电网的运行监视和控制的自动化系统，具备监测控制和数据采集SCADA、故障处理、分析应用及与相关应用系统互联等功能，主要由配电自动化系统主站、配电自动化系统（子站）、配电自动化终端、和通信网络等部分组成。

（3）配电主站。配电自动化主站系统（即配电主站）是配电自动化系统的核心部分，是整个配电网的监视、控制和管理中心，主要完成配电网信息的采集、处理与存储，并进行综合分析、计算与决策，并与配网GIS、配网生产信息、调度自动化和计量自动化等系统进行信息共享与实时交互，按照功能模块的部署可分为简易型和集成型两种配电自动化主站系统。

（4）配电终端。安装于中压配电网现场的各种远方监测、控制单元的总称，主要包括配电开关监控终端（即FTU，馈线终端）、配电变压器监测终端（即TTU，配变终端）、开关站和公用及用户配电所的监控终端（即DTU，站所终端）等。馈线终端（FTU）应用于柱上开关，站所终端（DTU）应用于配电站所，配变终端（TTU）应用于公用变压器、专用变压器，是配电自动化向0.4kV侧的延伸节点。

（5）配电子站。为优化系统结构层次、提高信息传输效率、便于配电通信系统组网而设置的中间层，实现所辖范围内的信息汇集、处理或配电网区域故障处理、通信监视等功能。

（6）馈线自动化。馈线自动化是指利用自动化装置或系统，监视配电线路（馈线）的运行状况，及时发现线路故障，进行故障定位、隔离和恢复对非故障区域的供电。馈线自动化包括集中型馈线自动化、就地型馈线自动化两种。

5.1 配电自动化建设管理

5.1.1 配电自动化终端建设目标

实现配电自动化全覆盖。实现配电自动化终端在配电线路上全覆盖，同时结合无线专网建设进展，A+、A、B、C类区域的配电线路应全部改造为三遥（即遥测、遥信、遥控）线路，D、E类区域宜采用二遥（即遥测、遥信）。

完善配电自动化终端布点。原则上关键分段开关、联络开关、重要分支首开关应配置配电自动化终端，提升对配网可观可测水平以及可调可控能力；启用分支开关的分级保护功能，提升故障处理效率。

5.1.2 配电自动化项目储备阶段

1.配电自动化终端建设总体要求

配电自动化终端建设中需与供电网格划分及供电可靠性目标相适应，统筹配电网规划，结合标准网架建设，依据配电网接线方式、设备现状、负荷水平以及不同供电区域的供电可靠性需求，开展配电自动化终端建设改造，符合“统一规划、统一标准、统一建设”的要求，提升配电自动化实用化水平。

配电自动化终端建设改造应遵循“标准化设计、差异化实施”的原则，全面推行配电网一、二次设备建设改造“五同步”，即同步储备、同步设计、同步施工、同步调试、同步投运；可实现减少用户重复停电，降低建设施工成本，提升经济效益，同时配电自动化实用化应用同步见效。

2. 配电自动化终端改造原则

配电自动化建设终端技术要求应满足国家、行业和国家电网有限公司颁发的配电自动化相关标准、规程、规定。根据供电区域、目标网架和供电可靠性的差异，选择不同的终端和通信建设模式开展差异化建设改造。根据提升各地区配电自动化实用化应用情况及配电主站一体化支撑能力，满足配电网运行监控与运行状态管控需求。

现场配电自动化终端及对应的10（20）kV柱上断路器、柱上负荷开关、环网箱、环网柜、开关柜，应统一按三遥标准进行配置。配电自动化终端可采用光纤、无线专网通信方式实现三遥功能。配电自动化终端可采用无线公网通信方式实现二遥功能。

新建、改造涉及的10（20）kV柱上断路器、柱上负荷开关、环网箱、环网柜、开关柜，均应实现配电自动化功能。优先选用一、二次融合的柱上断路器、柱上负荷开关、环网箱，也可通过柱上断路器、柱上负荷开关、环网箱配套加装配电自动化终端，实现配电自动化功能。

对于A+、A、B、C类区域，在无线专网覆盖区域，新上配电自动化终端应采用无线专网接入，实现三遥功能；其中存量三遥线路的新上配电自动化终端宜采用原通信方式接入；存量二遥配电自动化终端以及一次设备应制订"二遥改三遥"改造计划，通过无线专网接入，实现三遥功能。

开关站、配电房、环网箱配电自动化改造的同时，也应依据站内温湿度情况，合理配置控温除湿装置，改善配电一、二次设备以及后备电源的运行环境，保证DTU终端设备运行可靠。

配电自动化终端通信应满足相关安全防护要求，终端与主站间通信隧道应进行加密，跨区信息交互应进行安全隔离。

3. 配电自动化终端布点原则

配电自动化终端布点需与变电站出线开关配合，通过改造分支线（分段）开关、用户分界开关，形成三级级差原则配置。所有有效联络开关都应进行配电自动化改造。其中，针对小区供电线路形成的多级电缆接线，可只改造小区首级开关站或配电房的中压开关柜、环网柜。

分段开关的配电自动化改造应综合考虑分段开关之间的用户数量和线路

长度，选取合理位置的分段开关开展配电自动化改造。一般在线路主干线上选取不少于两个关键分段开关进行改造。对于长度较长的线路，可在主干线上增加配电自动化开关设置。

对于配电变压器数量大于 3 台或者容量大于 1000kVA 或长度大于1km的分支线路，应在分支线首段采用断路器作为分支开关，并进行配电自动化改造，其二/三遥属性与该线路的二/三遥属性一致。同时，完成配电自动化改造的分支开关应启用分级保护功能，具备远程调定值和两遥上传功能。

对于前期通过故障指示器实现配电自动化覆盖的配电自动化线路，应采用FTU、DTU进行完善布点。

4.配电通信实施及应用原则

配电自动化终端通信方式主要分为光纤通信、无线专网通信、无线公网通信、电力载波通信四种。

光纤通道建设实施原则对于新上三遥线路，采用光纤通信方式时，须同步考虑OLT（光线路终端）、光配、ONU（光网络单位）、分光器等通信传输设备，光缆随电缆或架空导线同步敷设。对于既有配电自动化线路改造，采用就近原则，将光缆敷设至配电自动化改造点。

无线网络应用原则，在无线专网规划覆盖区域，应采用无线通信方式的配电自动化终端应配置公专一体的无线模块。对处于地下或覆盖盲区的终端，应采用信号增强或通信延伸等措施保障。如终端位置没有无线专网信号，终端则可用无线公网接入主站。

载波通信应用原则，针对地下管道光缆敷设困难且无线专网未能稳定覆盖的站点，可利用电缆载波通信装置作为补充，但不得组网。

5.配电自动终端建设项目来源

按照配电自动化建设目标，应全方位遵循“五同步”管理要求，在配电网各类型工程中开展配电自动化建设改造，实现配电自动化全覆盖。

公共配网项目，公共配网项目改造涉及的柱上开关、环网箱、环网室、开关站等设备，同步安排配电自动化终端建设。同时，各单位应逐条梳理配电自动化终端设置合理性，对于配电自动化终端设置不足的线路应安排配电自动化终端新增布点完善补充工作。对于年度计划停电改造的线路，应优先对该线路的自动化布点进行完善与补充。

业扩配套工程，作为资产分界的柱上断路器、开关站、环网箱应具备配电自动化功能，实现实时监测和自动隔离故障。同时，新建线路上开关类设备需同步安排配电自动化终端建设。

居配项目，新建线路及配电站房同样依据全覆盖原则同步安排配电自动化终端建设。

迁改项目，涉及已具备配电自动化功能的配网线路迁改，应按照原线路整体布点要求开展配电自动化终端建设，至少应还建同等数量的配电自动化终端，并覆盖新增联络点。

5.1.3 配电自动化工程实施阶段

1.安全文明施工管理

配电自动化工程安全管理同样坚持“安全第一、预防为主、综合治理”的原则，项目建设管理单位应正确处理安全与进度、安全与效益的关系，不得以任何理由降低安全标准。工程实施过程中应严格遵守《中华人民共和国安全生产法》《国家电网公司电力安全工作规程》等相关法律和规定，落实配网工程安全管理“十八项禁令”和防人身事故“三十条措施”。

配电自动化工程甲乙双方应签订安全、文明施工协议，并作为承包合同的附件，明确双方的安全职责、安全保障措施及文明施工要求，约定违约处罚办法。安全监察部、运维检修（设备管理）部应常态开展作业现场督查，采取飞行检查、交叉检查等方式，重点核查现场人员信息、作业行为、工器具使用、安全防护、监理履职等情况，并定期通报考核现场安全违章行为。

项目建设管理单位应组织设备运维管理单位、监理单位、施工单位开展现场勘察、安全交底和风险评估，切实履行配电自动化工程实施主体责任。施工单位应做好施工方案编制、施工组织及施工现场安全防护措施，开展进场施工人员（含分包人员）安全文明施工培训和交底，落实配电自动化工程安全管理主体责任。监理单位应履行现场安全管理监督责任。

配电自动化工程严禁违法转包、违规分包，分包结果应向业主项目部履行备案手续。劳务分包内容必须限定在劳务作业范围内。实施劳务分包的施工单位应负责提供劳务分包队伍的安全工器具、个人防护用品以及施工机械机具，同时施工单位管理人员必须与分包人员“同进同出”。劳务分包人员不得担任工作票签发人和工作负责人。

2.施工质量管理

以“谁主管、谁负责”为原则，按照职责分工落实配电自动化项目质量管理责任。

配电自动化工程应严格执行配电网施工检修工艺规范，推广“工厂化预制、成套化配送、装配化施工、机械化作业”，促进配电自动化工程施工质量和工艺水平持续提升。

各参建单位按照职责分工，组织开展施工质量自检、监理初检、隐蔽工程验收、中间验收、竣工验收以及工程移交后的质量管理。地市公司设备部负责组织开展工程质量巡查、专项检查、互查工作。

配电自动化工程质量问题实行即时报告制度，地市公司设备部按质量事件等级组织质量事件调查，认定质量事件性质和责任，提出对责任单位及有关人员的处理建议，总结质量事件教训，提出整改和防范措施。

配电自动化工程质量管理实行问题溯源制，工程质保期内如发生因施工质量问题引起的配电自动化终端及配套一次设备严重缺陷或故障，由设备部会同相关部门组织分析责任原因并对有关责任单位和责任人追究责任。

3.配电自动化终端工厂化调试

为提高配电自动化终端验收调试工作的效率和质量，加强过程管控，保障入网设备的可靠性，建议对终端设备进行工厂化调试，分为以下几部分：

（1）到货验收及物资领用，物资部组织项目建设管理单位、设备运维单位开展到货验收。核对物资到货信息，招标技术规范书信息，出厂试验报告，一、二次设备图纸等，出具验收意见。项目建设管理单位办理物资领用手续，将物资移交施工单位。

（2）调试计划编制，施工单位负责编制工厂化调试计划，报设备运维单位审批。施工单位导出终端设备的加密证书并提交中国电力科学研究院认证，认证后提交供服中心导入主站系统。

（3）配电终端工厂化调试，施工单位根据调试计划开展工厂化调试工作，内容包括：电压互感器（TV）二次回路通流试验、极性试验；电流互感器（TA）变比试验、伏安特性试验，出具调试报告；对配电终端的各项功能（遥信、遥测、遥控）进行联调，与调度控制中心主站完成数据核对。设备运维单位旁站并对工厂化调试验收。

（4）安装及现场调试，工厂化调试验收合格后，施工单位领用设备，完成设备安装及现场调试，验收合格后设备投运。

配电自动化终端工厂化调试作业流程如图5-1所示。

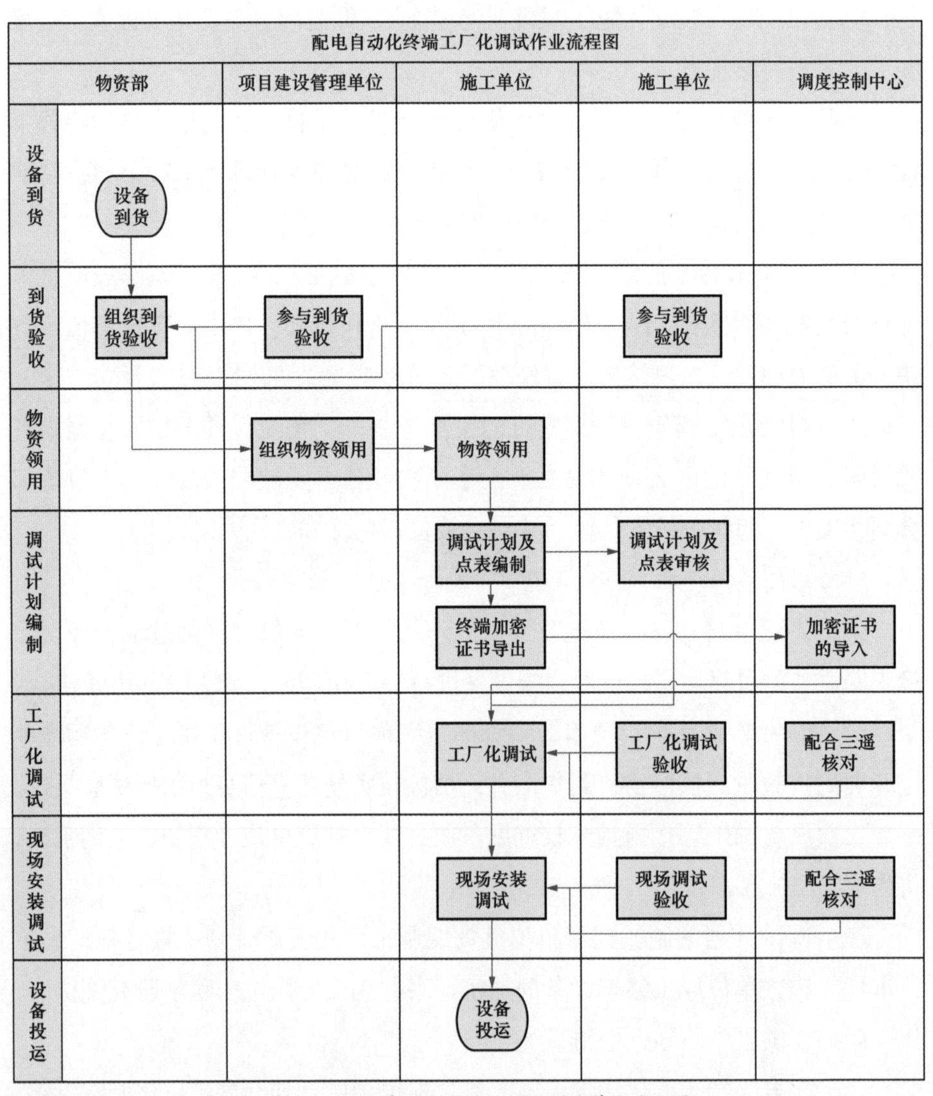

▲ 图5-1　配电自动化终端工厂化调试作业流程图

5.1.4 配电自动化工程验收阶段

配电自动化项目验收主要分为主站验收、终端验收和通信设备验收三类。

1.配电主站验收

主站部分由各地市公司设备部组织，调控中心、供服中心、科联部等部门配合。验收采用资料检查、实物核对、功能演示、企业资源计划（ERP）系统财务数据调阅等方式进行审查，审查内容包括但不限于：项目技术要求、实施内容与可行性研究报告（建议书）、可行性研究（建议书）批复文件、招标文件、中标通知书、合同、结算书所列内容是否一致；项目各项资料是否完备、规范；废旧物资、材料处置情况是否规范，手续是否齐全；项目领用物资和材料的使用情况是否规范。

2.通信设备验收

通信设备验收由各地市公司设备部组织，调控中心、科技互联网部、信通公司等部门配合验收。验收范围为配电通信网主站端设备、通信光缆、变电站端设备（OLT、工业以太网交换机、电力线载波设备、无线基站等），按照通信工程项目验收标准进行验收。

3.配电自动化终端验收

配电自动化终端验收由地市设备部组织，供服中心、项目管理中心、配电运检单位联合验收。配电终端验收分为到货验收、工厂化调试验收和现场调试验收。

（1）到货验收。由项目管理单位组织，运维单位和物资管理单位配合验收。到货物资应符合所在批次物资招标技术规范书招标要求，符合设计及技术交底要求；检查物资检验报告，如终端型式检验报告，终端入网专业检测报告等是否齐全；确认配套一次设备及通信设备符合设计及运行要求。验收完成后填写验收报告，记录遗留问题，完成资料存档工作。

（2）工厂化调试验收和现场调试验收。调试流程所有试验项目均由调试单位进行，验收人员旁站核对。重点关注：①TA二次侧接线确保极性正确且三相极性一致，TA二次侧可靠接地且严禁开路，变比和伏安特性测试满足要求；②TV二次回路通电试验和极性测试满足要求，TV二次侧可靠接地且严禁短路；③装置参数配置、程序版本、无线模块参数配置、安防参数等配置正确；④核对遥测数据终端数值和主站数值是否一致，采样误差小于0.5%；⑤各间隔开入量、主站全召功能、时钟同步功能检查正常；⑥终端固有参数、保护定值设置无误；⑦所有间隔断路器及负荷开关动作参数符合技术规范要求；⑧通信设备、直流设备等符合技术要求。工厂化、现场调试验收标准流程如图5-2所示。

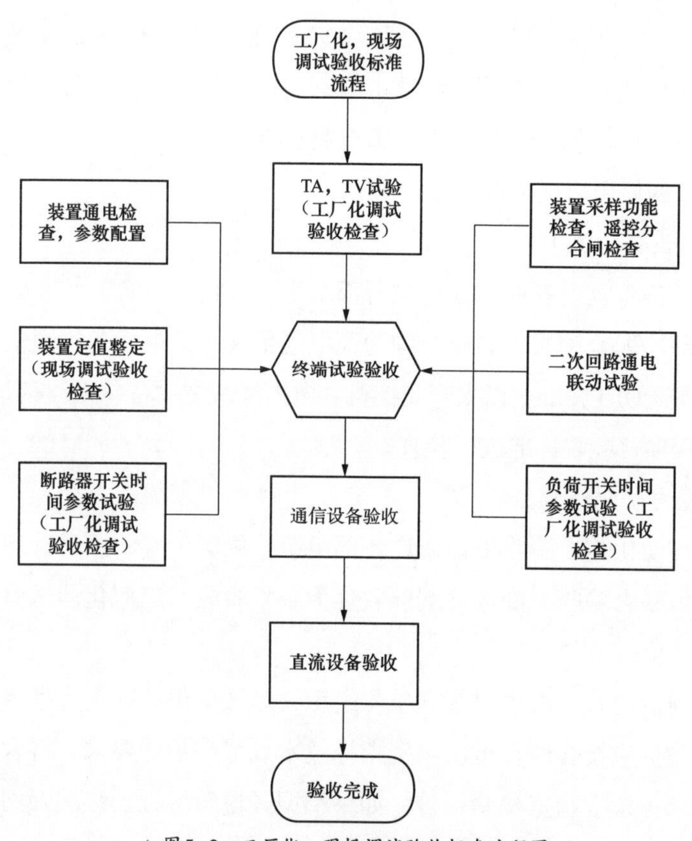

▲ 图5-2　工厂化、现场调试验收标准流程图

5.2　配电自动化运维检修管理

配电自动化运维检修管理是指在配电自动化系统投运后，供电企业相关部门各司其职，使其各组成部分均能安全、经济、可靠、持续地运行，包含

主站运维检修、终端运维检修和通信运维检修三方面。配电自动化运维检修管理主要包括制度与人员要求、运行巡视要求、缺陷管理、检修管理、保护管理、异动管理等。配电自动化运维检修流程如图5-3所示。

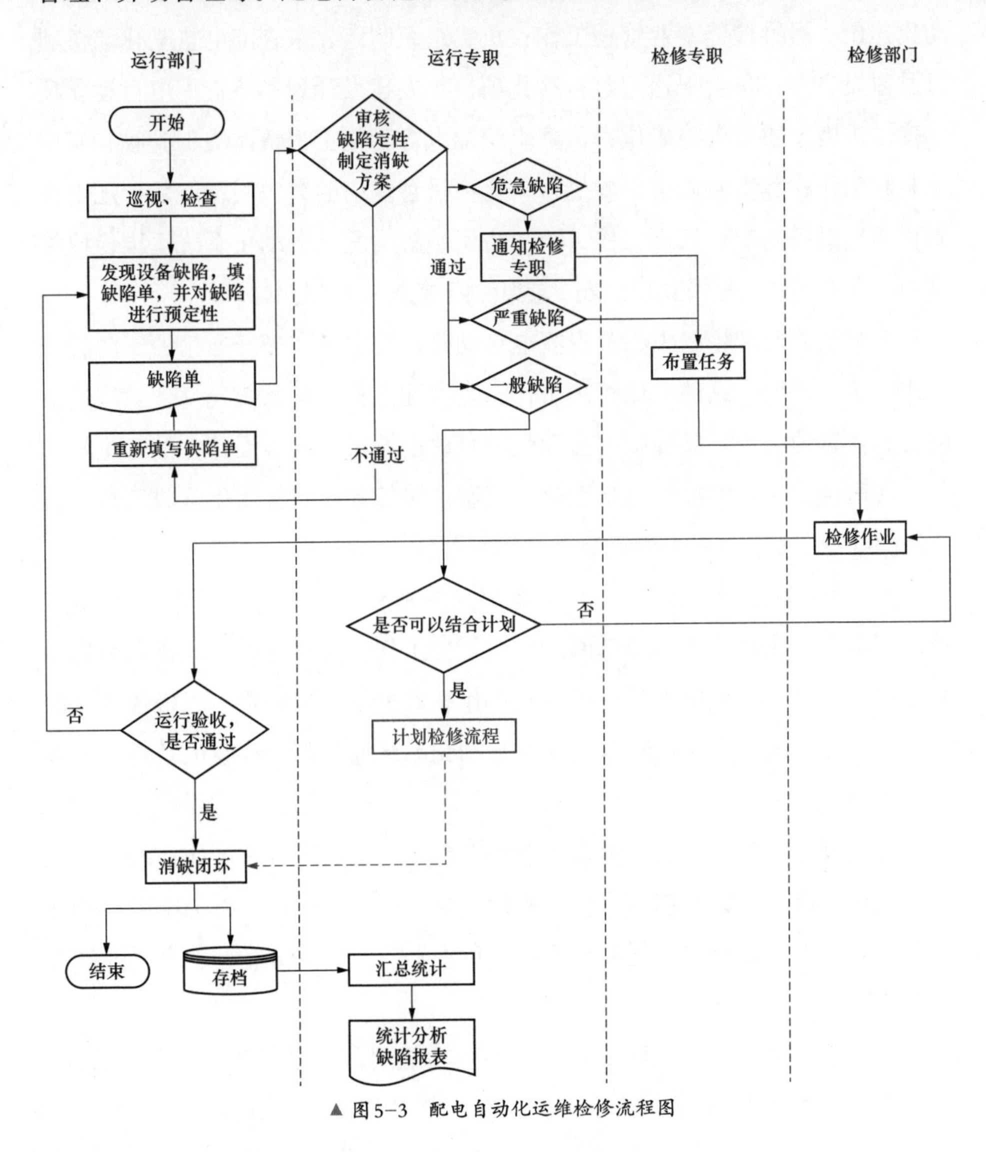

▲ 图5-3 配电自动化运维检修流程图

5.2.1 工作职责分工

配电自动化运维检修工作应明确供电企业各级运检、调度、互联网、信通等部门的工作职责和界面，明确电科院、经研院的技术支撑作用，建立统一标准的管理程序和工作机制。

各级设备管理部门是配电自动化建设、运维检修管理的归口管理部门，负责配电自动化终端的安防管理工作；负责检查、指导、监督、考核配电自动化建设、运维检修专业管理工作；负责组织制定、审查配电自动化储备项目及建设方案；负责下达配电自动化项目年度建设计划；负责配电自动化项目建设进度及质量管控工作；负责组织配电自动化工程整体竣工验收和实用化验收工作；负责协调解决配电自动化项目管理中的重大问题；负责配电自动化终端设备的专业管理工作；负责协调、解决配电自动化系统运维检修管理中存在的共性问题及突出问题，组织制定措施并督促执行。

各级电力调度控制中心负责配电自动化系统主站和光纤通信的安防管理工作；负责配电主站的专业管理工作；负责配电自动化系统光纤、载波通信网的专业管理工作；参加配电自动化项目建设方案及初步设计（配电主站部分）的审查工作；参加配电自动化工程整体竣工验收及实用化验收工作；负责解决配电主站存在的共性问题及突出问题。

各级互联网部负责配电自动化系统云主站和无线通信的安防管理工作；负责配电自动化系统无线通信网的专业管理工作；参加配电自动化项目建设方案及初步设计（通信部分）的审查工作；参加配电自动化工程整体竣工验收及实用化验收工作；负责解决配电自动化系统通信部分存在的共性问题及突出问题。

各级信息通信分公司负责物联管理平台接入及通道维护工作；参加配电自动化项目建设方案及初步设计（通信部分）的审查工作；参加配电自动化工程整体竣工验收及实用化验收工作；负责解决通信部分存在的共性问题及突出问题。

电科院负责配合完成配电自动化系统功能测试、系统和终端版本管理、配电自动化终端的检测、现场检验工作；负责新技术试点验证等工作；参加配电自动化工程整体竣工验收及实用化验收工作；负责配合开展配电自动化系统技术管理工作；负责配合开展配电自动化实用化应用和运行指标考核。

经研院负责配合完成配电自动化项目可行性研究、初步设计的审查工作。

以上职责分工按照国网江苏省电力有限公司职责分工定义，其他各单位可按照本单位情况自行修改。

5.2.2 运维人员管理

为提高配电自动化终端运维从业人员技术能力，提升配电自动化终端运维与检修、故障消缺、终端验收、安全防护等方面的技能水平，保障配电自动化系统安全稳定运行。通过培训、考试等方式对配电自动化终端运维从业人员进行从业资格认证，培养一批专业水平高、技术能力强的业务骨干，提升基层班组人员的理论水平及实践能力，规范运维人员、调试人员的作业行为。

各单位配电自动化终端运维从业人员，在上岗前须取得配电自动化系统调试检修能力考试合格证书。比如国网江苏省电力有限公司实施的《国网江苏省电力有限公司配电自动化终端运维从业人员持证上岗考试实施方案》，配电自动化终端运维从业人员上岗前需取得国网江苏省电力有限公司技能培训中心颁发的《国网江苏省电力有限公司配电自动化系统调试检修能力考试合格证书（配电自动化终端方向）》，其中工作负责人应取得A等级证书，现场工作成员应取得B或A等级证书。配电自动化终端运维从业人员持证上岗考试对象可划分为主业人员和外部从业人员两类。此类管理方式可以推动配电自动化从业人员岗位晋升，促进人才培养，提升人员岗位能力，各单位可根据自身实际情况开展。

各单位应积极做好终端运维从业人员的取证培训工作，并定期组织公司内部从业人员培训，不断提升终端运维从业人员的实践操作能力，提升配电自动化终端运行检修、故障消缺、终端验收、安全防护等方面的技术水平。

5.2.3 调试验收管理

配电自动化新投异动指设备的新投（投运）、退役、复役以及异动（变更）等内容。所有新投配电自动化终端应由省电科院统一功能全检，并完成库房功能联调、新投异动申请审核、主站系统维护、验收投运等工作。配电自动化终端在正式投运验收前一般会进行预验收，提前核对点号信息，保障现场投运验收的效率。因此配电终端调试分工厂化调试和现场调试两种。

1.工厂化终端联调

终端工厂化联调工作。终端联调前准备工作，应提前准备加密UKey（密钥）并完成终端加密证书导出，发送至配电自动化主站运维人员完成证书签发；各属地运维单位应配置继电保护仪、大电流发生器、万用表、钳形表、核相仪等调试仪器仪表。

终端应采用相对应规约与主站通信，并按照联调记录单完成所有“三遥”功能调试，结果正确无误。联调完毕后，应做好终端IP地址、加密证书编号等信息记录。

联调完毕后，终端运维单位应使用标签打印机打印终端名称、IP地址和链路地址等相关信息，粘贴在终端内侧，方便信息识别、维护和现场安装。配电自动化设备投运应严格执行验收制度，新投配电自动化设备应开展远方联调验收，验收内容主要包括终端正常上线，开关分合位、远方/就地变位遥信确认，远方遥控等内容。验收合格后，由属地运维班组向配调（县调）申请，启动设备投运流程。

2.现场调试

现场安装完成后与调度控制中心进行信号验收和遥控验收。投运送电后，新设备即纳入配调（县调）管辖，并开展监控工作，配电一、二次设备和配电自动化系统图形未通过验收，相关设备不得送电。

对于已投FA功能的配电线路发生配电自动化设备新投异动时，应由配电自动化运维班完成FA功能测试，并将结果汇报给配调（县调）人员记录归档。

5.2.4 设备新投异动管理

配网图模异动管理旨在进一步夯实营配调贯通基础，实现“数据一个源、电网一张图、业务一条线”，确保配网调度图模与现场设备“图物相符、状态一致”，促进配网运行更安全、管理更精益、服务更优质。根据“数据一个源、电网一张图”的原则，应从配网调度专业对配网图模的应用需求出发，对源端PMS（设备资产管理系统）系统的配网图模维护明确具体要求，包括配网图模的覆盖范围、绘制规范等。根据“业务一条线”的原则，应规范配网图模异动管理流程，包括配网建设/改造/检（抢）修、配网业扩工程等引起的图模异动管理流程，设备命名（编号）变更管理流程，设备台账变更管理流程及低压配网异动管理流程等。

异动内容：10（6、20）kV线路及设备（含配电变压器、分布式电源）异动内容主要包括电气接线变化、设备的增减/更换/迁移、设备的命名/编号变更、配网设备台账变更。

异动来源主要在配网建设和改造、配网业扩工程、配网检修和抢修，包括用户产权设备接入、迁移、改造，客户销户及增（减）容，计划检修、临时检修和故障抢修等。在配网开展以下类型工作，并涉及上述异动内容，必须办理配网图模异动申请。

按照异动来源和异动内容，异动流程主要包括：

（1）配网建设/改造/检修异动流程。配网图模异动流程由设备管辖班组按照相关工作时限要求发起配网图模异动申请，提交至配网调控部门审核发布。

（2）配网业扩工程异动流程。配网图模异动流程由客户经理在营销业务应用系统按照相关工作时限要求发起配网图模异动申请，提交至配网调控部门审核发布。

（3）配网故障抢修异动流程。应根据设备资产属性，由设备管辖单位（或客户管理单位）发起配网图模异动流程，在故障抢修结束后规定时限内补办配网图模异动申请，并提交至配网调控部门审核发布。

（4）设备命名/编号变更流程。仅设备的命名/编号发生变更，电气接线方式、设备台账等均未发生变化，应根据设备资产属性，由设备管辖单位（或客户管理单位）按照相关工作时限要求发起配网图模异动申请，提交至配网调控部门审核发布。

（5）设备台账变更流程。仅设备的台账发生变更，电气接线方式、设备命名/编号等均未发生变化，应根据设备资产属性，由设备管辖单位（或客户管理单位）发起配网图模异动流程，由设备管辖班组按照相关工作时限要求发起配网图模异动申请，提交至配网调控部门审核发布。

（6）低压配网异动流程。低压配网异动流程由配电运检部门发起、审核、发布。

图模异动管理应加强配网建设改造、检（抢）修和业扩工程的协同配合，尽量减少同一线路连续异动、频繁异动。

1.终端新投异动管理

（1）配电自动化设备新投异动应与一次设备同步管理，在发生新投异动前30天，组织属地运维单位、设计单位、施工单位开展台账收集工作，形成新投异动设备清册及配套资料，包括一次接线图、继电保护及自动装置的型号、版本、对应版本号的技术说明书及电流互感器（TA）变比等资料。

（2）在配电设备新投异动发生前15个工作日，在同源系统对新投异动设备进行台账创建工作，在电网一张图系统进行图形维护工作，提交专业部门审核。

属地运维单位在配电自动化设备新投异动前7个工作日推送新投异动相关线路模型、图形至配电自动化系统，完成电力调度生产管理系统（OMS）相关新投异动流程办理，附上配电自动化终端安装位置、IP地址、加密证书编号、定值整定单等相关信息。

（3）OMS新投异动流程应由属地运检、营销、调控等相关专业部门及配电自动化主站运维专业会签，相关专业人员同步在图模一体化中心开展图实一致性审核，审核通过后安排新投异动设备入网投运。

配电自动化系统维护，审核完成后，配电自动化运维班在主站系统中完成图模导入、点表创建、标注维护等工作，并检验拓扑结构的正确性，保证图形的正确性、准确性和及时性。

2.图模异动管理

配网自动化系统中的图模应基于配网自动化系统、生产管理系统（PMS）、调度自动化系统、调度防误操作管理系统等建立，系统间应能进行数据交互。配网图模应包括配电变压器及以上所有调管设备的图形和模型，可以配网联络图、单线图等形式展示，具备开关人工置位、挂牌、模拟操作防误、线路拓扑着色等基本功能，满足配电网调度图形模型规范要求。

主站运维单位应遵循图模信息源端维护原则，保证配网图模信息的唯一性和准确性；严格落实配网电子接线图异动管理要求和应用，确保配网图实一致，状态相符。应根据设备异动申请，按时同步完成图模内容修改。应在配电主站和调度自动化主站中完成图模同步建设，实现主配图模同步，同时建立完善工作评价考核机制，支撑配电网技术支持系统图形模型建设。

配电自动化新建和导入的图模应根据相关管理规定进行审核，配电自动化主站系统图模准确性由设备运维单位进行审核，确保配电自动化主站系统单线图的准确性。图模审核主要包含以下几点要求：

（1）配电自动化主站系统图模的维护管理应依据“源端维护”原则，以保证各系统间交互的数据、拓扑等信息的唯一性和准确性。

（2）配电运检单位负责配网设备数据运行维护工作。负责日常PMS单线图的编辑维护、校对、审核，负责现场勘察单（施工图纸）和变更后的PMS单线图提交，负责配网设备数据和PMS单线图的准确性核对与及时性维护，并提交发布至配电自动化主站系统。

（3）配电自动化主站系统如出现因图模与现场不一致等严重影响配调业务开展的图模错误，配、县调值班员可将检修工作延期或取消。

（4）配、县调值班员在停电检修工作报竣工以后，与现场核对配网接线方式和设备状态，正确无误后及时将配电自动化主站系统单线图正式投运。

3.终端功能异动管理

终端功能异动主要包括遥控功能异动、保护功能异动、单相接地故障研判功能异动、终端通信方式异动等。因各类工程、修理或运维项目实施，导致终端功能发生异动的，各级管理单位履行终端异动管理流程，通过异动申请单等形式，宜利用配网图模标注、设备台账字段维护等方式，与运检、调度等专业管理部门确认后，履行终端功能异动管理流程，确保主站侧终端功能显示与现场终端功能一致。

终端功能异动如导致主站FA功能、遥控功能需进行调整，应由配电运检单位向调度管理单位提出申请，许可后方可执行。

5.2.5 运行监控管理

配调值班调控员负责监控范围内变电站设备信息和状态在线监测告警信

息的集中监视，全面掌握其运行方式、设备状态、主设备负载、电压水平及事故异常处理等情况。重点监视变电站一、二次设备状态，变电站运行工况，系统电压，线路负荷，主变压器负荷及温度等。配调值班调控员对远方操作结果有疑问或相关设备出现异常信号时，应查明情况，必要时需通知配电运维人员到现场核对设备状态。

具备遥控操作功能的配电自动化开关，当遇有自动化系统故障、通信通道异常、遥控失败或其他特殊情况下，应改为现场操作。配调值班调控员在系统一次接线图上置牌“禁止遥控”，缺陷情况应及时记录在调度OMS日志中，并按公司缺陷管理规定通知相关单位进行处理。

由配调值班调控员遥控操作的配电设备，必须按照公司相关规范进行现场验收且远方遥控功能验收合格，其对应遥测、遥信信息应满足“二元法”判断的要求，方可进行远方操作。不具备远方操作条件的设备，配电运检单位应及时向运检部、调控中心申请备案，转现场操作。

（1）配电自动化运行监控单位监视到启用保护设备的异常或缺陷信息时，应及时通知配电自动化运维单位检查处理。

（2）配网线路发生异常或故障时，电力调控中心（配、县调）根据配电线路保护动作结果，应用馈线自动化功能，实现对故障区域的快速隔离和非故障区域的恢复供电；配电运维单位优先在馈线自动化功能研判的故障区域进行巡检。

（3）配电线路保护缺陷管理工作参照配电自动化终端缺陷管理、配网一次设备缺陷管理要求开展，应优先处置启用配电线路分级保护的配电自动化终端缺陷（如离线、漏信号等）、一次设备缺陷（如操动机构故障等）。二次部分工作应严格执行二次安全措施。

（4）设备运检部门牵头组织电力调度控制中心、配电运维单位开展非正确动作案例分析；配电运维单位应在故障发生后3个工作日内，将误动作分析报告提交至设备运检部门。

5.2.6 运行巡视管理

配电自动化设备运维检修管理原则上按设备管辖关系进行，电力调控中心与信通分公司运维检修工作界面为主站通信机房光纤配线架或通信设备出口；配电运检单位与信通分公司的检修工作界面为配电自动化终端箱内光纤配线单元。各设备运维单位应按要求进行配电自动化系统设备巡视、检查工作，做好记录，发现异常并及时处理。

1.巡视分类

根据巡视目的不同，巡视可分为定期巡视、特殊巡视和故障巡视。

（1）定期巡视，由运行单位定期组织进行，以掌握终端设备的运行状况为目的，及时发现缺陷和隐患，以固定周期开展的设备巡视工作。

（2）特殊巡视，由运行单位组织进行，在有外力破坏可能、恶劣气候条件、重要保供电任务或其他特殊情况下开展的巡视工作。

（3）故障巡视，由运行单位组织进行，发现设备带缺陷运行情况下开展的巡视工作。故障巡视的启动条件包括但不限于：①馈线跳闸后，终端不正确动作；②终端出现保护拒动或误动；③终端频繁离线或长时间离线；④终端遥信频发或误发；⑤终端遥测数据异常；⑥终端遥控分合闸异常等。

2.巡视要求

配电自动化运行巡视应满足本单位设备运维管理相关要求，由生产运行单位统筹考虑配电主站运行环境、在运终端和通信设备数量及分布情况、运维队伍人力及人员素质等因数来制定，开展差异化巡视。

（1）巡视策略。根据设备重要和健康程度，形成设备差异化巡视周期。表5-1只是给出差异化巡视周期建议，各运行单位可根据运维力量情况进行本地化调整。

▼表5-1　设备差异化巡视周期

设备重要度/健康度	正常	注意	异常	严重
关键	1次/4月	1次/2月	1次/1月	危急、重大缺陷消缺
重要	1次/6月	1次/4月	1次/2月	
一般	1次/12月	1次/6月	1次/4月	

（2）巡视对象。根据巡视对象不同，对配电主站、配电自动化终端和通信设备分别进行差异化巡视。

配电主站方面，主站系统运维单位每日检查配电主站运行环境、主服务器进程、系统主要功能、配电图模、采集通道及数据、系统每日定期自动备份等运行情况，并填写配电自动化系统运行日志；每月检查主服务器的硬盘及数据库剩余空间，统计分析CPU负载率，及时进行数据备份和空间清理，每月对系统网络安全状态进行全面扫描，及时处理系统告警。

定期进行配电自动化主站系统设备巡视、检查工作，每季度对前置服务器、SCADA服务器、数据库服务器、应用服务器、双网通信通道等进行一次人工切换实验。主站运维人员应维护或检查主站系统中发现异常，应记录缺陷并组织消缺处理，必要时逐级上报单位领导。

配电自动化终端方面，结合配电自动化终端运行状况和环境变化情况，开展配电自动化终端的定期巡视、特殊巡视和故障巡视。定期巡视由配电运检单位结合一次设备巡视同步进行，特殊巡视、故障巡视由配电运检单位二次运维人员独立开展。巡视内容包括：终端箱有无锈蚀、损坏，标识、标牌是否齐全，终端箱门是否变形等异常现象；电压互感器（TV）外观有无异常；电缆进出孔封堵是否完好；二次接线有无松动；设备的接地是否牢固可靠；配电自动化终端运行指示灯有无异常；蓄电池是否有漏液、鼓包现象，对活化时间明显减少的蓄电池进行容量核对试验；终端对时是否准确等情况。

通信设备方面，配电自动化通信设备巡视以网管状态监视为主，现场巡视作为辅助手段，通信网管系统应设专人监控，发现通信设备故障时应及时通知配电主站及终端运行维护部门。配网光纤系统网管状态监视包括端口CRC校验、收/发包状态、端口ping包数据统计、设备CPU利用率、设备端口流量统计等。配网通信系统运维人员应定期对通信骨干网和10kV通信接入网相关设备进行现场巡视，巡视周期应至少为每半年一次。

（3）巡视记录管理。系统、设备巡视应建立设备的台账（卡）、设备缺陷、测试数据等记录。通过各类巡视，记录运行中的设备情况，针对巡视过程发现异常情况，重点做好记录和异常分析，并按相关规定进行逐级汇报。

配电自动化及保护设备的报表应根据上级管理部门的要求，按月、季度、年度上报，设备运行记录和报表应至少保存三年。

（4）巡视过程管控。为有效检查配电自动化终端巡视工作开展情况，可通过相关指标指导、管控巡视工作，如巡视覆盖率、巡视及时率、巡视到位率、缺陷检查率等。

5.2.7 系统缺陷管理

1.配电自动化缺陷分类

配电自动化系统缺陷分为危急缺陷、严重缺陷、一般缺陷三个等级。

（1）危急缺陷。危机缺陷是指威胁人身或设备安全，严重影响设备运行、使用寿命及可能造成配电自动化系统失效，危及电力系统安全、稳定和经济运行，必须立即进行处理的缺陷。

危机缺陷主要包括但不限于：

1）配电主站故障停用或SCADA、前置采集、历史数据存储、馈线自动化、安全防护等核心功能失效或异常。

2）调度台全部监控工作站故障停用。

3）配电主站专用UPS电源故障。

4）配电通信网主站侧设备故障，引起大面积配电自动化终端通信同时中断。

5）配电通信网变电站侧通信节点故障，引起系统区片中断。

6）终端被入侵导致安全防护核心功能失效或异常。

7）自动化装置、配电自动化终端发生误动。

（2）严重缺陷。严重缺陷是指对设备功能、使用寿命及系统正常运行有一定影响或可能发展成为危急缺陷，但允许其带缺陷继续运行或动态跟踪一段时间，必须限期安排进行处理的缺陷。

严重缺陷包括但不限于：

1）配电主站除上述核心功能以外的重要功能失效或异常。

2）终端或主站原因导致的遥控失败、FA不成功等异常。

3）对调度员监控、判断有影响的重要遥测量、遥信量故障。

4）配电主站核心设备（磁盘阵列、数据服务器、SCADA服务器、前置服务器、信息交互总线服务器、时间同步装置）单机停用、单网运行、单电源运行。

5）终端存在安全防护隐患（包含多余端口及服务未关闭、无加密、弱口令、无社会工程学攻击防护措施等）。

6）配电自动化终端通信中断、故障掉线（连续离线24h以上或周在线率低于80%）。

7）单台配电自动化终端经常误发遥信（大于50条/天）；配电自动化终端通道频繁投退（光纤接入终端每天投退20次以上、无线接入终端每天投退60次以上）。

（3）一般缺陷。一般缺陷是指对人身和设备无威胁，对设备功能及系统稳定运行没有立即、明显的影响且不至于发展为严重缺陷，应结合检修计划尽快处理的缺陷。

主要包括但不限于：

1）配电主站除核心主机外的其他设备的单网运行。

2）一般遥测量、遥信量故障；配电自动化终端通道频繁投退（光纤接入终端每天投退20次及以下、无线接入终端每天投退60次及以下）。

3）配电自动化终端对时异常。

4）单台配电自动化终端误发遥信（小于等于50条/天）。

5）其他一般缺陷。

2.缺陷处理响应时间及要求

当发生的缺陷威胁到其他系统或一次设备正常运行时，必须在第一时间采取有效的安全技术措施进行隔离。缺陷消除前，设备运行维护部门应对该设备加强监视防止缺陷升级，组织对缺陷原因、处理情况进行分析，对系统运行中存在的问题制定解决方案，并形成分析报告。配电自动化设备缺陷宜纳入主站系统、生产管理系统或调度管理系统，实现缺陷闭环管理。

危急缺陷：发生此类缺陷时运行维护部门必须在24h内消除缺陷。

严重缺陷：发生此类缺陷时运行维护部门必须在7日内消除缺陷。

一般缺陷：发生此类缺陷时运行维护部门应酌情考虑列入检修计划尽快处理。

3. 管理要求

配电自动化缺陷应纳入缺陷管理流程，实行全过程、在线和闭环管理。缺陷单由配电自动化班、配网调控班、配电终端运维班组等相关人员发起或由系统自动生成，由责任单位进行处理，并依据消缺时限按时督办。缺陷验收遵循“谁发现、谁验收”的原则，由缺陷发起单位对处理情况进行验收并归档，配电自动化运维单位应做好缺陷统计和分析工作，每月上报缺陷统计情况及分析报告。

当发生的缺陷威胁到其他系统或一次设备正常运行时必须在第一时间采取有效的安全技术措施进行隔离。缺陷消除前设备的管理部门应对该设备进行必要监视防止缺陷升级。

配电主站缺陷由主站运维单位负责处理。配电终端缺陷由配电终端运维班组负责处理，相关一次设备缺陷、10kV 光缆缺陷由配电运维或检修班组负责处理。配电自动化通信设备缺陷由通信设备管理单位负责处理。

运维检修部对配电主站和配电自动化终端及其附属设备进行缺陷定性；信通公司对配电通信设备进行缺陷定性。每月发布配电自动化系统运行月报，定期组织召开运行分析会议，针对系统运行存在的问题，及时制定解决方案。

监控缺陷方面，配调值班调控员应及时判断、处置监控系统发出的事故、异常、越限、变位等信息，结合信息内容、设备位置信号变化、电流电压等遥测值变化，现场检修调试等情况，作出正确判断，对认定为缺陷的告警信息，应启动缺陷管理流程，填写缺陷管理记录，并通知设备运检单位检查处理。

监控信号频繁动作复归，甚至刷屏影响监控安全时，配调值班调控员可将该信号临时封锁，并做好封锁记录，并及时通知自动化人员、运维人员检查处理。排除变电站现场设备原因，应按规定填写自动化异常缺陷流转单，信号封锁期间应通知现场加强巡视并移交相关信号的监视权。信号处理正常后，运维人员（自动化人员）应及时通知配调值班调控员，由配调值班控控员将该信号解除封锁，并做好解封锁记录。

5.2.8 保护定值管理

配电线路保护应用建设、运维技术要求应满足国家、行业和国家电网有限公司颁发的电力系统继电保护及配电自动化相关标准、规程、规定。配电线路保护运维总体参照配电自动化运维工作要求同步开展。

配电线路保护应用相关的项目建设应按照配网一、二次设备“五同步”建设要求同步开展储备，新建及改造设备均应具备保护启用条件，开关应为断路器，配电自动化终端应至少满足以下要求：

（1）具备三段式电流保护、两段零序过电流保护、自动重合闸的功能。

（2）具备可靠的后备电源。

（3）接入电流应来自P级电流互感器。

（4）具备专业机构检测合格证书。

（5）满足配电自动化终端“二遥”要求，并接入配电自动化主站。

（6）变电站10（20）kV出线断路器保护定值由电力调度控制中心负责整定，并出具定值单。

（7）配电线路分段开关、联络开关、分支开关、环网单元出线开关、用户分界开关所配置的配电自动化终端或继电保护装置的保护定值由设备运维单位出具。

（8）配电网继电保护配合的时间级差应根据断路器开断时间、整套保护动作返回时间、计时误差等因素确定，原则上保护配合的时间级差$\Delta t \geqslant 0.2$s。如果时间级差无法配合且现场实际有应用需求时，可根据一、二次设备实际情况，在做好必要论证和分析的基础上，经公司分管领导批准并报安监部备案后，时间级差可以适当降低，允许保护越级或同级动作。

（9）各供电公司运检部门会同电力调控中心动态发布变电站10（20）kV出线近区故障切除的最长时间要求，电力调度控制中心开展10（20）kV线路站内整定复核，配电运维单位根据本地市配电线路保护整定原则复核保护选点方案和保护定值单。

5.2.9 网络安全管理

国家实行网络安全等级保护制度。网络运营者应当按照网络安全等级保护制度的要求，履行下列安全保护义务，保障网络免受干扰、破坏或者未经授权的访问，防止网络数据泄露或者被窃取、篡改。

配电自动化系统安全防护应遵循国家发展和改革委员会2014年第14号令及配套文件要求，采用“安全分区、网络专用、横向隔离、纵向认证”的基本防护策略，同时应加强配电自动化系统网络安全监测，及时发现、报告并处理网络攻击或异常行为。

关于配电自动化系统网络安全防护总体思路主要采用“一防入侵终端、二防入侵主站、三防入侵一区、四防入侵主网”梯级分层防护的总体建设思路。一是创新终端防护，实现一终端一密钥，保证硬加密；二是加固主站防护，实现身份鉴别与数据加密；三是突出一区防护，设立独立安全接入区，实现一区主站与低安全等级网络的物理隔离；四是强化边界防护，实现与主网物理隔离。将“终端安全为基，主站安全为先，一区安全为本，主网安全为重”的网络安全“三同步”防护体系纳入配电自动化系统的规划、建设和运行全环节。

生产控制大区的业务系统与其终端采用无线通信网或者外部公用数据网的虚拟专用网络方式（VPN）等进行通信的，应当设立安全接入区。Ⅰ/Ⅱ区与管理信息大区边界部署正反向隔离装置。安全接入区与生产控制大区连接边界部署正反向隔离装置。Ⅰ/Ⅱ区与广域网的纵向边界部署加密认证装置等相应设施。生产控制大区中的重要业务系统应当采用加密认证机制。生产控制大区中除安全接入区外，应当禁止选用具有无线通信功能的设备。配电自动化系统安全防护架构如图5-4所示。

1.系统运行单位网络安全管理职责

（1）系统运行单位运检部负责依照国家及电力行业网络安全等级保护的管理规范和技术标准，确定配电自动化系统的安全保护等级，并在规定的时间内向公安机关备案。

（2）系统运行单位运检部按照国家及电力行业网络安全等级保护管理规

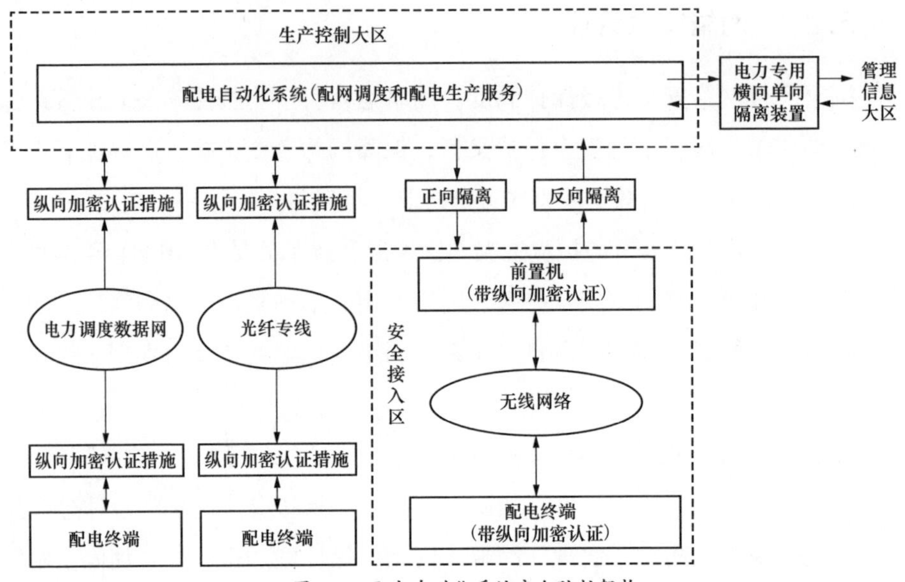

▲ 图 5-4　配电自动化系统安全防护架构

范和技术标准，进行配电自动化系统安全保护的规划设计；使用符合国家及电力行业有关规定，满足配电自动化系统安全保护等级需求的信息技术产品和网络安全产品，开展配电自动化系统安全建设或者整改工作。

（3）系统运行单位运检部、供指中心制定、落实各项安全管理制度，定期对配电自动化系统的安全状况、安全保护制度及相应措施的落实情况进行自查，选择符合国家及电力行业相关规定的等级测评机构，每年进行等级测评和安全防护评估。

（4）系统运行单位运检部、供指中心制定不同等级信息安全事件的响应、处置预案，对配电自动化系统的信息安全事件分等级进行应急处置，并定期开展应急演练；按照网络与信息安全通报制度的规定，建立健全本单位信息通报机制，开展信息安全通报预警工作，及时向电力行业主管（监管）部门、属地监管机构报告有关情况。

（5）系统运行单位运检部、供指中心加强信息安全从业人员考核和管理，从业人员定期接受相应的政策规范和专业技能培训。

2. 配电自动化等级保护评测流程

系统等保测评的目标是通过配电自动化系统安全等级测评机构以及安全

评估机构对已经完成等级保护建设的配电自动化系统进行等级测评和安全评估，确保等级保护对象的安全保护措施符合相应等级的安全要求以及国家和行业对电力信息系统安全防护的相关要求。配电自动化系统信息安全等级测评应与配电自动化系统安全防护第三方评估工作同步进行，一次测评分别出具等级保护测评报告及配电自动化系统安全防护评估报告。等级测评包括测评机构选择、测评准备、方案编制、现场测评、分析及报告编制等主要过程。

（1）配电自动化系统运行单位应按照国家和行业有关标准和管理规范，确定所管辖配电自动化系统的安全保护等级，组织专家评审，经本企业的上级信息安全管理部门或组织审核、批准后，报公安机关备案，获取《信息系统安全等级保护备案证明》，主管部门有备案要求的，应将定级备案结果报送其备案。

（2）对于新建配电自动化系统，第二级及以上配电自动化系统，按照国家及行业有关要求（原则上在系统投入运行后30日内），配电自动化系统运行单位到公安机关办理备案手续。

（3）对于在运配电自动化系统，按照国家及行业有关要求（原则上在安全保护等级确定后30日内），第二级及以上配电自动化系统运行单位到公安机关办理备案手续。

3.评测要求

（1）2021年6月18日执行的新测评标准调整为“优、良、中、差”四个等级测评结论。系统综合得分90以上评为优；系统80分以上（包含80分）评为良；系统综合得分70分（包括70分）为中；若存在较大问题测评低于70分评为差。

（2）二级信息系统每两年测评一次，三级信息系统明确规定每年测评一次，四级信息系统每半年测评一次。

5.2.10 配电自动化检修管理

配电自动化检修管理设备包括配电自动化主站、配电自动化终端、配电通信设备等。配电自动化系统各运行维护部门应针对可能出现的故障，制定相应的应急方案和处理流程。运行中的配电自动化系统，运行维护部门应根据设备的实际运行状况和缺陷处理响应要求，结合配电网状态检修相关规定，合理安排、制定检修计划和检修方式。在自动化设备上进行检修与维护工作，应严格遵守《电力安全工作规程》有关规定，以保证人身和设备的安全。配电自动化检修工作流程如图5–5所示。

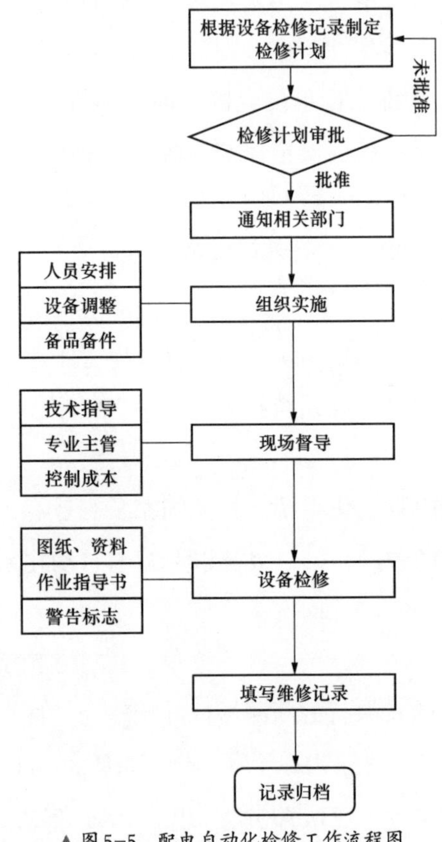

▲ 图5–5　配电自动化检修工作流程图

1. 检修分类

配电自动化设备检修工作按性质分为计划检修、临时检修和故障检修三类。

（1）计划检修是指按照年度、月度计划安排的检修工作。

（2）临时检修是指由于设备发生严重缺陷或者其他需要在一周内处理的检修工作。临时检修应按照缺陷管理流程实行全过程、在线和闭环管理。

（3）故障检修是指由于设备发生故障或危急缺陷而安排的检修工作。

2.检修要求

配电自动化计划检修原则上应结合配电线路停电检修一同开展，主站终端联调测试应与终端检修试验同步完成。对于影响配电自动化系统功能或配电网调度业务的检修工作，必须征得运维检修部同意或批准后方可执行。主站计算机设备检修需要停机的，应先对相关的运行数据进行存盘并做备份，重要数据应备份至专用的数据备份设备或相应安全区专用的移动存储器等设备外存储器。

（1）配电自动化系统各设备运维单位应根据设备的实际运行状况、缺陷分类及处理响应要求，对配电主站、配电自动化终端、配电通信设备的检修工作进行组织和管理，合理安排、制定检修计划和检修方式。

（2）配电运检单位应结合一次设备停电，开展停电范围内终端及二次接线的检查和检修工作。

（3）运行中的设备遥信、遥测、遥控回路和通信通道变动时，应对变动部分的相关功能进行校验：

1）当遥信回路变动时应进行遥信校验：核对一次设备开关位置与主站中开关位置一致，做遥信变位试验，验证遥信回路正确性。当保护出口回路变动时应进行保护功能校验：在终端处加二次电流，验证保护出口回路正确性。

2）当TA、TV、遥测回路、遥测系数等变动时应进行遥测校验：在一次侧或二次侧加电流、电压，核对主站端电流、电压的正确性。

3）当遥控加密文件、遥控回路等变动时应进行遥控校验，可通过解合环操作等方式对遥控预置、开关遥控功能进行验证。

4）当通信模块、ONU、OLT等变动时应进行通信系统校验，主要方式是通过主站召测数据、遥控预置的方式观察报文收发的正确性。检查IP设置是否正确，ping主站前置服务器IP地址，确认网络连接是否正常。

（4）当一次设备停电检修时，应按照停电、验电、接地、悬挂标示牌和装设遮栏（围栏）顺序进行操作，同时配电自动化装置要配合将操作方式选择开关由“远方”切至“就地”位置，退出开关遥控分合闸连接片，将开关的电动操动机构电源空开拉开，防止开关误动，并将相应的安全措施按顺序列入对应的安全措施票，按步骤执行和恢复。

（5）一次设备不停电对配电自动化设备进行检修时，应按照《国家电网公司电力安全工作规程》，并参考《配电自动化设备检修安全措施》做好安全防范工作，采取有效措施防止TV短路、TA开路，防止开关误动。将相应的安全措施按顺序列入对应的安全措施票，按步骤执行和恢复。

（6）配电自动化开关操作可参照《配电自动化开关设备典型操作票》编写操作票，做好防止开关误动措施。

（7）配电自动化设备备品备件应结合缺陷处理情况，定期检查备品备件库存，以保证消缺的需求。备品备件由各设备运维单位保管，所有备品备件应登记在册，按产品说明中有关温度、湿度等存放环境等方面的要求妥善保管。更换之前应加电进行测试，更换下来的故障设备修复后纳入备品管理。

（8）配电运检单位应按照《配电自动化用蓄电池管理要求》加强蓄电池管理，并依据平均寿命建立轮换机制。

3. 主站侧检修

主站侧检修试验内容主要包括：

（1）外观检查。

（2）遥控、遥信、遥测信号联调测试。

（3）UPS电源切换、服务器CPU使用率、内存使用率、画面响应速度、双机热备模块的主备用切换时间、存储器剩余空间、FA策略验证。

4. 终端侧检修

终端侧检修试验内容主要包括：

（1）电源部分。检查电源模块的输入电压、输出电压是否正常；检查电源模块的活化功能是否正常运行；检查蓄电池组的输出电压是否正常，电池有无漏液，电池桩头有无氧化，电池外壳有无破损；关闭核心单元直流电源，对核心单元重新上电，检查核心单元电源板及启动是否正常。

（2）装置分合闸出口连接片、插件、控制按钮外观检查。检查分合闸出口连接片有无损坏，连接片的插脚有无弯折，接触面有无氧化，连接片的连接是否紧密可靠，连接片的连接线有无松动、脱落；检查装置各个插件板与底板的接插是否紧密及可靠，插件板上电气元件有无老化或异常发热，插件板上的积尘应清扫；检查控制按钮的分合是否正常。

（3）二次接线检查。检查二次线有无明显的外皮破损，接线有无松动；接线端子有无老化、破损；接地线是否可靠接地。

对二次接线端子进行紧固，包括连接片两端的接线，TA、TV的二次接线桩头的螺栓，接地桩头的螺栓紧固。

使用后台维护软件查看配电终端装置的参数配置是否与调度所下达的装置参数一致。

对配电终端装置进行二次通流及加压试验，校验装置的采样精度，应与调度监控中心进行交流采样值的核对。

检验配电终端装置的保护功能，保护遥信及保护报文应能上送至调度监控中心。

检验配电终端装置的遥信信号，遥信信号的变位应进行实际的对应操作，不得使用短接端子或接点的方法进行。遥信信号应与调度相关部门进行核对。

与调度相关部门进行远方控制试验，包括开关机构的远方控制、蓄电池的远方活化、装置参数的远方召唤及修改。

5.2.11 运行资料管理

配电自动化系统运维单位应设专人对工程资料、运行资料、磁（光）记录介质等进行归档管理，保证相关资料齐全、准确；建立技术资料目录及借阅制度。配电自动化系统相关设备因维修、改造等发生变动，运维单位应及时更新资料并归档保存。

1.配电自动化系统

配电自动化系统应具备下列技术资料：

（1）设计单位提供的设计资料（设计图纸、概、预算、技术说明书、远动信息参数表、设备材料清册等）。

（2）设备制造厂提供的技术资料（设备和软件的技术说明书、操作手册、软件备份、设备合格证明、质量检测证明、软件使用许可证和出厂试验报告等）。

（3）施工单位、监理单位提供的竣工资料（竣工图纸资料、技术规范书、设计联络和工程协调会议纪要、调试报告、监理报告等）。

（4）各运维单位的验收资料。

2.正式运行的配电自动化系统

正式运行的配电自动化系统应具备下列技术资料：

（1）配电自动化系统相关的运维与检修管理规定、办法。

（2）设计单位提供的设计资料。

（3）现场安装接线图、原理图和现场调试、测试记录。

（4）设备投运和退役的相关记录。

（5）各类设备运行记录（如运行日志、巡视记录、缺陷记录、设备检测记录、系统备份记录等）。

（6）设备故障和处理记录。

（7）软件资料（如程序框图、文本及说明书、软件介质及软件维护记录簿等）。

（8）配电自动化系统运行报表、运行分析。

5.3 配电自动化实用化管理

推动配电自动化实用化，坚持问题导向、目标导向和结果导向，更好地支撑配电网运行监测、运维检修、故障处置，提高配电网精益化运维和数字化管控能力，保障电力安全可靠供应，助力有效提高供电可靠性。

5.3.1 实用化功能介绍

1.终端数据采集与监控

终端“四遥”（遥测、遥信、遥控、遥调）功能的深化和扩展，能够从主站系统（DMS）实时监视配电网设备运行状态，并常态化开展终端远程操作和调节。

2.配电网馈线自动化

馈线自动化是指利用自动化装置或系统，监视配电网的远行状况，及时发现配电网故障，进行故障定位、隔离和恢复对非故障区域的供电，包括集中型馈线自动化、就地型馈线自动化两种。

（1）集中型馈线自动化。集中型馈线自动化是通过配电自动化主站系统收集配电终端上送的故障信息，综合分析后定位出故障区域再采用遥控方式进行故障隔离和非故障区域恢复供电。配电自动化主站系统不仅可以在故障发生时起作用，而且在正常运行时也可以对配电网进行监控，其故障处理策略也可以根据实际情况自动调整。

（2）就地型馈线自动化。就地型馈线自动化是指在配电网发生故障时，不依赖配电主站控制，通过配电终端相互通信、保护配合或时序配合，实现故障区域的隔离和非故障区域供电的恢复，并上报处理过程及结果。

就地型馈线自动化按照是否需要通信配合，又可分为智能分布式馈线自动化和不依赖通信的重合式馈线自动化，如分支分界型、电压时间型、电压电流时间型以及改进型等。

（3）智能分布式馈线自动化。智能分布式馈线自动化是指发生故障时，不依赖于配电自动化系统的全局信息，通过配电终端相互通信，实现故障的快速定位和隔离。适用于电缆及以电缆为主的混合线路。电缆线路变电站不投重合闸，混合线路变电站投一次重合闸。适用的线路类型为单环网、双环网等线路。

3.配电网分级保护

配电网分级保护是指应用于配电线路上的继电保护功能，与变电站出线开关的继电保护功能相配合。当配电线路发生故障的时候，配电网分级保护能够快速地、有选择性地、可靠地做出正确反应，快速隔离故障，将停电范围控制到最小，影响降至最低。

4.单项接地处置功能

单项接地处置功能是指配电自动化主站根据终端上送的单相接地故障告警、暂态零序电流录波、故障方向等数据，并结合变电站选线装置选线或跳闸结果，开展故障点隔离，完成非故障区域恢复供电。

5.3.2 实用化功能运行管理

1.分级保护

配电线路分级保护应用相关的项目建设应按照配网一、二次设备“五同步”要求开展，新建及改造设备均应具备保护启用条件。

定值管理：变电站10（20）kV出线断路器保护定值由配网调控中心/县域调度控制分中心负责整定，并出具定值单；配电线路分段开关、联络开关、分支开关、环网单元出线开关、用户分界开关所配置的配电终端或继电保护装置的保护定值由配电运维单位出具；整定及验收流程。

（1）对于新投设备，项目建设管理单位（施工单位）应在施工调试开始前10个工作日联系配电运维单位并告知工程概况。

（2）配电运维单位根据整定细则和运行需求确定分级保护选点方案，在施工调试前5个工作日提交配网调控中心/县域调度控制分中心审核；确定保护定值单并提交配网调控中心/县域调度控制分中心备案，新投设备定值单需发送至项目建设管理单位。

（3）对于新投设备，施工单位根据配电运维单位制定的保护选点方案，在出具施工变更单和进行停电申请时应清晰注明分级保护启用情况和定值配置；施工变更单的流转，须经配电运维单位二次专职审核通过。

（4）配电运维单位在PMS单线图上完成配电线路分级保护启用情况和定值配置标注，并完成与配电自动化主站、OMS的图模异动工作，同步完成在主站“定值文件管理模块”中的定值信息维护。

（5）针对新投设备，由施工单位开展定值配置，由配电运维单位开展校核验收；针对存量设备，由配电运维单位完成定值配置和验收。在验收时须确认设备已进行传动试验、启用故障录波功能、定值远方召测功能。

（6）配网调控中心/县域调度控制分中心应对设备分级保护定值设置情况开展主站远方召测和校核。

（7）配电运维单位负责对验收记录、定值整定照片等进行留存归档。

保护定值异动管理：

（1）配电运维单位应将所有启用配网故障分级保护功能的设备信息录入到主站系统的“定值文件管理”模块中，且所有启用配电线路分级保护的终端必须在PMS、配电自动化系统图模中正确标注。

（2）对于正常运方调整引起的变电站外配电终端（配电线路保护装置）保护定值调整需求，由配网调控中心/县域调度控制分中心下发运方通知单至配电运维单位；配电运维单位根据运方通知单确定分级保护定值调整方案，经配网调控中心/县域调度控制分中心确认后完成现场设备定值调整工作。对于事故处理时运方调整引起的变电站外配电终端（配电线路保护装置）保护定值调整需求，配电运维单位根据调度下达的运方调整指令确定分级保护定值调整方案，经配网调控中心/县域调度控制分中心确认后完成现场设备定值调整工作。

（3）对于保护定值信息的变更，配电运维单位应及时做好PMS、配电自动化主站的图模变更以及配电自动化主站中的定值信息更新，配网调控中心/县域调度控制分中心在主站内完成图模分级保护标识与保护定值信息一致性校核。

保护定值运维管理如下：

（1）配网线路发生异常或故障时，配网调控中心/县域电力调控分中心根据配电线路分级保护动作结果，应用馈线自动化功能，实现对故障区域的快速隔离和非故障区域的恢复供电；配电运维单位优先在馈线自动化功能研判的故障区域开展巡视。

（2）配电线路分级保护缺陷管理工作参照配电终端缺陷管理、配网一次设备缺陷管理要求开展，应优先处置启用配电线路分级保护的配电终端缺陷（如离线、漏信号等）、一次设备缺陷（如操动机构故障等）。二次部分工作应严格执行二次安全措施。

（3）各单位运检管理部门牵头组织配网调控中心/县域调度控制分中心、配电运维单位开展非正确动作案例分析；配电运维单位应在故障发生后3个工作日内，将误动作分析报告提交至运检管理部门。

2.馈线自动化

（1）馈线自动化功能投运管理。新上或改造三遥线路，线路三遥开关经验收合格并送电后，由配电运检单位确认线路一、二次设备处于正常运行状态。确认无误后，由配电运检单位提交线路全自动FA投运申请，提交至配网调控中心（县调）审核。

配网调控中心（县调）收到申请后，确认投运功能数据库配置维护正确、模型一致性校核正确，并对待投运线路进行主站仿真测试。测试内容应自待投运线路的变电站出线开始，逐级往线路下游设置故障点，模拟FA的故障过程，故障点的设置应覆盖所有自动化终端的馈线段（联络电缆）和母线。测试正确后，由配网调控中心（县调）在全自动FA功能投运申请表上签字审核，并附主站仿真测试报告提交电力调控中心和运维检修部审批。

电力调控中心审核主站仿真测试报告，确认主配网数据同步正常，确认无误后在FA投运申请表上签字批准，并由电力调控中心自动化专业进行主站FA断路器配置维护（添加白名单）。运维检修部审核主站仿真测试报告，确认无误后在FA投运申请表上签字批准。

在收到经市公司运维检修部、电力调控中心批准的全自动FA投运申请表后，由配网调控中心（县调）执行全自动FA投运操作，做好记录并存档。

对于投入全自动FA的三遥线路，在发生添加、删除设备、线路改接等引起电气拓扑关系发生变化，应重新进行主站注入测试，测试通过后方可重新启用全自动FA功能。

（2）馈线自动化线路日常运行管理。对于主站与终端之间具备可靠通信条件，且开关具备遥控功能的区域，可采用集中型全自动式或半自动式。对于电缆环网等一次网架结构成熟稳定，且配电终端之间具备对等通信条件的区域，可采用就地型智能分布式，对于不具备通信条件的区域，可采用就地型重合器式。

（3）配电通信运维。配电通信网络是整个配电自动化实现的关键环节，而配电网的通信方式和通信设备选择又具备多样性的特点，所以为了提高其稳定可靠的运行，必须开展配电通信网络专业提升运维工作。应成立专门的配电通信网络运维班组。建立通信的主备通道，实现网络冗余。每日通过通信网管系统监视配电通信网络，发现异常及时启动缺陷处理流程。积极做好与无线通信运营商的沟通协调，避免因无线服务网络升级等问题导致无线终端大量离线：协调解决终端无线信号弱、通信延时大等问题。为避免重复巡视，运维人员巡视配电一次设备及终端时，应同时检查终端配套通信单元的工作状态，发现故障后及时启动缺陷处理流程。

（4）集中式馈线自动化运维。因FA正确处理涉及多个环节，包括一、二次设备正确动作、通信稳定性、主站系统的正确处理，按管理部门划分涉及配调、运检、配电工区、信通公司等多个部门，建立各部门间高效运作机制非常重要。

通过对每日的 FA 动作明细进行汇总、统计，建立周汇报、月总结制度，进行全方位全时段的 FA 问题调查分析，找出影响 FA 动作准确性的问题，并制定详尽的整改计划。

影响 FA 正确的问题主要分为变电站、EMS（调度自动化系统）、运维管理、网架、配电自动化设备（系统）问题。在变电站方面，变电站信号误报、漏报，变电站保护或跳闸信号丢失，变电站保护、跳闸时间配合问题、变电站装置问题。在EMS方面，主要包括 EMS 信号误报、漏报，EMS 保护或跳闸信号丢失，EMS 保护、跳闸时间配合问题。在运维管理方面，EMS遥控权限未开通、交电站出线开关未投一次/二次重合、线路上无自动化开关、联络开关未上自动化、自动化未投运、检修（实验）未挂实验牌、线路未改造、未作线路单线图、终端掉线未消缺等。

现场及时消缺处理。按照FA分析报告，对于存在的问题及时调查、分析并处理，不断优化网架结构，提升运维管理水平和工作流程，提升主站、二次设备的产品质量，提高通信质量，提升 FA 正确率。

（5）就地型馈线自动化运维。就地型馈线自动化模式下的设备，在投运后的检修情况主要包括由运行转检修、由检修转运行、由备用转检修、由检修转备用、由备用转运行等多种情况，需要根据不同的检修模式进行区别对待，制定相应的操作规程。

（6）智能分布型 FA 运维。运维人员应熟练掌握现场分布式FA 终端的调试、测试和运维技术。现场一次线路、一次设备或二次设备的检修时，须按照运维需要，对相关出口和功能的硬压板、软压板进行正确的投退操作，避免引起检修时的安全生产事故。

分布式FA功能所在线路的配电主站图模异动管理，以及包含故障处理动作参数在内的各类现场参数管理，应纳入配电设备投运或停复役管理流程。分布式 FA 功能的投退管理，应纳入所在配电线路的管理范围。

应定期检查环网箱的环境温度、湿度、防护等满足运行要求。定期检查开关机构及配套后备电源，确保开关分合及电源的正常工作。

（7）馈线自动化异动管理。已投运全自动馈线自动化线路，因系统停电检修或改造时产生异动，在线路启动前，由配网调控中心（县调）将线路全自动FA功能切至离线状态。

线路异动重新投运后，由配网调控中心（县调）论证是否需要重新进行主站注入测试。若需要重新测试，则由配网调控中心（县调）在线路异动结束并送电后，由配网调控中心完成异动点及上游区域的典型故障主站注入测试，并出具主站测试报告，由电力调控中心确认。电力调控中心确认无误后，反馈全自动FA线路异动申请表至配网调控中心（县调），由配网调控班组重新投入异动线路的全自动馈线自动化功能。

3.遥控应用管理

新投配电自动化“三遥”终端，必须通过配电自动化主站进行调试，保证动作的正确性。配电自动化终端的远方遥控功能应通过配电自动化主站进行实际的遥控调试，并验收合格。遥控功能由配电自动化运维人员配合属地终端运维人员调试完成，具备遥控功能后，遥控操作由配调（县调）人员执行。

各属地运维单位是配电自动化远方遥控终端运行、维护、管理的主要责任单位，负责辖区内配电自动化远方遥控终端设备的运行维护。配网调控中心（主站运维单位）配合各区县公司进行终端远方遥控操作异常分析，对远方遥控操作不成功情况进行消缺整改。

凡具备远方遥控操作功能的配电自动化终端，如需进行操作，应优先采用远方遥控操作方式。具备远方遥控操作条件的终端，应在配电自动化系统画面中对该终端采取明显实用的提示信息，以利于配调（县调）进行遥控操作。

配电自动化系统中电气接线图和设备双重名称必须实时与现场实际相符，出现图实不符时，严禁通过配电自动化系统进行遥控操作，由配调（县调）通知属地运维单位核实。

正常运行时，已具备远方遥控操作条件并调试正常的配网终端，其“远方/就地”切换开关（遥控压板）应在“远方”位置。

接入配电自动化系统的可遥控设备有一次或二次工作时，“远方/就地”

开关均应切换至“就地”位置。

接入配电自动化系统的可遥控设备一次或二次工作结束，设备正常送电前，“远方/就地”开关均应恢复至“远方”位置。

配电自动化系统的可遥控设备故障或有缺陷时，属地运维人员可申请将“远方/就地”开关切换至“就地”位置，配调（县调）做好相关缺陷记录。

配网设备的“远方/就地”开关由配调（县调）进行统一管理，委托属地运检人员进行操作。

遥控操作必须由两人进行，一人监护，一人操作，严禁下达遥控命令和遥控操作均为同一人。配电自动化终端远方遥控操作后，配调（县调）应根据配电自动化系统反映的设备状态指示、遥测信号变化信息、遥信信号变化信息，确定终端位置、电流及电压等信息均已发生对应变化，并满足两个非同样原理或非同源指示“双确认”后，方可确认该终端操作到位。若对远方操作结果有疑问，应通知相应属地运维人员进一步核对设备状态。

遥控操作过程中，若自动化系统发生异常（如通信异常、返校错误、遥控信号变位有误等）或遥控失灵时，应立即停止遥控操作，由主站自动化运维人员配合属地运维人员检查现场设备状态，根据现场检查情况决定是否继续进行遥控操作。如需改由现场继续进行操作的，应由配调（县调）下达调度指令。

配调（县调）远方遥控操作中，若电网或现场设备发生事故、异常及故障且影响操作安全时，应立即终止操作。

4.线路故障时配电自动化处置流程管理

（1）故障定位。当线路发生短路故障或小电阻接地系统的接地故障时，若为瞬时故障，变电站出线开关跳闸重合成功，恢复供电；若为永久故障，变电站出线开关再次跳闸并报告主站，同时故障线路上故障点上游的所有FTU/DTU由于检测到短路电流，也被触发，并向主站上报故障信息。而故障点下游的所有FTU/DTU则检测不到故障电流。主站在接到变电站和FTU的信息后，作出故障区间定位判断，并在调度员工作站上自动调出该信息点的接线图，以醒目方式显示故障发生点及相关信息。

当线路发生接地故障时，变电站接地告警装置告警，若配电线路未安装有选线、选段开关，则通过人工或遥控方式逐一试拉出线开关进行选线，然后再通过人工或遥控方式试拉分段开关进行选段。如果配电线路已安装有具备接地故障选线功能的配电终端，则配电主站系统在收到变电站接地告警信息和配电终端的接地故障信息后，作出故障区间定位判断，并在调度员工作站上自动调出该信息点的接线图，以醒目方式显示故障发生点及相关信息。

（2）故障区域隔离。故障区域隔离有两种操作方案，手动或自动。

手动隔离：主站向调度员提示馈线故障区段、拟操作的开关名称，由调度员确认后，发令手动遥控将故障点两侧的开关分闸，并闭锁合闸回路。

自动隔离：主站发令给故障点两侧开关的FTU/DTU进行分闸操作并闭锁，在两侧开关完成分闸并闭锁后FTU/DTU上报主站。

（3）非故障区域恢复供电。主站在确认故障点两侧开关被隔离后，执行恢复供电的操作。恢复供电操作也分为手动和自动两种。

由调度员手动或由主站自动向变电站出线开关发出合闸信息，恢复对故障点上游非故障区段的供电。

对故障点下游非故障区段的恢复供电操作，若只有一个单一的恢复方案，则由调度员手动或主站自动向联络开发发出合闸命令，恢复故障点下游非故障区段的供电。

对故障点下游非故障区段的恢复供电，若存在两个及以上恢复方案，主站向调度员提出推荐方案，由调度员选择执行。

5.3.3 实用化要求

根据配电自动化的基础管理、主站和终端应用及运维、指标体系等相关方面评价考核。

1.基础管理

（1）运维制度。

基本要求：明确配电自动化运行管理主体，明确配电自动化缺陷处理响应时间，满足配电网运行管理要求。

核实办法：查看文件、运行日志、检修记录、巡视记录、缺陷记录等相关资料。

（2）职责分工。

基本要求：明确涉及配电自动化系统工作的各部门职责，明确配电自动化系统主站、终端（子站）设备、通信系统等运行维护单位，明确各单位的工作流程及消缺流程。

核实办法：查看文件、运行日志、检修记录、巡视记录、缺陷记录等相关资料。

（3）运维人员。

基本要求：熟悉所管辖或使用设备的结构、性能及操作方法，具备一定的故障分析处理能力。

核实办法：查看人员的培训记录，随机选取运维人员进行现场询问。

（4）配电自动化缺陷处理响应情况。

基本要求：满足相关运维管理规范要求以及配网调度运行和生产指挥的要求。

核实办法：查看缺陷处理记录、系统挂牌情况、实际缺陷流转流程。

2. 主站和终端应用及运维

（1）馈线自动化使用情况。

基本要求：故障时能判断故障区域并提供故障处理的策略。

核实办法：查看配网故障分析报告、配网调控日志和主站系统运行记录等资料、FA 动作分析报告。

（2）配网数据维护情况。

基本要求：异动流程完善，数据维护的准确性、及时性和安全性满足配网调行和生产指挥的要求。

核实办法：抽查异动流程记录，抽查部分配电线路的图形、设备参数、实时信息与现场实际及源端系统的一致性。

（3）终端运行管理。

基本要求：能够实现配电终端运行管理，包括参数管理、设备运行监测、故障处理、缺陷分析等，能够对终端运行异常进行监测，对异常进行处理，对设备故障进行缺陷分析，并形成相应的历史记录。

核实办法：抽查部分终端运行状态，查看终端异常分析是否准确，异常是否能够闭环处理，是否进行设备缺陷分析，查看是否有各类终端运行异常和缺陷的历史记录。

3.指标应用

（1）配电终端覆盖率。

基本要求：配电终端覆盖率不小于建设和改造方案配电终端规模的95%。

统计公式：已投运配电终端数量/建设和改造方案中应安装配电终端数量×100%。

统计依据：查看被验收单位提供的配电自动化设备台账和设备投/退运资料。

核实办法：根据给定的统计公式，统计核实配电终端覆盖率，并随机抽查部分设备。

（2）配电主站月平均运行率。

基本要求：≥99%。

统计公式：全月日历时间－配电主站停用时间/全月日历时间×100%。

统计依据：配电主站运行记录，被验收单位的自查报告和主站系统指标统计情况。

核实办法：根据给定的统计公式，逐月统计核实配电主站系统的月平均运行率。

（3）配电终端月平均在线率。

基本要求：≥95%。

统计公式：[0.5 ×（所有终端在线时长/所有终端应在线时长）+0.5 ×（连续离线时长不超过3天的终端数量/所有终端数量）]×100%。

统计依据：配电终端运行记录、被验收单位的自查报告和主站系统指标统计情况。

核实办法：根据给定的统计公式，逐月统计核实配电终端的月平均在线率。

（4）遥控成功率。遥控成功率是指配电终端在线且可用情况下的遥控成功率，当预遥控命令下发返校成功但没有下发正式执行的遥控命令的情况不作统计。

基本要求：≥98%。

统计公式：考核期内遥控成功次数/考核期内遥控次数总和 ×100%。

统计依据：主站系统运行记录和被验收单位的自查报告。

核实办法：查看主系统运行记录、被验收单位的自查报告和主站指标统计情况。

（5）遥信动作正确率。

基本要求：≥90%。

统计公式：所有自动化开关遥信变位与终端SOE记录匹配总数/所有开关遥信变位记录数。

统计依据：主站系统运行记录、被验收单位的自查报告和主站指标统计情况。

核实办法：根据给定的统计公式核实变位时遥信动作正确率，并随机抽查核实遥信动作正确情况。

自动化终端不具备SOE功能的，不纳入考核统计。

（6）馈线自动化成功率。

基本要求：应用馈线自动化，有正确动作记录，且馈线自动化动作正确率不小于90%。

统计公式：馈线自动化成功执行事件数量/馈线自动化启动数量。

统计依据：主站系统运行记录、配网故障分析报告、配网调控日志和被验收单位的自查报告。

核实办法：核对系统运行记录及相关资料，检查馈线自动化事件动作正确性，30min内通过全自动或人工遥控方式完成馈线自动化故障处理均认为动作正确。

5.3.4 典型配置原则

1.级差保护典型配置

将变电站10（20）kV线路开关保护I段动作时限分为五种类型，列出了以下典型配网分级保护配置模式，各地市供电公司可根据实际情况进行灵活选取，典型配置和定值范围见表5-2。

▼ 表5-2　配电线路分级保护典型配置及定值范围

变电站出线开关I段时限t	配置级数	配电线路分级保护配置及定值表			
		第一级保护	第二级保护	第三级保护	第四级保护
		变电站出线开关	分段/分支/分界	分段/分支/分界	分段/分支/分界
t<0.2s	二级	t<0.2s	0~0.1s	—	—
0.2s≤t<0.3s	二级	0.2s≤t<0.3s	0~0.2s	—	—
0.3s≤t<0.4s	三级	0.3s≤t<0.4s	0.1~0.2s	0~0.1s	—
0.4s≤t<0.5s	三级	0.4s≤t<0.5s	0.2~0.3s	0~0.1s	—
t≥0.5s	四级	t≥0.5s	0.3~0.4s	0.1~0.2s	0~0.1s

注　1.各单位可根据设备整组动作时间，时间级差可取0.1~0.3s。
　　2.满足三级配置条件的，建议第一级和第二级保护之间时间级差不小于0.2s。
　　3.为了减少停电范围，在时间级差不能够满足0.2s的情况下，可采用不完全配合，时间级差可选取0.1s或0.15s。

（1）变电站10（20）kV出线开关保护I段动作时限满足t<0.2s时，考虑到保护时间级差要求，宜启用变电站出线开关保护和用户分界开关保护，配置简图如图5-6所示。

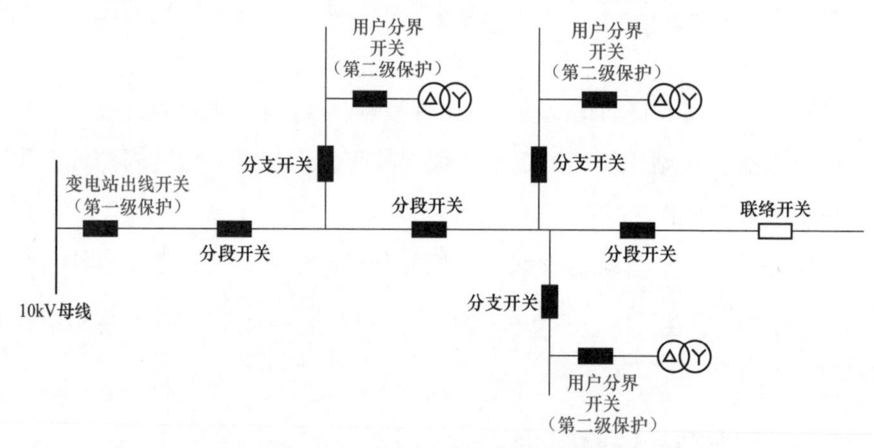

▲ 图5-6　变电站出线开关I段动作时限t<0.2s

（2）变电站10（20）kV出线开关保护I段动作时限满足0.2s≤t<0.3s时，考虑到保护时间级差要求，可启用：①变电站出线开关保护和用户分界开关保护；②变电站出线开关保护和分支开关保护；③变电站出线开关保护和分段开关，保护配置简图如图5-7所示。

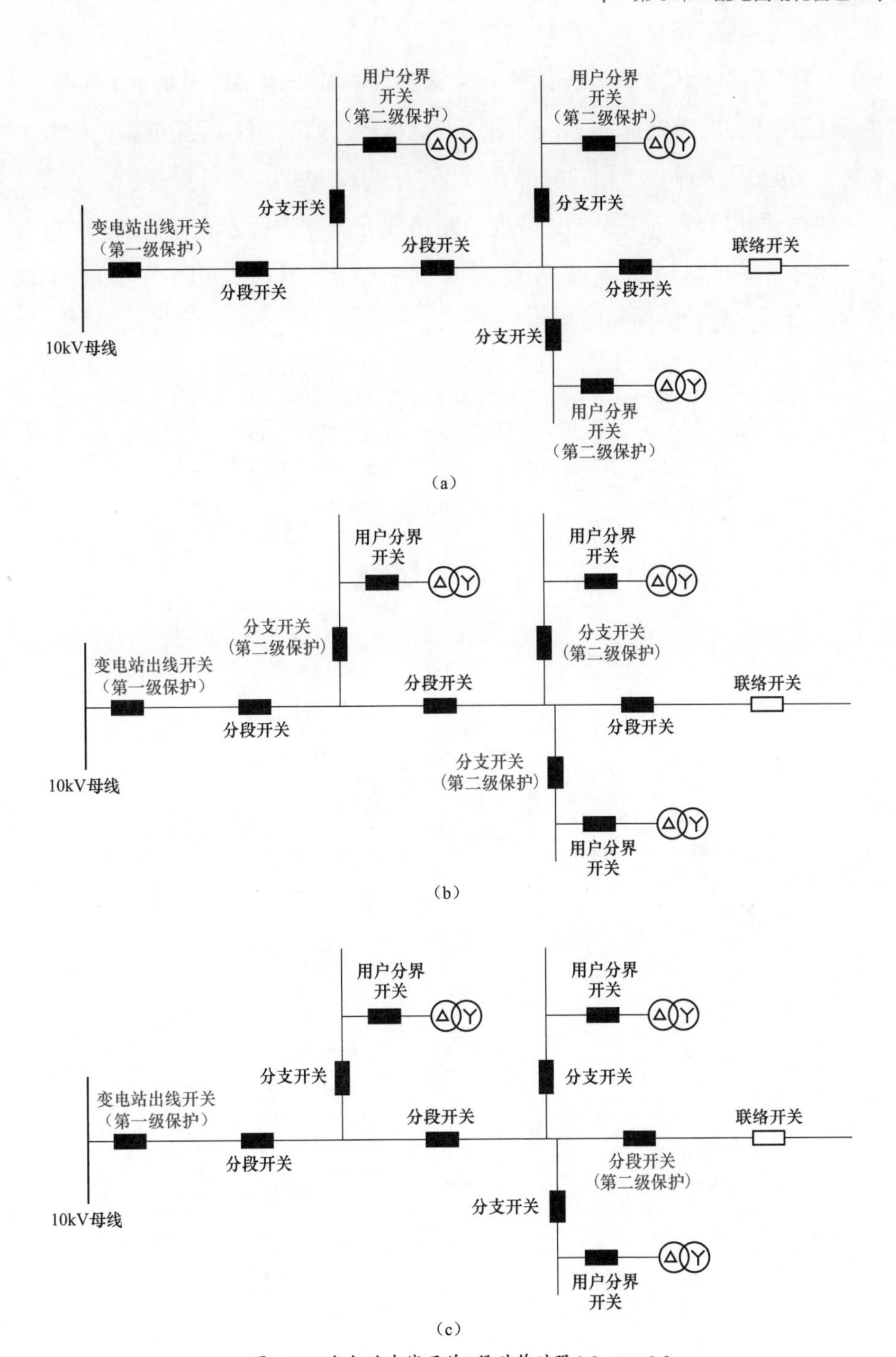

▲ 图 5-7　变电站出线开关I段动作时限 $0.2s \leq t<0.3s$

（a）出线开关＋用户分界开关两级保护；（b）出线开关＋分支开关两级保护；（c）出线开关＋分段开关两级保护

（3）变电站10（20）kV出线开关保护Ⅰ段动作时限满足0.3s ≤ t<0.4s时，在满足选择性要求的前提下，可启用三级保护。可启用：①变电站出线开关保护、分支开关保护、用户分界开关保护；②变电站出线开关保护、分段开关保护、用户分界开关保护；③变电站出线开关保护、分段开关保护、分支开关保护。注意：上述配置中分段开关保护和分支开关保护动作时限应保证不小于0.1s，配置简图如图5-8所示。

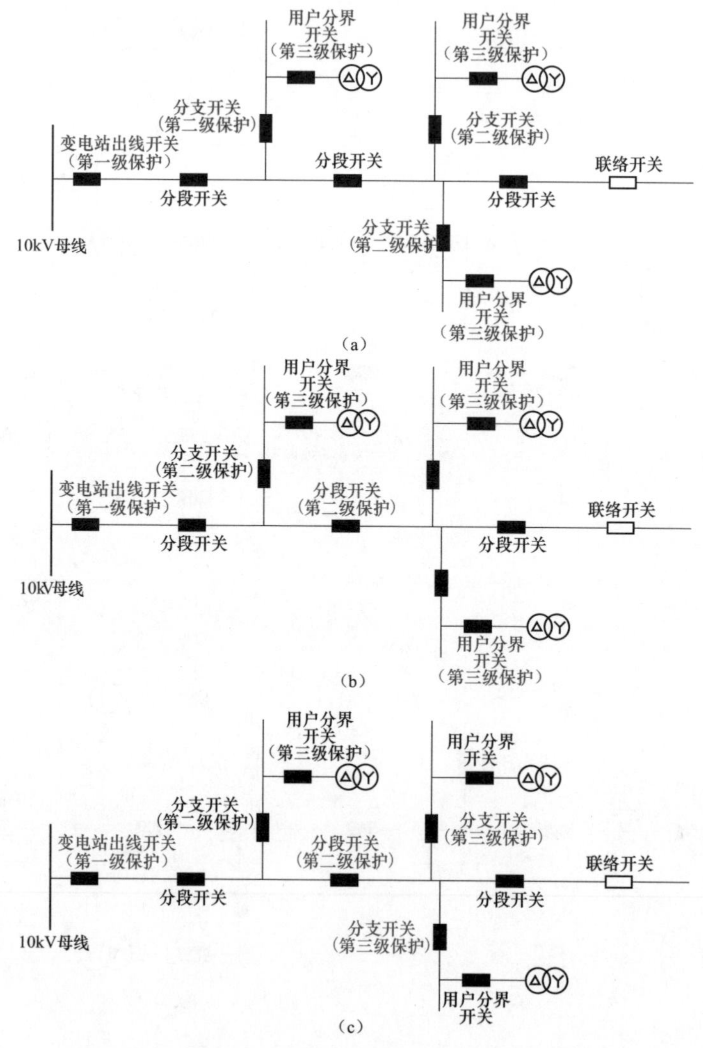

▲ 图5-8　变电站出线开关Ⅰ段动作时限0.3s ≤ t<0.4s（一）

（a）出线开关+分支开关+用户分界开关三级保护；（b）出线开关+分段开关+用户分界开关三级保护；（c）出线开关+分段开关+分支开关三级保护

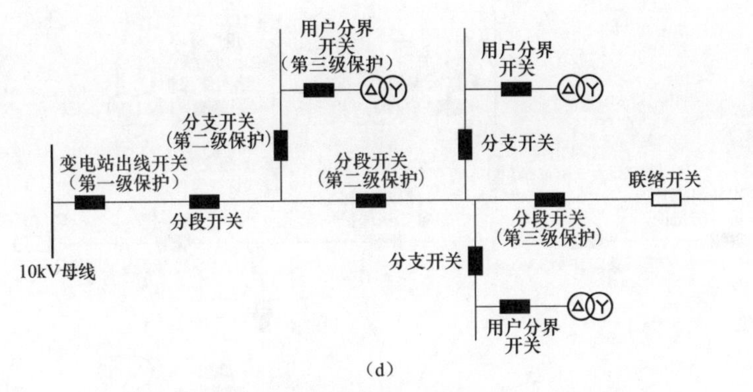

（d）

▲ 图5–8 变电站出线开关Ⅰ段动作时限0.3s ≤ t<0.4s（二）

（d）出线开关＋分段开关＋分段开关三级保护

（4）变电站10（20）kV出线开关保护Ⅰ段动作时限满足0.4s ≤ t < 0.5s时，在满足选择性要求的前提下，可启用三级保护。

（5）变电站10（20）kV出线开关保护Ⅰ段动作时限满足t ≥ 0.5s时，在满足选择性要求的前提下，可启用变电站出线开关保护、分段开关保护、分支开关保护、用户分界开关保护四级保护，配置简图如图5–9所示，此配置为保护最大化配置，各地市应根据实际情况合理选配。

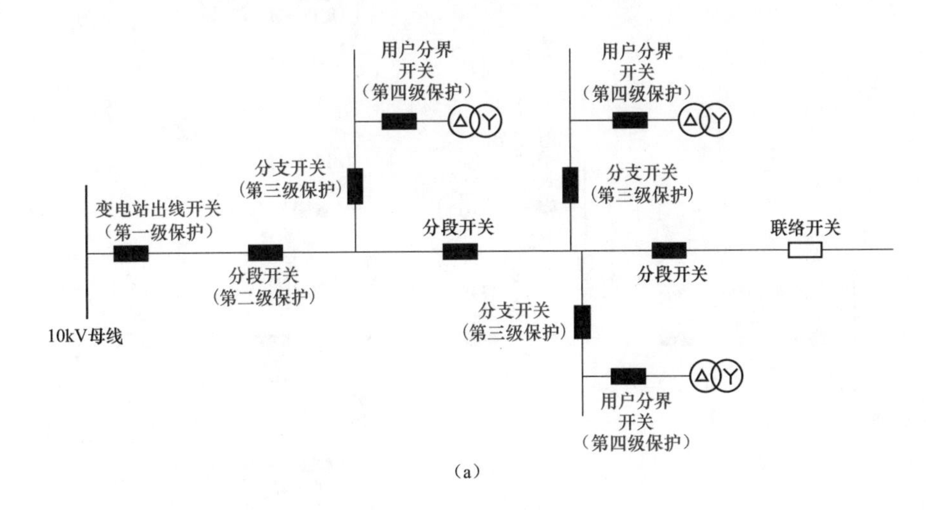

（a）

▲ 图5–9 变电站出线开关Ⅰ段动作时限t ≥ 0.5s（一）

（a）四级保护配置情况1

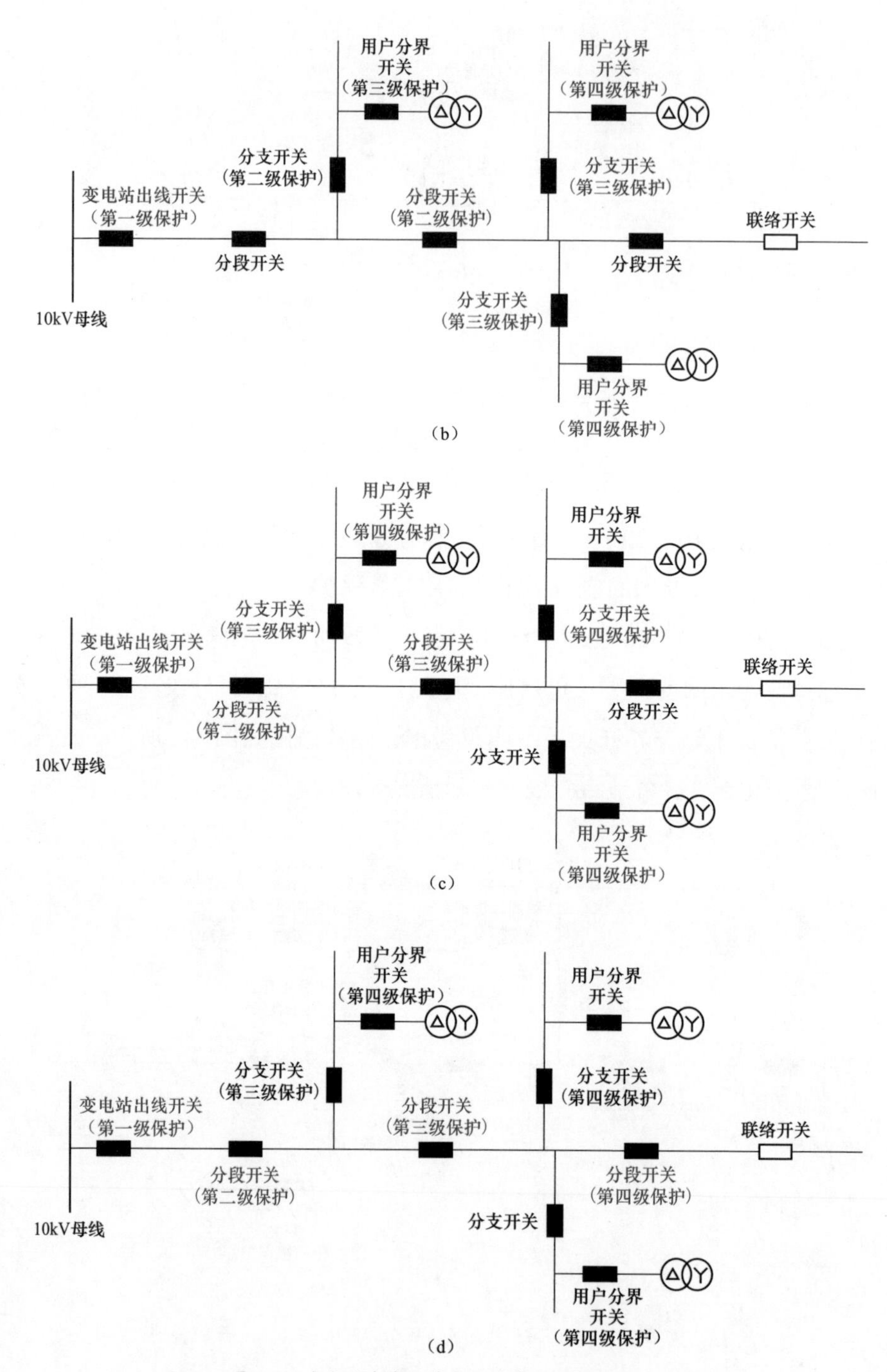

▲ 图5-9　变电站出线开关Ⅰ段动作时限$t \geq 0.5$s（二）

（b）四级保护配置情况2；（c）四级保护配置情况3；（d）四级保护配置情况4

2.馈线自动化典型应用原则

故障处理从简单故障和复杂故障两个层面来考虑。如果环网是双电源供电，且满足*N*–1原则，即当一个电源点发生故障时，对端电源能带动环网上的所有负荷，系统按简单故障处理模式进行处理。断路器出口故障、母线故障、电缆线故障、负荷侧故障、线路末端故障都属于简单故障的范围。下面将分别对其故障处理过程做介绍。

如果环网具有多电源（大于2），或虽是双电源供电，但不满足*N*–1原则，系统将进一步按复杂故障处理模式进行处理。针对故障电流信号不连续故障、一侧多点故障、一侧及对侧同时故障、开关不可控需要扩大范围的故障、负荷不能全部被转供需要甩负荷、负荷拆分的故障、联络开关处故障都属于复杂故障。

典型电气接线示意如图5–10所示，以此为例说明简单故障和复杂故障的故障处理方案。

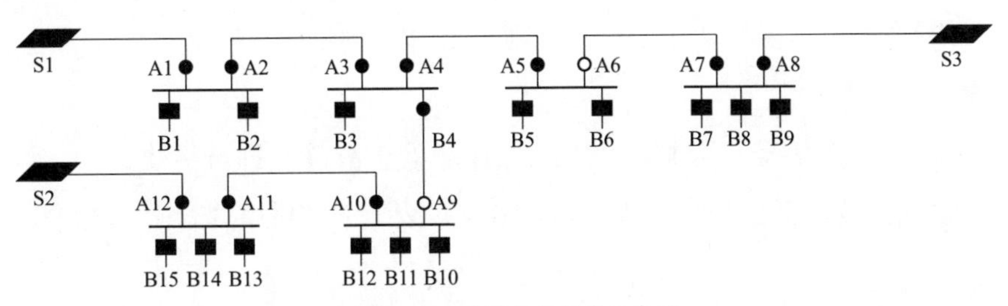

▲ 图5–10 典型电气接线示意图

（1）简单故障。

1）断路器出口故障。断路器出口故障如图5–11所示。

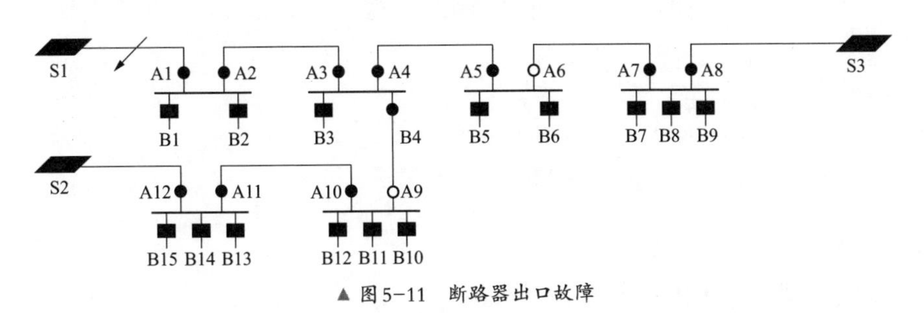

▲ 图5–11 断路器出口故障

故障处理：

a.断路器S1，保护动作、开关分闸。

b.根据动作信号可判定 S1～A1区域发生故障，即出口断路器S1故障，断开A1完成故障区域隔离，合上A9或者A6恢复故障下游，下游故障恢复原则参见负荷转供优选原则。

2）母线故障。母线故障如图5-12所示。

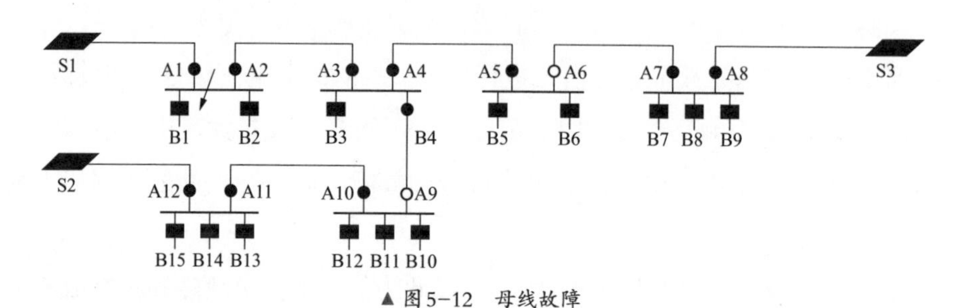

▲ 图5-12　母线故障

故障处理：

a.断路器S1，保护动作、开关分闸。

b.A1故障告警。

c.根据动作信号，可判定 A1～A2区域发生故障，即母线Ⅰ故障，断开A1、A2隔离故障区域，合上A9或者A6恢复故障下游供电，合上S1恢复上游供电。

3）电缆故障。电缆故障如图5-13所示。

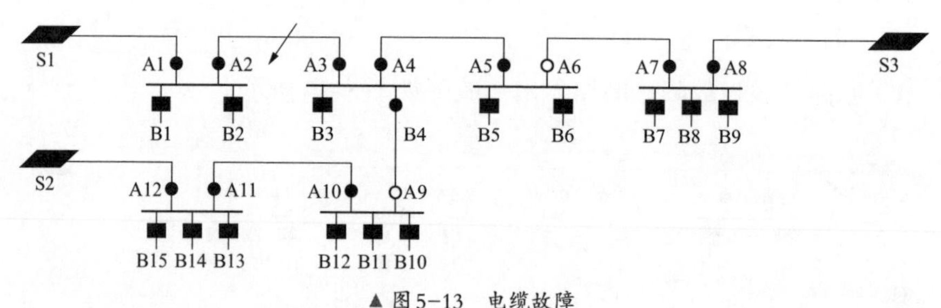

▲ 图5-13　电缆故障

故障处理：

a.断路器S1，保护动作、开关分闸。

b.A1故障告警，A2故障告警。

c.根据动作信号，可判定 A2～A3区域发生故障，即电缆故障，断开A2、A3隔离故障区域，合上A9或者A6恢复故障下游供电，合上S1恢复上游供电。

4）负荷侧故障。负荷侧故障如图5-14所示。

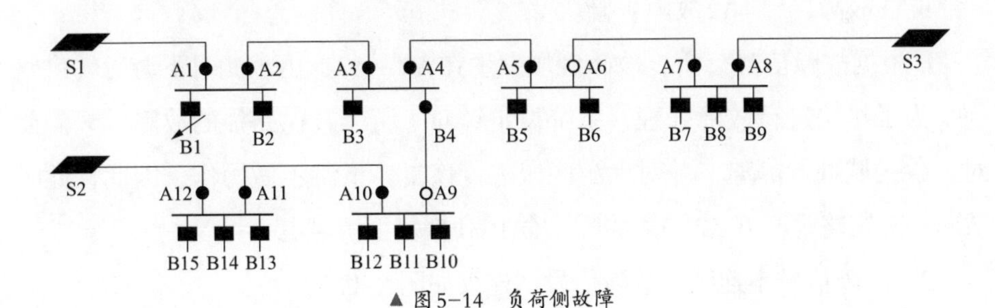

▲ 图5-14 负荷侧故障

故障处理：

a.断路器S1，保护动作、开关分闸。

b.A1故障告警，B1故障告警。

c.根据故障信号，可判定 B1下游区域故障，即负荷侧故障，断开B1隔离故障，合上S1恢复上游供电。

5）线路末端故障。线路末端故障如图5-15所示。

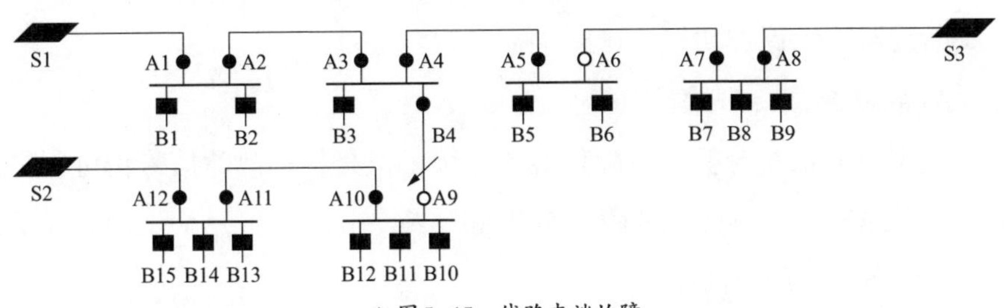

▲ 图5-15 线路末端故障

故障处理：S1跳闸，开关A1、A2、A3、B4有故障电流，可判定B4下游区发生故障，断开B4隔离故障，合上S1恢复上游供电。

（2）复杂故障。

1）未有转供路径故障如图5-16所示。

故障处理：

a.断路器S1，保护动作、开关分闸。

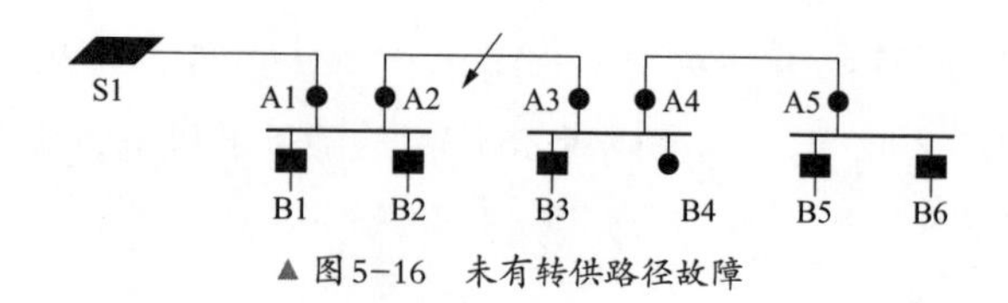

▲ 图 5-16　未有转供路径故障

b.A1故障告警，A2故障告警。

c.根据故障信号分析，故障区域发生在A2～A3，由于此时下游无转供路径，为了尽快进行故障处理，系统设定针对下游无转供路径的故障，只需要对上游区域进行隔离，并对上游区域进行恢复，下游不做操作。因此，此时故障处理策略为断开A2隔离故障，合上S1恢复上游供电。

2）故障信号不连续。故障信号不连续如图5-17所示。

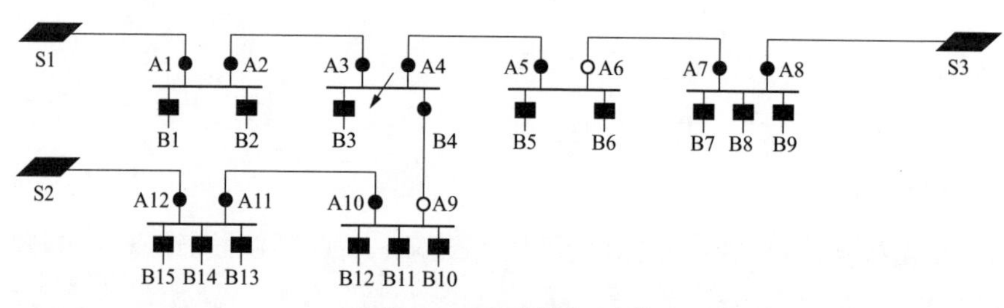

▲ 图 5-17　故障信号不连续

故障处理：

a.断路器S1，保护动作、开关分闸。

b.A1故障告警，A3故障告警。

c.根据故障信号分析，故障信号不连续，但是根据故障信号仍可判定故障区域为定A3-A4-B4区域故障，断开A3、A4、B4，合上A6和A9恢复下游供电，合上S1恢复上游供电。

3）本侧多点故障。本侧多点故障如图5-18所示。

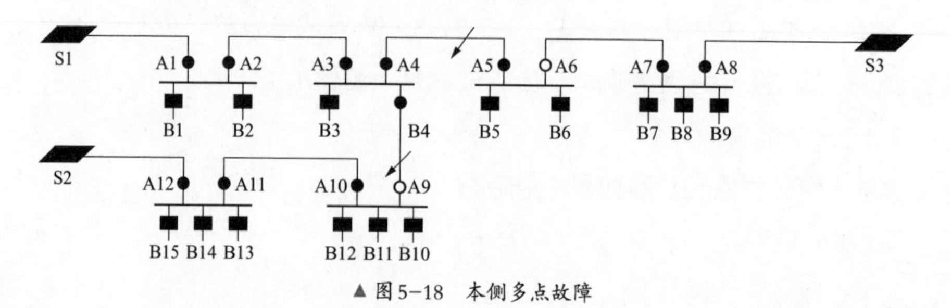

▲ 图 5-18　本侧多点故障

故障处理:

a.断路器S1，保护动作、开关分闸。

b.A1故障告警,A2故障告警,A3故障告警,A4故障告警,B4故障告警。

c.根据故障信号分析，故障区域大于一处，根据故障信号断定，可判定A4～A5和B4下游区域故障，断开A4、A5、B4隔离故障，合上A6下游供电，合上S1恢复上游供电。

4）本侧对侧同时故障。本侧对侧同时故障如图5-19所示。

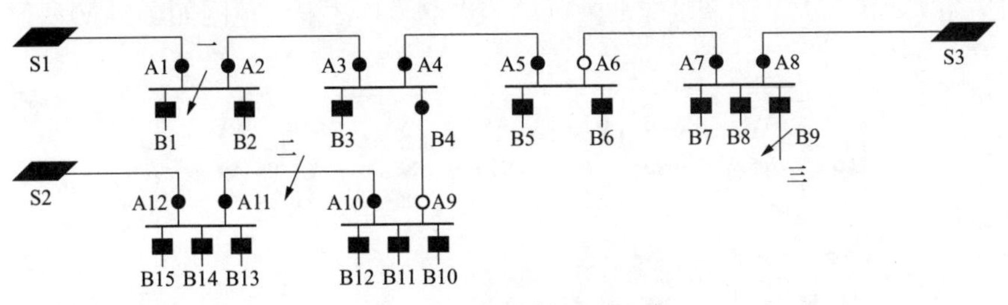

▲ 图 5-19 本侧对侧同时故障

故障处理:

a.断路器S1，保护动作、开关分闸。

b.A1故障告警。

c.断路器S2，保护动作、开关分闸。

d.A12故障告警，A11故障告警。

e.断路器S3，保护动作、开关分闸。

f.A8故障告警，B9故障告警。

g.根据故障信号分析，发生三个故障分别导致S1 、S2 、S3跳闸，根据故障电流，可判定A1～A2、A11～A10、B9下游三个区域故障，分别给出故障处理方案，断开A1，合上S1，处理故障一，断开A11、A10合上S2，处理故障二，断开B9合上S3，处理故障三。

h.并发故障时，如果是耦合性故障，给出两个故障的处理可能没有转供方案，如故障一和故障三，但是当一个故障处理完毕之后，可以对另一个故障做二次分析的处理，可能得到转供方案。如故障三处理之后，对故障一再次分析，可以得到下游恢复方案，即合上A6。

i.再次分析只对交互方式可操作，自动方式下，为了安全考量，不考虑耦合故障信息。

5）扩大隔离范围。根据过电流保护（或故障指示器），确定的故障区域是故障隔离最小区域，因为各种要求，故障隔离区域还可能需要被扩大。比如：隔离开关被挂有不可操作标志牌；隔离开关已尝试分闸，但不成功，上送拒动标志信号（主站和就地配合时用到）；开关是否可遥控，包括该开关是否有遥控点号，通信是否正常；是否挂有短接牌。此时，需要通过扩大隔离范围，确保隔离故障和最大范围恢复非故障区域的供电。扩大隔离范围如图5-20所示。

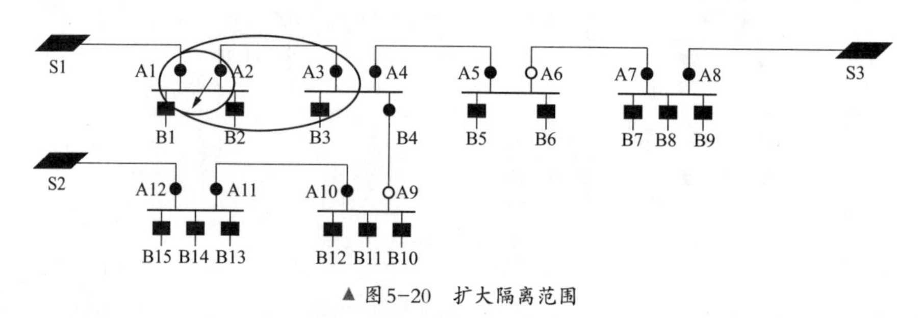

▲ 图5-20　扩大隔离范围

故障处理：

断路器S1，跳闸，A1有故障电流，判定故障区域在A1～A2，如果开关 A2不可遥控，故障区域就由A1～A2，自动扩大为下一个可控的开关即A1～A3，如图 5-20 所示。所以断开A3、A1隔离故障，合上A6或者A9恢复下游供电，合上S1，恢复上游供电。本系统关于是否扩大隔离范围需要配置相关的系统参数才能启动此项功能。

6）甩负荷。当需要转供的负荷容量大于转供容量时，需要考虑甩去部分负荷。甩负荷如图5-21所示。

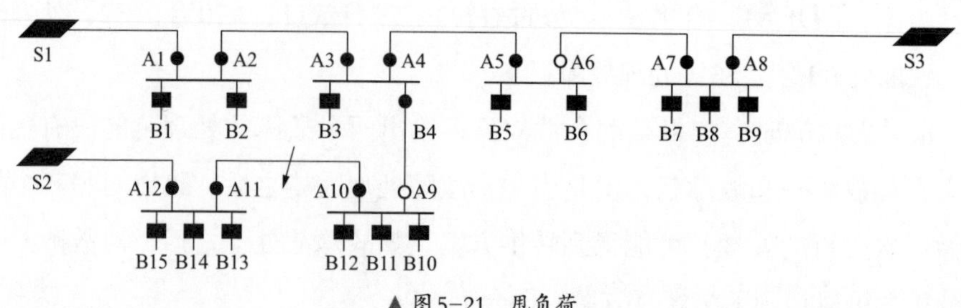

▲ 图5-21　甩负荷

故障处理:

S2跳闸，A12、A11有故障电流，判定故障区域为A11～A10，断开A10和A11隔离故障，合上A9恢复下游负荷供电，如果此时可转供容量小于非故障区域需转供负荷量即B12+B11+B10，要甩去部分负荷。甩负荷的原则是从最小容量的负荷甩，挂有保电的负荷最后甩。

第6章
配电网数字化管理

6.1 电网数字化转型的背景

1. 数字技术推动社会变革

工业革命的颠覆性技术能够使生产力得到迅猛提高，引起生产关系的调整，形成新的经济发展方式，促进经济结构改变和产业变革，推动社会深刻变革。第一次工业革命由蒸汽技术驱动，推动生产模式进入机械化时代；第二次工业革命由电力技术驱动，推动生产模式进入电气化时代；第三次工业革命由信息技术驱动，计算机与网络应用推动社会进入信息化时代。当前，以新一代数字技术为驱动的第四次工业革命正在推动社会的变革。云计算、大数据、物联网、移动互联网、人工智能、区块链等数字技术应用，推动数字与产业的全面融合，促进社会经济形态由工业经济向数字经济转变，实现经济高质量发展，推动经济社会深层次变革，数字经济已成为第四次工业革命的主战场。

2. 数字发展成为国家战略

我国高度重视产业数字化以及数字生态建设，“十四五”规划和2035年远景目标纲要作出“营造良好数字生态”的重要部署，明确了数字生态建设的目标要求、主攻方向、重点任务，并着力营造开放、健康、安全的数字生态。建设“数字中国”、发展“数字经济”成为我国国家战略。推动数字经济与实体经济融合发展，把握数字化、网络化、智能化方向，推动制造业、服务业、农业等产业数字化，以数字化转型整体驱动生产方式、生活方式和治理方式变革。政府大力推动大数据技术产业创新，发展以数据为关键要素的数字经济，运用大数据提升国家治理现代化水平，促进保障和改善民生。

3.数字技术助力能源革命

随着新能源和可再生能源技术、电动汽车技术、综合能源技术的发展与应用，以及“碳达峰、碳中和”战略的驱动，当前能源供需格局呈现可再生能源逐步替代化石能源、能源供给由集中式向分布式转变、能源消纳从远距离平衡向就地平衡方式转变、负荷侧能量流从单向供给向双向流通转变等趋势。亟须推进数字技术与能源行业深度融合，助力数字化、清洁化、个性化、便捷化、开放化用能需求得到满足；亟须提高能源利用效率与新能源渗透率，降低能耗和对传统化石能源的依赖；亟须打通能源产业链上下游各环节，促进数据要素充分流通，实现更大范围的协作与共享，带动能源产业全面、可持续发展。

6.2 电网公司数字化转型战略

6.2.1 国家电网有限公司数字化转型战略

1.数字化发展历程与成效

2020年国资委发布《关于加快推进国有企业数字化转型工作的通知》，为国企数字化转型指明了方向。通知要求国有企业贯彻落实习近平总书记关于推动数字经济和实体经济融合发展的重要指示，深刻理解数字化转型的重要意义、着力夯实数字化转型基础、加快推进产业数字化创新、全面推进数字产业化发展，从而推动新一代信息技术与制造业深度融合，打造数字经济新优势等决策部署，促进国有企业数字化、网络化、智能化发展，增强竞争力、创新力、控制力、影响力、抗风险能力，从而提升产业基础能力和产业链现代化水平。

国家电网有限公司一直将数字化作为电网转型升级和企业创新发展的重要抓手。作为能源革命和数字革命相融并进趋势的必然选择，国家电网有限公司持续以数字化、现代化手段推进电网管理建设，来实现经营管理全过程实时感知、可视可控、精益高效，提高客户获得感和满意度。

自“十一五”以来，通过三个五年发展，实现了数据获取从无到有、信息从分散向集中、业务从线下向线上转变的全过程。在“十一五”阶段，主要解决从无到有的问题，所有的业务由线下到线上，核心业务全部实现了信息化管理，也实现了部分数据采集的数字化。在“十二五”期间，主要实现了由孤岛到集成、从壁垒到协同，信息系统逐步进行了集中、集成和融合。“十三五”的转型工作主要是向云端转化，建成了国网云，应用系统逐步云化，力求实现数据充分共享、业务深度融合、系统安全可靠，在营销系统、生产管理系统、人力资源、财务等多方面启动了业务应用转型，为企业的数字化转型奠定了坚实基础。在“十四五”期间，国家电网大力推进“智慧国网”建设，通过“三融三化”和“三条主线”进行数字化转型升级，信息技术、数字技术全面融入电网业务、融入生产一线、融入产业生态，进行架构的中台化、数据的价值化和业务的智能化，实现能源电力数字化、运营服务数字化、能源数字产业化。

2.数字化转型新趋势与新目标

辛保安董事长表示，数字化是适应能源革命和数字革命相融并进趋势的必然选择，随着现代信息技术和能源技术深度融合、广泛应用，能源转型的数字化、智能化特征进一步凸显。数字化也是提升管理改善服务的内在要求，国家电网所运营电网需要以数字化、现代化手段推进管理变革，实现经营管理全过程实时感知、可视可控、精益高效，同时提高服务水平，提升客户获得感和满意度。数字化还是育新机开新局培育新增长点的强大引擎，加快数字化转型、发展数字经济已成为国内外大型企业促进新旧动能转换、培育竞争新优势的普遍选择。

数字化工作涉及各层级、各领域，是一个不断完善、不断积累、持续优化的长期过程，需要围绕发展目标，反复迭代、探索前行，当前数字化工作已经进入到承前启后、换挡提速的关键阶段，呈现出一些新的变化。在业务领域方面，正由管理信息化向电网数字化延伸；在数据要素方面，正在由数据资源管理向数据资产管理延伸；在发展模式方面，正由大规模建设向高质量运营延伸；在服务范围方面，正由服务专业管理向服务基层作业延伸；在实现价值方面，正由服务支撑为主向赋能引领为重延伸。

在明确数字化转型发展战略纲要，全领域、全过程推进数字化转型后，作为服务“双碳”目标、应对气候变化的重要手段与途径，在能源电力数字化方面，构建覆盖输变配全环节的数字化设备管理体系，在运营服务数字化方面，推动人财物等核心资源科学高效配置，在能源数字产业化方面，大力发展能源转型新业务、能源数字新产品、能源平台新服务，以期构建覆盖输变配全环节的数字化设备管理体系，从而推动人财物等核心资源科学高效配置。围绕转型工作国家电网有限公司持续加强交流、深化合作，未来10年预计将投入3000亿元开展工作，同时全面推行市场化配置，用市场机制调节各方利益，确保数字化转型落到实处。

6.2.2 南方电网公司数字化转型战略

《南方电网公司“十四五”数字化规划》(简称《规划》) 于2022年3月发布。根据《规划》,“十四五”期间，南方电网公司数字化规划总投资估算资金超260亿元，将进一步把数字技术作为核心生产力，数据作为关键生产要素，推动电网向安全、可靠、绿色、高效、智能转型升级。目标为到2025年，在数字电网智能化程度、数字运营效率、客户优质服务水平、数字产业成效、中台运营能力、技术底座支撑能力、数据要素化价值化、网络安全防护及运维水平等八个方面实现全面领先，全面建成数字电网。

规划主要聚焦电网数字化、企业数字化、服务数字化、能源生态数字化四个主要发展方向。

在电网数字化方向,《规划》指出要持续夯实基础设施，实现云管边端融合；通过深化数字电网，支持新型电力系统建设；通过加强数字化保障，为数字电网建设提供坚强支撑。南方电网公司于2017年成立了全球首家数字电网研究院——南方电网数字电网研究院有限公司，为南方电网生产经营、管理、发展提供全方位的网络安全与数字化支撑。同时，南方电网还连续两年印发实施《公司数字化转型和数字电网建设行动方案》《公司数字化转型和数字电网建设促进管理及业务变革行动方案》，持续深化数字电网建设。

在企业数字化方向,《规划》指出要持续完善技术平台，增强“平台赋能、技术赋能、数据赋能”能力；通过打造企业级中台，形成公司统一开放、灵活共享的能力复用体系；通过推进数字运营，提升企业现代化治理水平；

通过构建安全及运行体系，强化IT数字化运营；通过全数据资产管理体系，充分发挥数据资产价值。

在服务数字化方向，《规划》指出要部署全面数字服务，打造现代化供电服务体系；在市场营销管理、电力交易、南网在线、“双碳”服务、需求侧响应等方面，聚焦共享服务，强化组织能力，贯通多元客户服务渠道，创新业务和商业模式。推广应用智能移动现场作业，简化营销人员现场操作流程，推动业务向“互联网+移动终端作业”模式转变，实现业务全流程、全链路实时数字化。

在能源生态数字化方向，《规划》指出要壮大数字产业，融入数字中国发展。南方电网将基于南网公有云，构建能源工业互联网生态服务平台，加快推进数字产业化，面向能源产业上下游合作伙伴以及粤港澳大湾区利益相关方等，积极拓展数据产业，为用电客户提供金融、保险、一站式用能、能源数据等服务，构建最佳的商业模式，打造数字能源生态体系。将构建数据对外服务门户，在城市治理、政策制定、社会征信、环境保护等关系国计民生的领域提供数据及服务，更好融入智慧城市、数字经济、数字中国发展。

6.3 配电网数字化转型内涵

6.3.1 配电网数字化面临的新形势

配电网是从电源侧（输电网、发电设施、分布式电源等）接受电能，并通过配电设施逐级或就地分配给各类用户的电力网络，是电力系统中连接电源与用户的一个重要环节。为实现“碳达峰、碳中和”目标，国家电网有限公司加快构建适合中国国情、有更强新能源消纳能力的新型电力系统，作为新型电力系统和能源转型中心环节的配电网，将从电能传输、分配为主的通道型设施向资源聚合、优化、交换，各利益主体平等交易的平台型基础设施发生深刻转变。加快推进配电设备智能化升级和数字化转型，是建设能源互联网企业、提高供电保障能力的必然要求。

一是“双碳”目标要求配电网向能源互联网升级。国务院及相关部委深入贯彻双碳战略，先后发布系列政策文件，加速构建新型电力系统，新能源的发展正在从规模化开发、远距离输送为主转变为集中式、分布式并重的态势，配电网呈现高比例分布式新能源并网、高密度电动汽车与规模化电力电子设备接入、交直流互联等特征，配电网面临清洁低碳转型的巨大挑战，必须加快技术革新，向源网荷储协调控制、输配微网多级协同的能源互联网平台转变，促进分布式能源就地平衡消纳，增强城乡互济与统筹平衡能力，全力满足清洁能源开发、利用和消纳需求，积极服务“双碳”目标落地。

二是经济社会发展要求配电网进一步提高供电保障能力。“十四五”时期，我国立足新发展阶段、贯彻新发展理念、构建新发展格局，全面推动经济社会高质量、可持续发展，加快落实区域协调发展战略，构建国际一流营商环境，深入推进以人为核心的新型城镇化战略，促进大中小城市协调联动与特色化发展，满足人民群众的高品质美好生活需求。面对用电需求快速增长、电煤供应持续紧张、主要流域来水偏枯、暴雨洪涝灾害频发等挑战，配电网需要全力守住民生用电底线，服务民生保供需求，提升供电保障能力和优质服务水平，彰显“大国重器”和“顶梁柱”的责任担当。

三是公司转型发展要求配电网提升数字化支撑能力。公司贯彻落实中央决策部署，确立建设具有中国特色国际领先的能源互联网企业战略目标，提出“一体四翼”发展总体布局，为公司“十四五”配电网建设提供了根本遵循。配电网将以更高站位、更宽视野和更强的支撑能力落实现代设备管理体系建设要求，配电网自动化、透明化、智能化等数字化建设方面应全面、主动适应公司转型发展的新形势、新任务和新要求，以先进技术推动配电网全业务、全环节数字化转型升级，夯实配电网数字化基础，提升数据采集、状态感知、数据共享、服务开放能力，充分挖掘数据资产价值，全面支撑公司能源互联网企业转型发展。

6.3.2 配电网数字化的必要性

1.配电网数字化是能源互联网转型的重要基础

配电网设备规模总量大，发展变化速度快，发展不平衡不充分，量测覆盖率不足，设施设备标准化程度不高，现有监测管控手段和资源配置能力不足，设备故障引发大面积停电风险始终存在。同时，配电网面临分布式电源、储能、微电网、电动汽车、新型交互式用能等设备大规模接入，源网荷储协同管控压力大。配电网数字化能精准掌握电网运行的动态数据，实现设备状态全寿命及业务流程全过程管控，提升配电网资源优化配置与管控能力，是支撑公司向能源互联网企业转型升级的重要基础。

2.配电网数字化是精益化运维的必由之路

随着配网设备量不断增长、专业人员不足，配网设备管理的压力逐年增大，设备运维、检修难度提升，原有依赖人力的运维模式，难以保证运维质量。配电网数字化能有力支撑配网运维管理体系转型，全方位掌握设备投运日期、缺陷、异常和负荷等信息，结合配网运维历史数据和配网设备状态，自动生成主动运维工单，针对性地开展设备巡视和带电检测。依托配电网数字化实现配网设备状态主动监测，对于设备重过载、电压质量异常、低压三相不平衡等配网异常情况，主动生成检修工单，指挥检修班组及时进行处置，减少设备故障带来的停电影响，提升设备运维管理水平。

3.配电网数字化是供电服务提升的重要支撑

供电公司面临的客户服务压力随着人民群众美好生活需要逐年增加，供电服务面临的主要问题来自配电网的供电可靠性和电能质量问题，客户投诉集中在频繁停电、低电压、停电时间长等方面。配电网数字化通过对配电网运行数据及设备状态实时监测，实现主动运维和主动检修，减少停电事件发生。停电后综合变电站停电信息、线路跳闸信息、台区停电信息和用户失电信息，自动研判停电影响区域和停电客户，生成主动抢修工单开展抢修工作，降低配电网停电对用户的影响，有效提升客户服务水平。

6.3.3 配电网数字化建设思路

配电网数字化是积极主动适应我国能源转型发展、“碳达峰、碳中和”行动计划，以推进配电网现代设备管理体系高质量运转为目标，以配电管理的在线化、透明化、移动化、智能化为主线，以电网公司新型数字化基础设施建设的云平台、物联管理平台、企业中台等平台为依托，实现配电设备管理业务与数字化技术的有机融合，构建配电网数字化管理生态圈，赋能配网向能源互联网升级，努力打造安全可靠、绿色智能、友好互动、经济高效的智慧配电网，全面提升配电精益化管理、设备资产全寿命周期管理和优质服务能力。

配电网数字化主要包括三个层面的数字化：一是设备数字化，即依托智慧物联体系，利用智能感知装置、视频图像监控、机器人等多源数据的接入，实现设备状态全景感知；二是业务数字化，依托移动互联技术，打造“互联网+”运检方式，推进人-设备-装备有机互联，切实减轻基层作业负担，提高作业效能，从而实现业务的全面在线；三是决策数字化，通过电网资源业务中台建设打通业务链路，实现多平台、多业务数据共享融合，并发挥企业中台的支撑能力，深度挖掘数据价值，驱动业务，实现指挥决策的快速精准。

6.4 配电网数字化转型探索实践

6.4.1 配电物联网

1.配电物联网技术架构

配电物联网由“应用层、平台层、网络层、感知层”四层构成。应用层指配电自动化系统、供电服务指挥系统等业务应用系统；平台层指电网资源业务中台、物联管理平台；网络层包括远程和本地通信网；感知层指台区智能终端和各类末端感知单元。配电物联网技术架构如图6-1所示。

感知层包括边缘汇聚层及末端传感层。“边缘汇聚层”主要为台区智能终端，根据具体业务应用场景，汇聚层利用HPLC、微功率无线等通信网络，将传感器层采集的数据统一汇聚至台区智能终端内，满足传感层和节点设备单点接入、链式分布多态组网需求。同时，利用台区智能终端边缘计算框架，实现一定范围内传感器数据的汇聚、边缘计算及回传、区域自治，满足数据实时采集、即时处理、就地分析。“末端传感层”主要由微功率/低功耗无线传感器、常规无线传感器、有线传感器等监测装置组成，主要对电网设备的运行状态、环境数据、可视化信息、作业信息进行采集，实现设备状态全方位感知与需求快速响应。

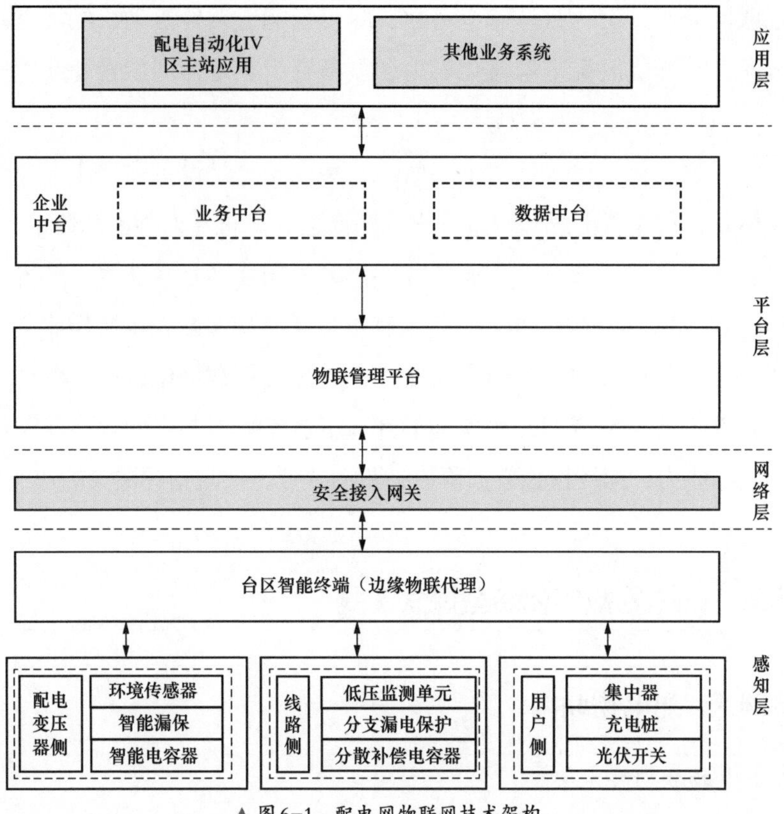

▲ 图6-1　配电网物联网技术架构

网络层由无线网（公网APN和电力专网）、有线电力光纤网和相关网络设备组成。通过扩大电力无线专网试点及业务应用、进一步优化骨干传输网和数据网，满足设备管理专业业务处理实时性和带宽需求，为设备侧电力物联网提供高可靠、高安全、高带宽的数据传输通道。

平台层主要由物联管理平台、电网资源业务中台组成。将设备管理专业业务、数据、物联等共性需求沉淀封装成共享服务，支撑前端应用创新。电网资源业务中台将具有共性特征的业务沉淀，形成企业级共享服务中心，为公司核心业务处理提供共享服务，包括电网资源业务中台、客户服务中台、项目中台等。物联管理平台是连接终端和业务应用的枢纽，支撑物联管理业务的设备接入、管理、控制，负责物联感知终端的实时感知、实时控制、汇聚分发，实现源网荷储协调统一。

应用层主要由配电专业业务应用主站系统组成。基于物联管理平台提供设备监测、设备管理、应用管理等功能接口来实现各类智能设备的有效管理，利用电网资源业务中台和数据中台微服务共享来构建配电台区管理和运维的智能化体系。

2. 典型业务场景

（1）配网运行状态感知。

1）配电变压器运行状态监测：通过部署一、二次融合设备和具备边缘计算功能的台区智能终端等装置，智能感知和识别配电网运行工况、设备状态、环境情况及其他辅助信息，并根据生产及管理需要，上传必要数据到云主站。通过云边相互协同处理数据，结合大数据、人工智能等技术实现对配电台区运行状态精准监控，并对数据进行在线分析与深度挖掘，实现配电网运行状态全景感知。

2）低压拓扑识别：通过配电台区线路关键节点监测单元以及末端用户智能电能表，实现各类节点拓扑信息动态获取，基于即插即用与自动注册维护技术，结合物联网设备模型、PMS、主站侧拓扑信息进行自动校核，实现台区变压器–用户关系、供电相位异常等信息的主动发现与自动维护，提升低压配网拓扑模型准确性，实现低压网络拓扑可视化管理。

3）供电可靠性分析：基于配电台区感知层部署的各类感知单元来获知低压配电网及设备的状态信息、电量信息等全景数据，在边缘计算节点完成本地用户停电时间、类型、原因、性质等事件的统计汇总，实时计算中低压供电可靠性指标和参考指标，对供电可靠率不合格的区域制定相应的提高策略，全面提升电网安全、可靠、优质、高效供电本质服务。

（2）营配业务贯通提升。

1）台区线损分析：通过配电台区感知层各类智能感知单元的有效覆盖，就地化获取低压台区电量冻结数据，利用边缘计算技术，结合台区动态电气拓扑关系，对低压台区线损进行准确计算分析，及时将异常等各类情况上送至平台层，实现对配电台区的分级、分层线损的精益化分析管理。

2）台区负荷预测：利用台区智能终端存储的配电台区全链路监测节点的历史运行数据，建立典型日负荷曲线的预测模型，基于历史数据的聚类结果及待预测日的温度、湿度、气压、风速等相关参数，对台区负荷情况进行预测，得出待预测日负荷曲线预测结果。为配电台区增容改造、业扩报装等提供基础数据支撑，为电网规划、网架优化调整、变电站建设时序、年电网建设规模测算等不同业务推送差异化方案。

（3）优质服务精益管理。

故障精准定位与主动抢修：发挥台区智能终端就地化边缘计算能力和处置优势，结合配电台区电气拓扑/户变关系自动识别功能和地理信息，支撑故障停电精准分析，实现故障点和停电地理分布的即时展示，综合考虑人员技能约束、物料可用约束，采用智能优化算法，制定抢修计划，提高故障抢修效率与优质服务水平，实现区域内故障快速处理，整体提升配电网智能处置和自愈能力。

电能质量分析：台区智能终端基于边缘计算优势和就地管控能力，就地统筹协调换相开关、智能电容器、SVG等设备，实现电网的三相不平衡、无功、谐波等电能质量问题的快速响应及治理；同时，可以在应用层分析所有台区历史数据和区域特性等数据，优化改进区域电能质量智能调节策略，实现台区电能质量高效治理，进一步满足用户高质量用电需求。

（4）源网荷储综合优化。

1）新能源灵活消纳与智能控制：依托台区智能终端对分布式光伏、储能等新能源的综合接入管控，结合配电台区综合运行工况，形成符合用户用能方式的新能源工作策略，以协助用户开展电源管理，优化设备工作性能，实现配网双向潮流有序化和谐波治理，依据云端分析，采用典型控制策略完成电源输出功率实时控制，并监视、削减谐波影响。

2）电动汽车有序充电：依托台区智能终端对电动汽车充电桩的综合接入管控，实现用户充电情况的实时掌控及精准预测。同时，结合配电台区负载运行历史曲线数据及未来趋势分析，动态拟合台区所属区域的最优化充电曲线。结合分时电价、用户申请充电模式和预测负荷曲线，提供多种优化充电策略，引导用户选择适当充电方式，实现充电效益最大化和电网消峰填谷要求，并为后续充电桩布点优化提供支撑。

6.4.2 电网资源业务中台

1.电网资源业务中台技术架构

针对数字化建设面临的业务部门级、技术未有效积累、应用管控色彩重等突出问题，国家电网有限公司着眼数字化资源有效整合、应用灵活构建迭代及业务模式快速创新的新思路，提出开展企业中台建设工作。作为企业中台的重要组成部分，电网资源业务中台基于公司统一云平台搭建，实现资源弹性扩展；遵循统一数据模型标准，维护电网资源、资产、图形、拓扑、测点、计量等各类数据；通过共享服务中心实现业务数据聚合复用、高效访问，支撑前端应用灵活构建、有序接入；通过中台运营管理体系实现服务一体化运营与治理，为各项业务无缝切转提供了多层次、全方位的技术保障。按照对资源数据、共性业务、共享服务的逻辑划分，构建电网资源中心、电网资产中心、电网拓扑中心等各共享服务中心。中台运营平台应提供应用接入、服务运营、服务治理及安全管控等功能，实现中台服务对外统一运营管理。电网资源业务中台技术架构如图6-2所示。

电网资源业务中台基于公司统一信息模型标准，实现对公司各条业务线上电网资源的整合和共享业务服务构建。通过多变、定制的前端业务与稳定、共性的中台服务相解耦，使前端业务应用更轻量、更快捷、更灵活，解决当前电网资源相关业务协同不畅、数据不一致、应用构建困难、用户体验不佳等问题，建立统一的电网描述标准和跨专业共享机制，打通部门壁垒并构筑管理维护秩序，秉持以系统用户为导向的理念，满足一线基层人员的实际需求，有效提升整体工作效率。从管理上破除了系统建设的“部门级”壁垒，将资源、系统和数据上升为“企业级”；从技术上将企业共性的业务和数据进行服务化整合与沉淀，形成灵活、强大的共享服务能力，供前端业务应用直接调用；从范围上整合分散在各专业的电网设备、拓扑等数据，实现电源、电网到用户的全网数据统一标准和同源维护，实现“数据一个源、电网一张图、业务一条线”三大核心支撑功能。

数据一个源：电网资源业务中台通过统一数据模型标准与同源维护工具，整合分散在各专业的电网资源、设备资产等数据，保障设备描述规范全面、电网连接准确合理、数据组织逻辑清晰，实现电源、电网到用户全网数据的

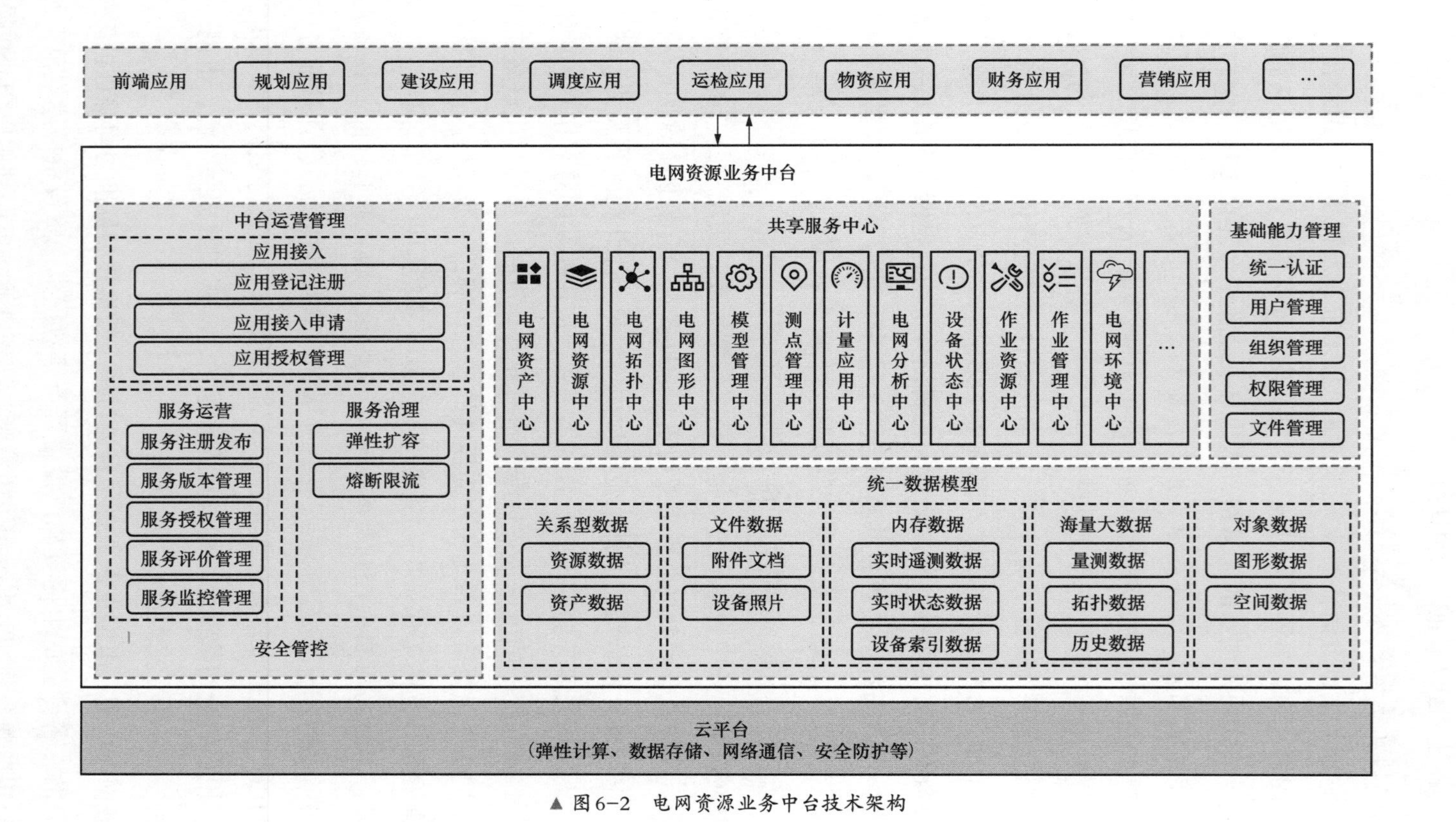

▲ 图 6-2　电网资源业务中台技术架构

统一标准、同源维护、统一管理。

电网一张图：电网一张图是依托电网资源业务中台统一数据模型、统一图元样式、统一中台服务，构建的面向设备管理数字化转型的轻量化、图形化基础数据底座。对内摒弃GIS平台繁重的框架功能与复杂逻辑，通过电网全环节覆盖、全网架衔接，实现静态网架展示、动态信息融合与运检业务叠加；对外通过平台通用组件与图形服务接口，为企业级应用建设提供电网数据与专题图能力支撑。

业务一条线：电网资源业务中台以支撑公司各业务部门应用需求为出发点，实现电网资产、资源从项目规划、项目立项、物资采购、电网建设、电网运行、设备转资、设备维护、设备退役的全流程维护，构建涵盖电网资源与设备资产全寿命的应用服务，支撑公司业务闭环管理与电网精益化运维。

2. 典型场景

供电可靠性管控：通过电网资源业务中台作业管理中心查询带电作业、抢修工单、检修计划、工作任务单、两票、修试、试验、检测、巡视、缺陷、隐患记录；然后通过电网分析中心实现故障停电数据查询，最终完成可靠性目标值计算、目标值分解、实际值计算和管控模拟结果计算。

同期线损分析：基于电网资源业务中台测点管理中心与电网分析中心，协同营销客户服务中台，基于完整的站、线、变、户的拓扑关系，建立分区、分压、分线、分台的线损计算公式，获取用电信息采集系统和电能量系统中发、供、售电量数据，实现在不同运行方式下，对各类统计维度下的同期线损进行计算，结合电网潮流、运行状态等要素，快速定位异常线损部位。

设备缺陷主动预警：通过电网资源业务中台的测点管理中心汇聚设备在线监测数据运行事件，提供设备各类测点数据查询服务。通过电网环境中心提供设备运行环境信息查询和风险评估服务。通过作业管理中心提供设备巡视、检测、试验记录和结果数据查询和分析服务。在设备状态中心构建状态预警、诊断分析、监视跟踪等服务，通过实时事件触发或定期触发机制，自动调用上述数据服务进行数据汇集分析，实现设备状态实时预警、缺陷智能诊断、状态自动评估和运检策略制定，辅助运检人员进行缺陷分析及决策处理。

设备可开放容量可视化：基于电网资源业务中台的电网资产中心资产查

询服务实现主变压器额定容量查询，通过测点管理中心获取调度运行数据、电量数据，计算主变压器年度最大负载率，构建电网分析中心的主变压器可开放容量计算服务提供。通过电网资源中心和电网图形中心的设备查询服务和一次接线图出图服务提供变电站备用间隔查询。基于电网资源业务中台的资源、资产查询服务获取中压线路和配电变压器的允许最大容量，通过测点管理中心获取中压线路和配电变压器测点数据，计算年最大负载率，通过集成营销系统的业扩报装在途容量和接入用户总容量服务，计算中压线路和配电变压器的可开放容量，提供设备可开放容量查询服务。

业扩供电方案辅助设计：通过电网资源业务中台的电网图形中心提供WebGIS出图服务，以及用户和接入点设备定位服务，通过电网拓扑中心提供电源点分析服务，通过电网分析中心提供线路、变压器可开放容量查询服务，构建供电方案自动生成服务，提供多个可选方案，基于WebGIS显示。新建配网中压、低压图模维护服务、出图服务，基于WebGIS实现供电方案接入点选择、供电路径草图绘制、供电方案审核与导出等功能。

主配网一张图运行分析：基于电网资源业务中台主配网一张图电网数据，基于拓扑分析服务、电网图形出图服务、电网资源服务、量测服务，构建配网运行分析聚合服务，在主网或配网运行方式变化后，根据开关变位（或模拟变位），进行配网运行风险进行分析，根据基于潮流的电网运行风险分析算法和可靠性指标，输出配网用户停电、设备过电压等的运行风险、薄弱环节。基于电网资源业务中台主配网一张图电网数据，当主网停电或模拟大面积停电时，通过拓扑分析服务、电网出图服务、量测服务等，以及电网潮流算法，分析线路联络关系、负荷情况、线路承载力等因素，形成负荷转供方案。

附录A
高中压用户电力可靠性管理代码

配电设备原因代码见表A1。

▼表A1 配电设备原因代码表

1、2位	主设备类别	3、4位	系统或设备	5~7位	子系统或部件	8~10位	零部件或分类
90	配电专用编码	中压配电设备					
		01	架空线路				
				001	杆塔	001	裸导线
				002	导线	001	裸导线
						002	绝缘线
				003	拉线		
				004	横担		
				005	基础		
				006	金具		
				007	绝缘子		
		02	电缆线路	001	电缆本体	001	油纸绝缘电缆
						002	聚氯乙烯绝缘电缆
						003	交联聚氯乙烯绝缘电缆
						004	其他新型绝缘电缆
				002	电缆终端	001	油纸绝缘电缆终端

续表

1、2位	主设备类别	3、4位	系统或设备	5~7位	子系统或部件	8~10位	零部件或分类
						002	聚氯乙烯绝缘电缆终端
						003	交联聚氯乙烯绝缘电缆终端
						004	其他新型绝缘电缆终端
				003	电缆中间接头	001	油纸绝缘电缆中间接头
						002	聚氯乙烯绝缘电缆中间接头
						003	交联聚氯乙烯绝缘电缆中间接头
						004	其他新型绝缘电缆中间接头
				004	电缆分接箱		
				005	电缆计量箱		
				006	电缆沟（隧道）		
		03	柱上设备	001	柱上断路器	001	油断路器
						002	真空断路器
						003	SF_6 断路器
						004	其他型式断路器
				002	柱上隔离开关		
				003	熔断器		
				004	避雷器		
				005	防鸟装置		

续表

1、2位	主设备类别	3、4位	系统或设备	5~7位	子系统或部件	8~10位	零部件或分类
				006	柱上负荷开关		
				007	电容器		
				008	计量箱		
				009	电压互感器		
		04	户外配电变压器台	001	变压器台架		
				002	变压器高压引线		
				003	变压器低压配电设施		
				004	避雷器		
				007	油浸式变压器		
		05	箱式配电站	001	断路器		
				002	负荷开关		
				003	熔断器		
				004	站内公用设备		
				005	箱（墙）体、基础		
				007	油浸式变压器		
				008	干式变压器		
				009	变压器低压配电设施		

续表

1、2位	主设备类别	3、4位	系统或设备	5～7位	子系统或部件	8～10位	零部件或分类
		06	土建配电站	001	断路器		
				002	负荷开关		
				003	熔断器		
				004	站内公用设备		
				005	箱（墙）体、基础		
				006	隔离开关		
				007	油浸式变压器		
				008	干式变压器		
				009	变压器低压配电设施		

附录B 注意、异常、严重状态配电网设备检修原则

架空线路检修原则见表B1。

▼ 表B1 架空线路检修原则

部件	状态量	状态变化因素	注意状态	异常状态	严重状态
杆塔	埋深	埋深不足	1）加强巡视。 2）计划安排D类检修	及时安排D类检修	限时安排D类检修
	倾斜度	铁塔、砼杆倾斜变形	1）加强运行监视。 2）计划安排D类检修	1）加强运行监视。 2）及时安排D类或B类检修	限时安排D类或B类检修进行更换
	裂纹	砼杆表面老化、裂缝	1）加强运行监视。 2）计划安排D类检修	1）加强运行监视。 2）及时安排B类检修	限时安排B类检修
	锈蚀	铁塔、钢管杆和砼杆接头锈蚀	计划安排D类检修进行加固及专业防腐	及时安排B类检修改造	—
	防护	紧固件及防盗装置异常	1）加强巡视。 2）计划安排D类检修	—	—
	沉降	杆塔基础异常	1）加强巡视。 2）计划安排D类检修	及时安排D类检修	限时安排D类检修
	低压同杆	高低压同电源弱电线路未经批准后搭挂	计划安排D类检修		限时安排D类检修

续表

部件	状态量	状态变化因素	注意状态	异常状态	严重状态
导线	温度	接头温度异常	1）加强红外测温。 2）计划安排E类或B类检修	1）立即跟踪红外测温。 2）及时安排E类或B类检修	限时安排E类或B类检修
	断股	导线受损	1）加强巡视。 2）计划安排E类或B类检修	及时安排E类或B类检修	限时安排E类或B类检修
	散股				
	绝缘损				
导线	弧垂	导线弧垂异常	1）加强弧垂跟踪测量。 2）计划安排C类检修	—	—
	异物	导线上有异物	1）加强巡视。 2）计划安排E类或C类检修	及时安排E类或C类检修	限时安排E类或C类检修
	锈蚀	导线锈蚀	1）加强巡视。 2）计划安排E类检修	及时安排E类或B类检修	
	负载	导线重载或过载	1）加强红外测温。 2）计划安排E类检修	1）立即跟踪红外测温。 2）及时安排E类或B类检修	限时安排E类或B类检修
	电气距离	导线电气距离不足	计划安排E类或C类检修	及时安排E类或C类检修	限时安排E类或B类检修
	交跨距离	导线电气距离不足	—	—	限时安排E类或B类检修
	水平距离	不满足要求	—	—	

续表

部件	状态量	状态变化因素	注意状态	异常状态	严重状态
绝缘子	污秽	绝缘子污秽闪络	1）加强巡视。 2）计划安排E类或B类检修	及时安排E类或B类检修	限时安排E类或B类检修更换
	破损	釉面脱漏	1）加强遥视。 2）计划安排E类或B类检修	及时安排E类或B类检修	限时安排E类或B类检修更换
	固定	绝缘子松动	1）加强巡视。 2）计划安排E类或B类检修	及时安排E类或B类检修	限时安排E类或B类检修更换
铁件、金具	温差	电气连接点温度异常	1）加强红外测温。 2）计划安排E类或B类检修	1）立即跟踪红外测温。 2）及时安排E类或B类检修	限时安排E类或B类检修
	锈蚀	铁件和金具锈蚀	计划安排E类检修，进行防腐处理	及时安排E类或B类检修	—
	紧固	安装欠牢固、可靠	1）加强巡视。 2）计划安排E类或B类检修	及时安排E类或B类检修	限时安排E类或B类检修
	弯曲度	倾斜变形	1）跟踪检测倾斜度、横担歪斜程度。 2）计划安排D类检修	1）跟踪检测倾斜度、横担歪斜程度。 2）及时安排D类或B类检修	限时安排D类检修或B类检修
	附件完整度	安装松动、附件欠缺	计划安排E类或C、B类检修	及时安排E类或C、B类检修	限时安排E类或C、B类检更换

续表

部件	状态量	状态变化因素	注意状态	异常状态	严重状态
拉线	锈蚀	拉线锈蚀	1）加强巡视。 2）计划安排E类或B类检修更换	及时安排E类或B类检修	
	松紧	松弛或过紧	1）加强巡视。 2）计划安排D类检修	及时安排D类检修	限时安排D类检修
	埋深	埋深不足	1）加强巡视。 2）计划安排D类检修	及时安排D类检修	限时安排D类检修
	沉降	基础异常	1）加强巡视。 2）计划安排D类检修	及时安排D类检修	限时安排D类检修
	防护	道路边的拉线设防护设施异常	1）加强巡视。 2）计划安排D类检修		—
通道	保护距离	线路通道保护区内有违章建筑、堆积物等	1）加强巡视。 2）计划安排E类检修	及时安排E类或B类检修	限时安排E类或B类检修
接地装置	接地引下线外观	接地体连接不良，埋深不足	计划安排D类检修	及时安排D类检修	限时安排D类检修
	接地电阻	接地电阻异常		及时安排D类检修	
标识、附件	标识齐全	设备标识和警示标识不全，模糊、错误	计划安排D类检修	1）立即挂设临时标识牌。 2）及时安排D类检修	
	故障指示器等安装	防鸟器、防雷金具、故障指示器等安装不当	1）加强巡视。 2）计划安排D类检修	及时安排D类检修	

柱上真空开关检修原则见表B2。

▼表B2 柱上真空开关检修原则

部件	状态量	状态变化因素	注意状态	异常状态	严重状态
套管（支持绝缘子）	外观完整	破损	计划安排E类或B、A类检修	及时安排E类或B、A类检修	限时安排E类或B、A类检修
	污秽	外观严重污秽	计划安排E类或C类检修	及时安排E类或C类检修	限时安排E类或C类检修
开关本体	地绿电阻	开关本体、隔离开关及套管地缘电阻异常	计划安排B类检修	及时安排B类或A类检修	限时安排B类或A类检修
	主回路直流电阻	主回路电阻阻值超标	计划安排B类检修	及时安排B类或A类检修	—
	接头（触头）温度	导电连接点温度、相对温差异常	计划安排E类或C类检修	及时安排E类或C类检修	限时安排E类或C、A类检修
	开关动作次数	累计开断次数达允许值	计划安排C类或A类检修	及时安排C类或A类检修	限时安排C类或A类检修
	锈蚀	严重锈蚀	1）加强通视。 2）计划安排E类或A类检修更换	及时安排E类或A类检修更换	—
隔离开关	接头（触头）温度	导电连接点温度、相对温差异常	计划安排E类或C类检修	计划安排E类或C类检修	限时安排E类或C、A类检修
	卡涩程度	操作卡涩	—	及时安排E类或C类检修	—
	外观完整	破损	计划安排E类或B、A类检修	及时安排E类或B、A类检修	限时安排E类或B、A类检修
	污秽	外观严重污秽	计划安排E类或C类检修	及时安排E类或C类检修	限时安排E类或C、A类检修
	锈蚀	严重锈蚀	1）加强巡视。 2）计划安排E类或B、A类检修	及时安排E类或B、A类检修	—

续表

部件	状态量	状态变化因素	注意状态	异常状态	严重状态
操动机构	正确性	连续操作3次，指示和实际不一致	计划安排E类或C类检修	及时安排E类或C、A类检修	限时安排E类检修或C、A类检修
	卡涩程度	操作卡涩	—	及时安排E类或C类检修	—
	锈蚀	严重锈蚀	1）加强巡视。 2）计划安排E类或B、A类检修	及时安排E类或B、A类检修	—
接地	接地引下线外观	接地体连接不良，埋深不足	计划安排D类检修	及时安排D类检修	限时安排D类检修
	接地电阻	接地电阻异常	—	及时安排D类检修	—
标识	标识齐全	设备标识和警示标识不全，模糊错误	计划安排D类检修	1）立即重设设备标识和警示标识。 2）及时安排D类检修	—
电压互感器	地绿电阻	地峰电阻异常	—	—	限时安排E类检修或C、A类检修
	外观完整	破损	计划安排E类或C类检修	及时安排E类或C类检修	限时安排E类检修或C、A类检修

柱上SF_6开关检修原则见表B3。

▼表B3　柱上SF_6开关检修原则

部件	状态量	状态变化因素	注意状态	异常状态	严重状态
套管（支持绝缘子）	外观完整	破损	计划安排E类或B、A类检修	及时安排E类或B、A类检修	限时安排E类或B、A类检修
	污秽	外观严重污秽	计划安排E类或C类检修	及时安排E类或C类检修	限时安排E类或C类检修

续表

部件	状态量	状态变化因素	注意状态	异常状态	严重状态
开关本体	绝缘电阻	开关本体、隔离开关及套管绝缘电阻异常	计划安排B类检修	及时安排B类或A类检修	限时安排B类或A类检修
	主回路直流电阻	主回路电阻阻值异常	计划安排B类检修	及时安排B类或A类检修	—
	接头（触头）温度	导电连接点温度、相对温差异常	计划安排E类或C类检修	及时安排E类或C类检修	限时安排E类或C、A类检修
	开关动作次数	累计开断次数达允许值	计划安排C类或A类检修	及时安排C类或A类检修	限时安排C类或A类检修
	锈蚀	严重锈蚀	1）加强巡视。 2）计划安排E类或A类检修更换	及时安排E类或A类检修更换	—
	SF_6密封程度	压力指示在异常区域	计划安排E类或B、A类检修	—	限时安排E类或B、A类检修
隔离开关	接头（触头）温度	导电连接点温度、相对温差异常	计划安排E类或C类检修	计划安排E类或C类检修	限时安排E类或C、A类检修
	卡涩程度	操作卡涩	—	及时安排E类或C类检修	—
	外观完整	破损	计划安排E类或B、A类检修	及时安排E类或B、A类检修	限时安排E类或B、A类检修
	污秽	外观严重污秽	计划安排E类或C类检修	及时安排E类或C类检修	限时安排E类或C、A类检修
	锈蚀	严重锈蚀	1）加强巡视。 2）计划安排E类或B、A类检修	及时安排E类或B、A类检修	—
操动机构	正确性	连续操作3次，指示和实际不一致	计划安排E类或C类检修	及时安排E类或C、A类检修	限时安排E类检修或C、A类检修
	卡涩程度	操作卡涩		及时安排E类或C类检修	
	锈蚀	严重锈蚀	1）加强巡视。 2）计划安排E类或B、A类检修	及时安排E类或B、A类检修	—

续表

部件	状态量	状态变化因素	注意状态	异常状态	严重状态
接地	接地引下线外观	接地体连接不良，埋深不足	计划安排D类检修	及时安排D类检修	限时安排D类检修
	接地电阻	接地电阻异常	—	及时安排D类检修	—
标识	标识齐全	设备标识和警示标识不全，模糊、错误	计划安排D类检修	1）立即挂设临时标识牌。 2）及时安排D类检修	—
电压互感器	绝缘电阻	绝缘电阻异常	—	—	限时安排E类检修或C、A类检修
	外观完整	破损	计划安排E类或C类检修	及时安排E类或C类检修	限时安排E类检修或C、A类检修

柱上隔离开关检修原则见表B4。

▼表B4　柱上隔离开关检修原则

部件	状态量	状态变化因素	注意状态	异常状态	严重状态
支持绝缘子	外观完整	破损	计划安排E类或A类检修	及时安排E类或A类检修	限时安排E类或A类检修
	污秽	外观严重污秽	计划安排E类或C类检修	及时安排E类或C类检修	限时安排E类或C、A类检修
隔离开关本体	接头（触头）温度	导电连接点温度、相对温差异常	计划安排E类或C类检修	及时安排E类或C类检修	限时安排E类或C、A类检修
	卡涩程度	操作卡涩	—	及时安排E类或C类检修	—
	锈蚀	严重锈蚀	1）加强巡视。 2）计划安排E类或A类检修	及时安排E类或A类检修	—

续表

部件	状态量	状态变化因素	注意状态	异常状态	严重状态
操作机构	锈蚀	严重锈蚀	1）加强巡视。 2）计划安排E类或A类检修	及时安排E类或A类检修更换	—
接地	接地引下线外观	接地体连接不良，埋深不足	计划安排D类检修	及时安排D类检修	限时安排D类检修
	接地电阻	接地电阻异常	—	及时安排D类检修	—
标识	标识齐全	设备标识和警示标识不全，模糊、错误	计划安排D类检修	1）立即挂设临时标识牌。 2）及时安排D类检修	—

跌落式熔断器检修原则见表B5。

▼表B5 跌落式熔断器检修原则

部件	状态量	状态变化因素	注意状态	异常状态	严重状态
跌落式熔断器本体	外观完整	破损	计划安排E类或C类检修	及时安排E类或A类检修	限时安排E类或A类检修
	污秽	外观严重污秽	计划安排E类或C类检修	及时安排E类或A类检修	限时安排E类或A类检修
	操动稳定性、可靠性	操作卡涩、不稳定	计划安排E类或C类检修	及时安排E类或A类检修	限时安排E类检修或A类检修
	接头（触头）温度	导电连接点温度、相对温差异常	计划安排E类或C类检修	及时安排E类或C类检修	限时安排E类检修或A类检修
	故障跌落次数	超过厂家要求	—	—	限时安排E类检修或A类检修
	锈蚀	严重锈蚀	计划安排E类或A类检修	及时安排E类或A类检修	—

金属氧化物避雷器检修原则见表B6。

▼表B6 金属氧化物避雷器检修原则

部件	状态量	状态变化因素	注意状态	异常状态	严重状态
本体及引线	外观完整	外观完整	计划安排E类或C类检修	及时安排E类或A类检修	限时安排E类或A类检修
	温度	相对温差异常		及时安排E类或A类检修	
	污秽	污秽	计划安排E类或C类检修	及时安排E类或A类检修	限时安排E类或A类检修
	接地引下线外观	接地体连接不良，埋深不足	计划安排D类检修	及时安排D类检修	限时安排D类检修
	接地电阻	接地电阻异常		及时安排D类检修	

电容器检修原则见表B7。

▼表B7 电容器检修原则

部件	状态量	状态变化因素	注意状态	异常状态	严重状态
套管及接线端子	绝缘电阻	套管绝缘电阻异常	计划安排C类检修	及时安排B类或A类检修	限时安排B类或A类检修
	接头（触头）温度	导电连接点温度、相对温差异常	计划安排E类或C类检修	及时安排E类或C类检修	限时安排E类或C、A类检修
	外观完整	破损	计划安排E类或C类检修	及时安排E类或B、A类检修	限时安排E类或B、A类检修
	污秽	外观严重污秽	计划安排E类或C类检修	及时安排E类或B、A类检修	限时安排E类或B、A类检修
电容本体	温度	温度异常	计划安排B类检修	及时安排B、A类检修	限时安排B、A类检修
	电容器渗漏、鼓肚	外观异常	计划安排B类检修		限时安排B、A类检修

续表

部件	状态量	状态变化因素	注意状态	异常状态	严重状态
电容本体	电容量	电容值超标			限时安排B、A类检修
	锈蚀	严重锈蚀	1）加强巡视。2）计划安排E类或B类检修	及时安排E类或B、A类检修	
跌落式熔断器	温度	导电连接点温度、相对温差异常	计划安排E类或C类检修	及时安排E类或C类检修	限时安排E类检修或C、A类检修
	外观完整	破损	计划安排E类或C类检修	及时安排E类或B、A类检修	限时安排E类或B、A类检修
	污秽	外观严重污秽	计划安排E类或C类检修	及时安排E类或B、A类检修	限时安排E类或B、A类检修
控制机构	正确性	连续操作3次，指示和实际不一致	计划安排B类检修	及时安排B、A类检修	限时安排B、A类检修
	锈蚀	严重锈蚀	1）加强巡视。2）计划安排E类或B类检修	及时安排E类或B类检修	
	显示	控制器显示错误	计划安排B类检修		限时安排B、A类检修
接地	接地引下线外观	接地体连接不良，埋深不足	计划安排D类检修	及时安排D类检修	限时安排D类检修
	接地电阻	接地电阻异常		及时安排D类检修	—
标识	标识齐全	标识和警示标识不全，模糊、错误	计划安排D类检修	1）立即挂设临时标识牌。2）及时安排D类检修	

高压计量箱检修原则见表B8。

▼表B8 高压计量箱检修原则

部件	状态量	状态变化因素	注意状态	异常状态	严重状态
绕组及套管	一次绝缘电阻	绝缘电阻异常			限时安排A类检修
	二次绝缘电阻	绝缘电阻异常		及时安排A类检修	
	接头（触头）温度	导电连接点温度、相对温差异常	计划安排E类或C类检修	及时安排E类或C类检修	限时安排E类或C、A类检修
	污秽	外观严重污秽	计划安排E类或C类检修	及时安排E类或C、A类检修	限时安排E类或C、A类检修
	外观完整	破损	计划安排B、A类检修	及时安排B、A类检修	限时安排B、A类检修
油箱（外壳）	锈蚀	锈蚀	计划安排E类检修	及时安排E类或A类检修	
	渗漏油	渗漏油	计划安排E类或C类检修	及时安排E类或A类检修	限时安排A类检修
接地	接地引下线外观	接地体连接不良，埋深不足	计划安排D类检修	及时安排D类检修	限时安排D类检修
	接地电阻	接地电阻异常		及时安排D类检修	
标识	标识齐全	标识和警示标识不全，模糊、错误	计划安排D类检修	1）立即挂设临时标识牌。 2）及时安排D类检修	

配电变压器检修原则见表B9。

▼表B9 配电变压器检修原则

部件	状态量	状态变化因素	注意状态	异常状态	严重状态
绕组及套管	直流电阻	直流电阻超限			限时安排A类检修
	绝缘电阻	绝缘电阻异常	计划安排C类检修	及时安排C类或B、A类检修	
	温度	1）接头温度过高。 2）温升异常	缩短红外测温跟踪周期。计划安排C类检修	缩短红外测温跟踪周期。及时安排E类或B、A类检修	进行红外测温跟踪，限时安排B、A类检修
	负载率	负载率异常	加强监视	及时切割负荷或A类检修	限时切割负荷或A类检修
	污秽	外观严重污秽	计划安排E类或C类检修	及时安排E类或C、B、A类检修	限时安排E类或C、B、A类检修
	外观完整	破损	计划安排E类或C类检修	及时安排E类或B、A类检修	限时安排E类或B、A类检修
	干变器身温度	不超厂家规定值	缩短红外测温跟踪周期。计划安排E类或C类检修		缩短红外测温跟踪周期。限时安排E类或B、A类检修
	三相不平衡率	三相不平衡率异常	加强监视，进行负荷平衡		
分接开关	分接开关性能	操作异常	计划进行B类检修		
冷却系统	机械特性	风机振动异常（适用于干式变压器）	计划进行B类检修	及时进行B类检修	限时进行B类检修
	温度	温控装置异常	计划进行B类检修		
油箱	配电变压器台架对地距离	对地距离不足			限时安排C类检修
	密封	整体密封件老化	加强巡视，计划安排B类检修	及时安排A类检修，返厂整体密封件更换	限时安排A类检修，返厂整体密封件更换

续表

部件	状态量	状态变化因素	注意状态	异常状态	严重状态
油箱	油位	油位异常	加强巡视，提前安排C类检修		限时安排B类检修
	呼吸器硅胶颜色	呼吸器硅胶颜色变色	计划进行B类检修		—
	油温度	温度超标	计划进行B类检修	及时进行B类检修	
非电量保护	非电量保护绝缘电阻	非电量保护装置绝缘不合格	计划进行B类检修	及时安排B类检修	
接地	接地引下线外观	接地体连接不良，埋深不足	计划安排D类检修	及时安排D类检修	限时安排D类检修
	接地电阻	接地电阻异常	—	及时安排D类检修	—
绝缘油	绝缘油颜色	颜色异常	—	—	—
	耐压试验	小于25kV	—	—	限时安排B类检修
标识	标识齐全	设备标识和警示标识不全，模糊、错误	计划安排D类检修	1）立即挂设临时标识牌。 2）及时安排D类检修	—

开关柜检修原则见表B10。

▼表B10　开关柜检修原则

部件	状态量	状态变化因素	注意状态	异常状态	严重状态
本体	绝缘电阻	开关本体、隔离开关及套管绝缘电阻	计划安排B类或A类检修	及时安排B类或A类检修	限时安排B类或A类检修

续表

部件	状态量	状态变化因素	注意状态	异常状态	严重状态
本体	回路电阻	主回路电阻值异常	计划安排B类或A类检修	及时安排B类或A类检修	
	温度	导电连接点温度、相对温差异常	计划安排B类或A类检修	及时安排B类或A类检修	限时安排B类或A类检修
	放电声音	异常放电声音		及时安排B类或A类检修	限时安排B类或A类检修
	SF_6仪表显示	SF_6断路器或负荷开关气体压力异常	计划安排B类或A类检修		限时安排B类或A类检修
附件	绝缘电阻	CT、PT及避雷器绝缘电阻不合格	—		限时安排B类或A类检修
	污秽	污秽	计划安排C、B类或A类检修	及时安排C、B类或A类检修	限时安排C、B类或A类检修
	完整	绝缘件破损	计划安排B类或A类检修	及时安排B类或A类检修	限时安排B类或A类检修
	凝露	凝露	计划安排B类或A类检修	及时安排B类或A类检修	
操动机构	绝缘电阻	机构控制回路绝缘异常	计划安排B类或A类检修	及时安排B类或A类检修	
	分合闸操作	分合闸操作动作异常	计划安排B类或A类检修		立即安排B类检修或A类检修
	联跳功能	联跳功能异常	计划安排B类或A类检修		立即安排B类检修或A类检修
	五防功能	五防功能异常	计划安排B类或A类检修	及时安排B类或A类检修	立即安排B类或A类检修
	机械特性	分合闸指示异常	计划安排B类或A类检修		
	辅助开关投切状况	投切异常	—		

续表

部件	状态量	状态变化因素	注意状态	异常状态	严重状态
辅助部件	接地引下线外观	接地体连接不良，埋深不足	计划安排D类检修	及时安排D类检修	限时安排D类检修
	接地电阻	接地电阻异常		及时安排D类检修	
	带电显示器	带电显示器显示不正常	计划安排D类或B、A类检修		—
	仪表指示	仪表指示不正常	计划安排D类或B、A类检修		—
标识	标识齐全	设备标识和警示标识不全，模糊、错误	计划安排D类检修	1）立即挂设临时标识牌。2）及时安排D类检修	—

电力电缆检修原则见表B11。

▼表B11 电力电缆检修原则

部件	状态量	状态变化因素	注意状态	异常状态	严重状态
电缆本体	线路负荷	负荷重载或超载	计划转移负荷		限时转移负荷
	绝缘电阻	主绝缘电阻异常	缩短预试周期，计划安排C类检修	进行诊断性试验，及时安排A类检修	
	外观	电缆外观变形异常		进行诊断性试验，及时安排A类检修	限时安排A类检修
	防火阻燃	不满足设计要求	计划安排D类检修	及时安排D类检修	限时安排D类检修
	埋深	不满足设计要求	计划安排D类检修	及时安排D类检修	

续表

部件	状态量	状态变化因素	注意状态	异常状态	严重状态
电缆终端	污秽	终端头严重积污	计划安排C类检修	及时安排B类或C类检修	限时安排B类检修或C类检修
	外观	终端头破损	计划安排C类检修	必要时安排B类检修	限时安排B类检修
	防火阻燃	不满足设计要求	计划安排D类或C类检修		限时安排D类或C类检修
	温度	接线端子温度异常	计划安排E类或C、B类检修	及时安排E类或C、B类检修	限时安排E类或C、B类检修
电缆中间头	运行环境	水泡、杂物堆积	计划安排D类检修	及时安排D类检修	
	温度	导电连接点温度、温差异常	计划安排B类检修	及时安排B类检修	限时安排B类检修
	防火阻燃	不满足设计要求	计划安排D类检修		限时安排D类检修
	破损	中间接头破损	缩短巡视周期。计划安排B类检修	及时安排B类检修	限时安排B类检修
接地系统	接地引下线外观	接地体连接不良，埋深不足	计划安排D类检修	及时安排D类检修	限时安排D类检修
	接地电阻	接地电阻异常	—	及时安排D类检修	—
电缆通道	电缆井环境	工作井积水、杂物；基础破损、下沉，盖板破损、缺失或不平整	计划安排D类检修	及时安排D类检修	限时安排D类检修
	电缆管沟环境	电缆沟、排管井积水，基础破损、下沉	计划安排D类检修	及时安排D类检修	限时安排D类检修
	防火阻燃	不满足设计要求	计划安排D类检修		限时安排D类检修
	保护区运行环境	违章施工、违章建筑及堆积物	计划安排D类检修	及时安排D类检修	限时安排D类检修

续表

部件	状态量	状态变化因素	注意状态	异常状态	严重状态
辅助设施	锈蚀	锈蚀	计划安排D类检修	及时安排D类检修	—
	牢固、齐全	各辅助设施松动、部件缺失	计划安排D类检修	及时安排D类检修	
	标识齐全	设备标识和警示标识不全，模糊、错误	计划安排D类检修	1）立即挂设临时标识牌。 2）及时安排D类检修	

电缆分支箱检修原则见表B12。

▼表B12　电缆分支箱检修原则

部件	状态量	状态变化因素	注意状态	异常状态	严重状态
本体	绝缘电阻	电缆分支箱本体、绝缘子以及避雷器绝缘电阻异常	计划安排B类或A类检修	及时安排B类或A类检修	限时安排B类或A类检修
	放电声	有异常放电声		及时安排B类或A类检修	限时安排B类或A类检修
	凝露	柜内出现大量露珠	计划安排D类或A、B类检修	及时安排D类或A、B类检修	
	温度	1）接头温度过高。 2）温升异常	缩短红外测温跟踪周期	进行红外测温跟踪，及时安排E类或B类检修	进行红外测温跟踪，限时安排A类检修
	污秽	污秽情况异常	计划安排D类或B、A类检修	及时安排D类或B、A类检修	限时安排D类或B、A类检修
辅助部件	五防	防误装置异常	计划安排D类或B、A类检修	及时安排D类或B、A类检修	限时安排D类或B、A类检修

续表

部件	状态量	状态变化因素	注意状态	异常状态	严重状态
辅助部件	防火阻燃	防火阻燃性能异常	计划安排D类检修		限时安排A类或D类检修
	带电显示器	带电显示装置异常	计划安排D类或B类、A类检修		
	接地引下线外观	接地体连接不良，埋深不足	计划安排D类检修	及时安排D类检修	限时安排D类检修
	接地电阻	接地电阻异常		及时安排D类检修	
	标识齐全	设备标识和警示标识不全，模糊、错误	计划安排D类检修	1）立即挂设临时标识牌。 2）及时安排D类检修	
	污秽	污秽	计划安排D类或B、A类检修	及时安排D类或B、A类检修	限时安排D类或B、A类检修
	锈蚀	锈蚀	计划安排D类检修	及时安排D类检修	

构筑物及外壳检修原则见表B13。

▼表B13 构筑物及外壳检修原则

部件	状态量	状态变化因素	注意状态	异常状态	严重状态
本体	屋顶漏水情况	屋顶漏水	计划安排D类检修	及时安排D类或C类检修	限时安排D类或C类检修
	外体渗漏情况	外体渗漏	计划安排D类检修	及时安排D类或C类检修	限时安排D类或C类检修
	门窗完整	门窗破损	计划安排D类检修	及时安排D类或C类检修	限时安排D类或C类检修
	防小动物措施	防小动物措施不完善	计划安排D类检修	及时安排D类检修	
	楼梯完整	楼梯破损	计划安排D类检修	及时安排D类检修	限时安排D类检修

续表

部件	状态量	状态变化因素	注意状态	异常状态	严重状态
基础	基础完整	基础异常	计划安排D类检修	及时安排D类或C类检修	限时安排D类或C类检修
接地系统	接地引下线外观	接地体连接不良，埋深不足	计划安排D类检修	及时安排D类检修	限时安排D类检修
	接地电阻	接地电阻异常		及时安排D类检修	
进出通道	通道	通道堵塞、异常	计划安排D类检修	及时安排D类或C类检修	限时安排D类或C类检修
辅助部件	消防	灭火器异常	计划安排D类检修		
	照明	照明设施异常	计划安排D类或C类检修		
	SF_6气体监测	SF_6监测装置异常	计划安排D类检修	及时安排D类或B类检修	
	排风	强排风装置异常	计划安排D类检修	及时安排D类或B类检修	
	排水	排水装置异常	计划安排D类检修	及时安排D类或B类检修	
	除湿	除湿装置异常	计划安排D类检修	及时安排D类或B类检修	
	标识齐全	设备标识和警示标识不全，模糊、错误	计划安排D类检修	1）立即挂设临时标识牌。 2）及时安排D类检修	

参考文献

[1] 中华人民共和国国家质量监督检验检疫总局，中国国家标准化管理委员会.GB/T 2900.55—2016 电工术语 带电作业/IEC 60050-651：2014 国际电工词汇带电作业.北京：中国标准出版社，2016.

[2] 国家电网公司运维检修部.10kV配网不停电作业规范（试行）.北京：中国电力出版社，2016.

[3] 国网北京电力公司.配电网运维规程.北京：中国电力出版社，2015.

[4] 张本礼.配电网运行与管理技术.北京：中国电力出版社，2016.

[5] 马文营.配电网运行与检修.四川：四川科学出版社，2017.

[6] 国家能源局.DL/T 836.2—2016供电系统供电可靠性评价规程.北京：中国电力出版社，2016.

[7] 江苏省电力试验研究院有限公司.配电网设备数字化技术.北京：中国电力出版社，2023.

表1-10

系统名称:　　填报单位:　　统计期限:　　电压等级:　　年　月

序号	单位名称	平均供电可靠率（%）				系统平均停电时		
		计入外部影响（ASAI-1）	不计外部影响（ASAI-2）	不计系统电源不足限电（ASAI-3）	不计短时停电（AS-AI-4）	计入外部影响（SAIDI-1）	不计外部影响（SAIDI-2）	不计源（S

管:　　审核:　　制表：　　填报日期:

表1-12

系统名称:　　填报单位:　　统计期限:　　电压等级:　　年　月

序号	单位名称	平均供电可靠率（%）				系统平均停电时间（h/户）		
		计入外部影响（ASAI-1）	不计外部影响（ASAI-2）	不计系统电源不足限电（ASAI-3）	不计短时停电（ASAI-4）	计入外部影响（SAIDI-1）	不计外部影响（SAIDI-2）	不计系统电源不足限电（SAIDI-3）

管:　　审核:　　制表：　　填报日期:

高压用户供电可靠性主要指标汇总表

]至　　年　　月　　日

（h/户）		系统平均停电频率（次/户）				系统平均短时停电频率（MAIFI）（次/户）	平均 （
系统电 足限电 DI-3）	不计短 时停电 （SAIDI-4）	计入外部影响 （SAIFI-1）	不计外 部影响 （SAIFI-2）	不计系统电 源不足限电 （SAIFI-3）	不计短 时停电 （SAIFI-4）		

年　　月　　日

中压用户供电可靠性主要指标汇总表

]至　　年　　月　　日

	系统平均停电频率（次/户）				系统平均短时停电频率（MAI-FI）（次/户）出线断路器台数	平
计短时停电 SAIDI-4）	计入外 部影响 （SAIFJ-1）	不计外 部影响 （SAIFI-2）	不计系统电 源不足限电 （SAIFI-3）	不计短时停电 （SAIFJ-4）		

年　　月　　日

等效停电频率 -FI）（次）	平均系统等效停电时间 （ASI-DI）（h）	系统基本数据					
		架空线路长度（km）	电缆线路长度（km）	用户总数	系统容量（kVA）	变压器台数	断路器台数

系统等效停电频率 SI-FI）（次）	平均系统等效停电时间 （ASI-DI）（h）	系统基本数据						
		架空线路长度（km）	电缆线路长度（km）	线路条数	用户总数	系统容量（kVA）	变压器台数	出线断路器台数